通信与导航专业系列教材

数字信号处理实践与应用
——MATLAB 话数字信号处理
（第 2 版）

林永照　李宏伟
梁　佳　陈雅蓉　编著

電子工業出版社
Publishing House of Electronics Industry
北京•BEIJING

内 容 简 介

本书对数字信号处理的关键理论从应用和实践的角度以案例的形式进行了情境创设。内容包括数字信号的产生、时域处理方法、频域处理方法、数字滤波器的设计和实现等。

本书注重物理概念的透彻分析与介绍、知识点应用的算法流程分析，强调理论与实际应用的结合，旨在达成知行合一的目标。本书创设了切合知识点的案例情境，情境任务采用 step-by-step（一步一动）的安排模式，降低了理论的要求门槛，层级化的情境任务可满足基础能力提升和高阶能力生成的需求。情境任务的直观效果便于读者顺利实现对概念、相关知识应用方法的内化。

本书可作为高等院校电子信息类专业“数字信号处理”课程实验、实践性教学的用书，也可供相关专业研究生及从事相关领域工作的技术人员阅读参考。

图书在版编目（CIP）数据

数字信号处理实践与应用：MATLAB 话数字信号处理 / 林永照等编著. —2 版. —北京：电子工业出版社，2024.1

ISBN 978-7-121-46858-2

Ⅰ. ①数… Ⅱ. ①林… Ⅲ. ①数字信号处理－Matlab 软件 Ⅳ. ①TN911.72

中国国家版本馆 CIP 数据核字（2023）第 239526 号

责任编辑：赵玉山
印　　刷：三河市兴达印务有限公司
装　　订：三河市兴达印务有限公司
出版发行：电子工业出版社
　　　　　北京市海淀区万寿路 173 信箱　　邮编：100036
开　　本：787×1092　1/16　　印张：17　　字数：446 千字
版　　次：2015 年 8 月第 1 版
　　　　　2024 年 1 月第 2 版
印　　次：2024 年 7 月第 2 次印刷
定　　价：54.00 元

凡所购买电子工业出版社图书有缺损问题，请向购买书店调换。若书店售缺，请与本社发行部联系，联系及邮购电话：（010）88254888，88258888。

质量投诉请发邮件至 zlts@phei.com.cn，盗版侵权举报请发邮件至 dbqq@phei.com.cn。

本书咨询联系方式：（010）88254556，zhaoys@phei.com.cn。

前　言

随着微电子技术的持续发展，数字信号处理在通信导航、图形图像处理、雷达声呐探测、工业控制、仪器仪表、生物电子、汽车电子系统等领域的应用越来越广泛，也深刻地影响着这些领域的技术发展与变革。与这一技术发展趋势相呼应，20 世纪 80 年代中后期，国内开设“数字信号处理”课程的高校不断增加，一些重点大学为某些专业本科生开设了此课程，那时的课程教学内容主要以原理阐述与算法推导为主，而如今“数字信号处理”课程已成为电子信息类大学生的必修课程，且有不少学校还开设了偏硬件的 DSP 课程。

数字信号处理的重要性在消费电子、工业制造和军工制造等领域得到越来越多的认可的同时，学生对这门课却始终有种“想说爱你并不容易”的感觉。从编著者对多个期班本科生、硕士研究生的调研，以及百度知道、MATLAB 等专业论坛上关于数字信号处理的提问汇总可以看出，不少人对于数字信号处理的学习感到困难，感觉课程内容抽象、难以理解，用理论去指导实践做到知行合一更是难上加难。

MATLAB 是美国 MathWorks 公司推出的一种软件，与其他常用的计算机语言相比，其有非常多突出的优点。它在一个易于使用的视窗环境中集成了计算、可视化以及编程等诸多强大的功能。MATLAB 软件提供了丰富的功能性工具箱和专业的学科工具箱，充分利用这些库函数能避开繁杂的子程序编程任务，减少不必要的编程工作。MATLAB 软件的命令和函数可以在命令窗口中边输入边执行，也可以像其他语言一样将多条命令编辑成一个大的文件执行。MATLAB 语言简洁紧凑，使用方便灵活，语法限制不严格，程序设计自由度大，尤其是使用它表述数学公式的方法与科技人员日常的书写习惯非常一致，因此该软件好学易用。随着 MATLAB 软件的不断完善，其用户群在教育、科研等领域迅速扩大，已经发展成适合多学科、多种工作平台的功能强劲的大型软件。

在会对 MATLAB 软件进行基本操作的基础上，利用其提供的信号处理工具箱（Signal Processing Toolbox），完全可以在对算法原理不甚了解的情况下出色地完成信号滤波处理、频谱分析、滤波器设计等操作；利用该平台提供的强大的可视化、可听化功能，还可以用感官直接感受前述操作的效果，通过抽象问题具象化的设计，达到用实验现象助力理论理解的效果。更重要的是，用户可以根据算法自编函数，并扩充到 MATLAB 软件的工具箱中。

在近几年的教学改革中，将语言类课程教学中广泛采用的情境教学思想融入“数字信号处理”课程的教学，通过创设与知识点相宜的情境，借助 MATLAB 软件优秀的演示功能，大大激发了学生的学习兴趣，改善了学习效果。通过完成情境任务，学生很容易便可找到该情境涉及的知识点，以及如何用、用在何处等一系列问题的答案，在习得知识的同时，锻炼解决问题的能力。熟悉的场景、直观的效果以及愉快的心情，使得过往学生不容易建立概念的许多知识点，如非线性相位系统到底会对信号产生怎样的影响、系统的单位采样响应与信号进行卷积运算如何实现滤波处理、信号通过选频滤波器后到底发生了怎样的变化等，不知不觉中都植入了脑海。

编著者以读者反映比较好的情境案例为依据，细化理论基础、层级化情境任务、丰富人文素材，得到了呈现在读者面前的这本书，本书有如下特点。

（1）案例选题覆盖全面。案例集设计成上、中、下三篇，分别涉及声像信号时域处理、频域分析和滤波器设计与实现，涵盖了“数字信号处理”课程的所有关键知识点。每个案例的相关基础理论部分并不是数字信号处理教科书中理论的简单搬移，而是从算法解析的角度对所需理论基础进行阐述，如线性卷积的算法实现、傅里叶变换的离散计算、频谱分析时频率的定标、线性相位和非线性相位对通过系统的信号的影响等，对理论教科书有很好的补充作用。

（2）任务可操作性强。情境任务实施步骤的设计采用了 step-by-step 模式，即使读者在完成该案例之初不具备良好的理论基础，只要按照步骤说明操作仍能完成情境任务，因此具有很强的可操作性。另外，步骤设置本身就是原理的实现流程，因此情境任务的完成可以帮助读者深刻理解原理知识，从而达到在情境中学习的目标。

（3）任务效果感官冲击力强。结合课程内容和教育心理学知识，案例中选取的多为声音、图形、图像等信号，信号处理的效果通过听觉和视觉就可以明显感觉到，结果出来之时便是读者直观概念建立之际。由于理论的强大普适性，学会对声音、图形、图像信号进行处理后，很自然地就可以将该技能用于其他信号的处理。

（4）实验数据分析注重科研能力的培养。多数情境任务的实施步骤中专门设置了对比分析环节，如多种实现方式效果对比、变参数效果对比等环节，思考题中明确提出了归纳总结的内容和要求。例如，在关于线性卷积的案例中，设置了自编函数、调用 conv 函数和调用 filter 函数等多种方式实现场景，并且要求对上述三种方式的执行时间效率进行对比。这样的案例设计可以让读者在自己能完成自编函数获得成就感的同时，还能从算法思想角度解构 MATLAB 函数，既增强自信心又可以看到自己努力的方向和空间。读者能将理论知识用于实际问题的解决，会观察，能总结，就在不知不觉中具备了科学研究的能力。

中篇和下篇均增添了人文知识素材，旨在通过这些素材启迪读者思维，激励读者自主创新。在附录部分，对滤波器的设计方法和步骤进行了系统总结，便于日后查阅和使用。为帮助读者顺利完成情境任务，本书最后附带了 MATLAB 基础的相关内容。

本书可以作为在读本科生的实验指导书，也可以作为研究生重温数字信号处理关键理论和应用的参考书，还可以作为 MATLAB 语言学习的提高篇。MATLAB 软件功能强大，多采用它书写算法，才能充分展示它的魅力。

本书由林永照、李宏伟、梁佳、陈雅蓉编著。其中，林永照副教授负责全书的统稿、框架设计以及上篇与中篇的编写工作，李宏伟副教授负责下篇中模拟滤波器设计部分相关案例的编写工作，梁佳负责 MATLAB 基础的编写工作，陈雅蓉负责部分参考程序的编制工作。另外，为本书顺利完成做出贡献的人员还有霍文俊、樊昌周、王晓玉几位老师和张玉锟、杨燚等多名同学，他们对情境设计提出了许多宝贵意见，对本书的校对和程序验证做了许多工作，在此一并向他们表示最诚挚的谢意！本书在编写过程中得到了中国人民解放军空军工程大学信息与导航学院课程教学改革项目的资助与支持，在出版过程中得到了电子工业出版社同仁的帮助与支持。

由于编著者水平有限，书中难免有错误和不足之处，恳请广大读者批评、指正，编著者联系邮箱地址为 afeulyz@126.com。

编著者
2023 年 5 月

目　　录

上篇——声像信号时域处理

中篇——心中有谱

下篇——顺我者昌（滤波器）

上篇——声像信号时域处理

本篇中案例设计的主旨是通过对声音、图形、图像信号的处理，使读者对数字信号的时域处理方法、步骤和效果建立直观概念，理解和掌握数字信号的产生原理和常用时域（空域）处理方法，尤其是进一步深化对线性卷积概念和实现的理解。

本篇中案例的情境任务设计涵盖了数字信号常用的时域处理，包括信号叠加、调制、滤波、相关等，对应数字信号处理理论中离散序列的加法、乘法、延迟、翻转、样点抽取（降频率采样）、线性卷积等基本运算。此外，案例中专门涉及了时域离散系统的差分方程描述及该描述下的信号处理，为后续滤波器的描述与应用做铺垫。本版新增的信号时域采样定理探究和数字信号的讨论，旨在帮助读者更加深入、全面地理解相关结论。

在 MATLAB 软件使用方面，本篇中案例的内容设计涵盖了 MATLAB 软件的基本操作、矩阵乘法和加法、函数调用、子程序的编写、运算时间或效率的评估、结果的图形显示和声音呈现，以及数据的保存等内容，旨在夯实 MATLAB 软件的使用基础。

建议至少完成“声音/图像 DIY”（Do It Yourself）、“周期信号产生及时域采样”及“滤波可以卷出来”三个案例。其中涉及的矩阵操作和子函数编写对后续内容有非常重要的作用。

案例一——牛刀初试

【案例设置目的】

通过在 MATLAB 环境下产生序列及对序列进行基本操作，掌握序列的矩阵表示、图形表示及声音呈现方法，在加深对序列基本运算理解的同时，学会和熟悉在 MATLAB 软件中进行矩阵创建、矩阵运算、画图、图形标注、视听声效的方法，以便为后续的仿真实验奠定坚实基础。

【相关基础理论】

设有一频率为 f、初相角为 0°、幅度为 A 的正弦信号 $x(t)$，数学上可以表示为

$$x(t) = A\sin(2\pi ft) = A\sin(\Omega t) \tag{1.1}$$

若以采样频率 F_s 或采样间隔 $T=1/F_s$ 对 $x(t)$进行采样，可以得到时域离散序列 $x(nT)$或 $x(n)$，即

$$x(t)\big|_{t=nT} = x(nT) = A\sin(2\pi fnT) = A\sin(\Omega Tn) = A\sin(\omega n) = x(n) \tag{1.2}$$

式中，$\omega = \Omega T$。

该正弦序列 $x(n)$也可以看成复指数序列 $e^{j\omega n}$ 的虚部构成的序列。

设信号序列为 $x(n)$，则信号序列 $x(n)$的翻转序列可表示为

$$y(n) = x(-n) \tag{1.3}$$

【情境任务及步骤】

基于序列表示、序列的翻转运算、相加运算和模拟信号与离散时间信号的关系，在案例中设置了三个情境，分别是“MATLAB 之初体验——音频文件的视听与处理”、“基本序列生成与显示”和“程序阅读”，每个情境下有各自的情境任务。

一、MATLAB 之初体验——音频文件的视听与处理

1．读取声音文件

读取一个扩展名为.wav 的声音文件（这里指定用系统启动的声音文件，对于安装于 C 盘的 Windows 系统而言，Windows 启动.wav 声音文件的存储路径为 C:\WINDOWS\Media\），并把数据存放在矩阵 $\boldsymbol{y}$ 中，采样频率存放在 F_s 中，采样深度或位数存放在 nbits（程序形式）中，并查看 F_s 和 nbits 的值及 $\boldsymbol{y}$ 的维数。

MATLAB 软件提供的相关函数为 wavread（audioread）和 uigetfile，可以通过阅读相关的 Help 文件，学习函数的含义及调用语法。

2．耳听声音

要求在命令窗口中分别执行 sound($\boldsymbol{y}$, F_s)、sound($\boldsymbol{y}$, $F_s/2$)，sound($\boldsymbol{y}$, $2F_s$)，以试听三种声效，体验正常速度录音正常速度播放、快录慢放、慢录快放的效果。

MATLAB 软件提供了声音播放函数 sound 和 wavplay，可以通过阅读相关的 Help 文件，学习函数的调用语法。

3．眼看声音

在两个图形窗口中画出声音波形图，观察波形特点。创建图形窗口 Figure 1，并在其中画出 $\boldsymbol{y}$–t 的图；创建图形窗口 Figure 2，调用 subplot 函数自上而下分成两个子图，在第一个子图中画出 $\boldsymbol{y}$(:,1)–t 的图，在第二个子图中画出 $\boldsymbol{y}$(:,2)–t 的图，要得出如图 1.1 所示的效果。横坐标轴的单位为秒，起点为 0（提示：横坐标轴上的 t 由采样频率和样点数决定，样点数可以用 MATLAB 软件提供的 size 函数确定）。

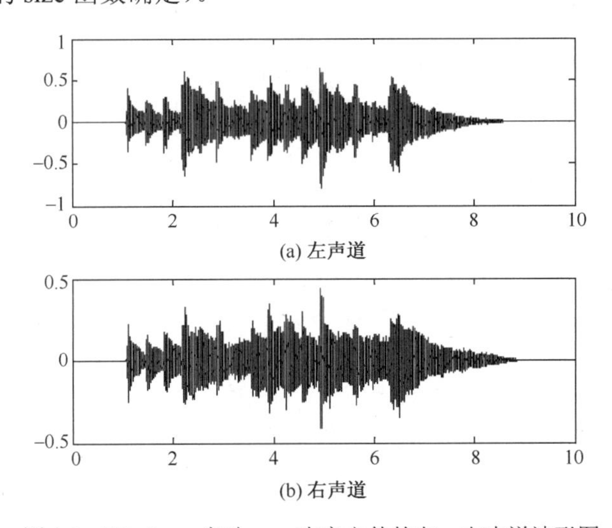

(a) 左声道

(b) 右声道

图 1.1 Windows 启动.wav 声音文件的左、右声道波形图

MATLAB 软件提供的画二维连续波形的函数为 plot，创建新图形窗口的函数为 figure，可以通过阅读相关的 Help 文件，学习函数的调用语法。

4．特效制作

将一个声道的信号进行翻转（这里指定左声道，即 $\boldsymbol{y}$(:,1)），画图表示翻转前后的结果（横坐标轴为 t），收听翻转后的声音效果，体会倒序播放的特效。

MATLAB 软件提供的用于特效制作的函数为 fliplr 和 flipud，可以通过阅读相关的 Help 文件，学习函数的调用语法。

5．眼睛和耳朵里的噪声

产生均值为 0、功率为−30dBW 的高斯白噪声序列 nx（程序形式），序列的长度与 $\boldsymbol{y}$(:,1) 相同。创建图形窗口 Figure 3，在其中画出 nx–t 的图，以观看噪声波形，用 sound 函数收听噪声音效。

MATLAB 软件提供的高斯白噪声函数为 wgn、查询矩阵维数函数为 size，可以通过阅读相关的 Help 文件，学习函数的调用语法。

6．声音加料

用产生的噪声 nx 对 **y**(:,1)中的数据进行污染，污染后的声音用 noisy**y** 表示，即 noisy**y**=**y**(:,1)+nx。在新的窗口中观看波形，收听噪声污染前后的音效。

7．成果保存

用 MATLAB 软件提供的函数 save 将 **y** 和 F_s 保存到文件 mydata.mat 中（一定要记清当前的工作路径）。之后，在命令窗口中依次执行 clear all 和 clc 命令；接着分别输入 **y** 和 F_s（此时忽略一切提示）；再依次执行 load mydata.mat、whos 和 sound(**y**, F_s)命令，注意观察每条命令的执行结果。

可以通过阅读相关的 Help 文件，学习相关函数的调用语法。

二、基本序列生成与显示

本部分内容要求全部在命令窗口中完成。继续下面的内容之前，用 clear all 命令释放所有变量，用 close all 命令关闭所有图形窗口，用 clc 命令清理命令窗口。

1．信号生成之符号函数

首先逐行执行如下代码，并注意观察最后的图形结果。

```
syms y Omega t;
Omega=0.5*pi;
y=sin(Omega*t);
figure(1)
subplot(211)
ezplot(t,y);
axis([0 6 -1 1]);
```

有兴趣的话，可以通过阅读相关的 Help 文件，学习相关函数的含义及调用语法。

2．正弦序列的多样式生成

在式（1.2）中，取 A=1，f=0.25Hz，F_s=10Hz，T=1/F_s，t=0：T：6，由模拟角频率与数字角频率之间的关系可知

$$\omega = \Omega T = 2\pi \times 0.25/10 = 0.05\pi$$

（1）按照采样过程生成正弦序列 $x_0(n)$（下述程序中记为 xnTs）：

$$x_0(nT_s) = \sin(2\pi f t) \tag{1.4}$$

（2）直接用数字角频率 ω 生成正弦序列 $x_1(n)$：

$$x_1(n) = \sin(\omega n), \quad n = t/T \tag{1.5}$$

（3）对复指数序列求虚部生成正弦序列 $x_2(n)$：

$$x_2(n) = \mathrm{imag}(\exp(\mathrm{j}\omega n)) \tag{1.6}$$

（4）图示序列。

在 MATLAB 软件中生成式（1.4）～式（1.6）的序列，之后逐条执行如下代码，以便在

Figure 1 中的第二个子图中显示上述不同方式得到的正弦序列，重点关注 MATLAB 软件中各画图函数、标注函数的使用方法和效果。

```
subplot(212)
stem(t,xnTs);
stem(n,xn1,'filled');
hold on
stem(n,xn2,'r','filled');
plot(n,xn1,'k-.')
grid
axis([n(1) n(end) -1.2 1.2])
axis([-n(end) n(end) -2 2])
title('Discrete time sequence');
ylabel('Amplitude');
xlabel('\itn')
```

三、程序阅读

在命令窗口中逐条执行如下代码，之后借助 MATLAB 软件的 Help 文件逐个解释函数的功能和用法。

```
I = imread('eight.tif');
imshow(I)
J = imnoise(I，'salt & pepper'，0.02);
figure, imshow(J)
```

【思考题】

（1）在 MATLAB 软件中，余弦序列如何生成？

（2）在 MATLAB 软件中，复指数序列如何生成？

（3）描述科学问题的数学公式在使用 MATLAB 软件实现时，在符号表达、运算符表达、变量索引上有哪些区别？

【总结报告要求】

（1）情境任务总结报告中相关基础理论部分可以不写，书写情境任务时可适当进行归纳和总结，但至少要列出【情境任务及步骤】中相关内容的各级标题。

（2）程序清单除在报告中出现外，还必须以.m 文件形式单独提交。程序清单要求至少按程序块进行注释。本案例要求提交“MATLAB 之初体验——音频文件的视听与处理”的程序清单。为尽可能地减少重复性工作，建议在开始本情境任务前先通过 MATLAB 软件中的 Help 文件学习函数 diary 的使用和利用命令历史生成脚本文件的方法。

（3）“MATLAB 之初体验——音频文件的视听与处理”的执行效果图要标注图题和横、纵坐标，并将效果图附于相关内容之后。

（4）总结本次情境任务所使用的与画图相关的函数及其使用语法、与声音/图像数据读取相关的函数及其使用语法、与声音播放相关的函数及其使用语法、与数据保存和装载相关的函数及其使用语法。另外，翻译函数 dlmwrite 的含义及使用语法，并附于报告中。

（5）简要回答【思考题】中的问题。

（6）报告中还可包括完成本案例的个人心得、对本案例设置的建议等。

【参考程序】

案例二——声音/图像 DIY

【案例设置目的】

通过在 MATLAB 环境下实现单声道音频变立体声音频以及对图像信号的尺度压缩、反色等处理，使读者掌握序列的乘法、尺度变换（降频率采样）的实现方法，读者在加深对序列基本运算理解的同时，理解如何用理论解释生活现象，并进一步熟悉 MATLAB 软件，以便为后续的仿真实验奠定坚实基础。

【相关基础理论】

1．立体声构造

立体声能给听众以方位感和深度感，大大提高了听觉效果和声音品质。为了实现立体声效果，录制时通常需要多个摆放在不同位置的麦克风，播放时也需要两个或两个以上的扬声器。当只利用一个麦克风进行声音录制时，只能得到单声道音频，即便使用两个或两个以上的扬声器播放，也只能得到“平面化”的声音，而不会形成空间声像。利用人的空间听觉特性，如耳间声压级差（Interaural Level Difference，ILD）、耳间时间差（Interaural Time Difference）和耳间相关性对空间声像定位，可以按照预期的听觉效果通过对多个声道信号进行相应处理，使听众在听觉上形成空间感。对多声道信号进行的处理包括扬声器排列法、分频法、移相法、延迟法等。

本案例拟通过将单声道音频转换为双声道音频，并通过周期性地、交替地对两个声道上的声音进行衰减和增强的方式，给人以声源远离听者的一侧而运动到另一侧的感觉，从而形成声音方位感变化的立体声效果。情境任务要求实现听者能感觉到声源在围绕自己进行圆周转动的效果。

设有两通道信号序列 $x(n)=[x_l(n), x_r(n)]$，时变增益系数 $G(n)=[G_l(n), G_r(n)]$，信号序列 $x(n)$ 放大后的结果为

$$y(n) = G(n)x(n) \tag{2.1}$$

2．行列抽取的图像压缩

为减少图像、视频对存储空间的消耗量，可以对它们进行降低空间分辨率、降低色彩分辨率和去统计冗余等处理，从而达到图像、视频压缩的目的。前两种方法会造成失真，即有损压缩，但是空间存储效率提升快。为锻炼读者采用数字信号处理的内容解决实际问题的能力，这里讨论的方法是降低空间分辨率的压缩方法。

设有信号序列 $x(n)$，以 Scale 为比例系数对 $x(n)$进行尺度变换，可表示为

$$y(n) = x(\text{Scale} \times n) \tag{2.2}$$

当 Scale > 1 时，$y(n)$是从信号序列 $x(n)$中每 Scale 个样点中取 1 个样点得到的，相当于采样频率降为 F_s/Scale，实现了对信号序列 $x(n)$的降频率采样；当 Scale < 1 时，实现对信号序列

$x(n)$升频率采样，相当于采样频率升为 F_s/Scale。假设 Scale 可写成有理分式的形式，即 Scale=M/D，M 和 D 为不小于 1 的自然数，如 Scale=1.25 可写成 5/4，则不论是升频率采样还是降频率采样，都称为变频率采样，或称为二次采样，都可以表示为采样频率先升 M 倍再降低 $1/D$ 的情形。

图 2.1 所示为变频率采样流程图。图中 $x_{\text{old}}(n)$表示以原采样频率 F_s 采样的结果，$x_{\text{new}}(n)$表示以新采样频率采样的结果；$\downarrow D$ 表示每 D 个样点保留 1 个样点；$\uparrow M$ 表示序列 $x_{\text{old}}(n)$相邻样点间插入 $M-1$ 个零；LPF_D表示为保证以每秒采 F_s/D 个样点时仍满足奈奎斯特定理而对 $x_{\text{old}}(n)$进行抗混叠滤波时所用的低通滤波器；LPF_M 表示为滤除镜像频谱所用的低通滤波器。

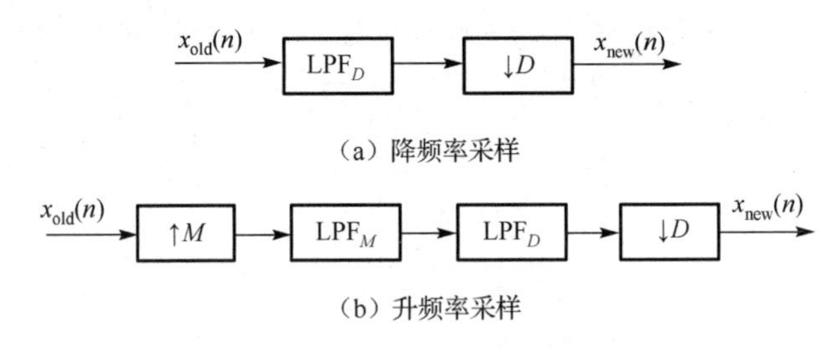

图 2.1　变频率采样流程图

严格讲，变频率采样需要按图 2.1 所示的过程处理，以避免二次采样失真或解决 Scale 为非整数的情况。假设获得信号序列 $x(n)$时所用采样频率 F_s 足够高，而降频率的比例因子 D 又不大，因此 F_s/D 仍然大于信号最高频率的两倍，则图 2.1（a）所示的降频率采样过程可省去滤波的过程。下面的情境任务均是基于此假设进行的。

一维信号的降频率采样，在 MATLAB 环境下可直接调用 decimate 函数实现；升频率采样调用 interp 函数实现。这两个函数的使用语法详细说明和实现算法要写在情境任务总结报告中。

【情境任务及步骤】

基于序列的乘法、尺度变换和序列加法运算，在案例中设置了“立体声构造”、“粗暴的图像压缩”和“图像 PS”三个情境，各情境有不同的情境任务。

一、立体声构造

1．单声道音频信号生成

参考案例一中正弦序列产生方法生成一单频的正弦信号，并保存在列矩阵 $\boldsymbol{x}_l$ 中。

$$x(t) = A\sin(2\pi ft) \tag{2.3}$$

建议这样设置参数：式（2.3）中幅度 A 设置为 1，频率 f 设置为 800Hz，采样频率 F_s 设定为 f 的 10 倍，持续时间在 5s 以上。

2．收听声效

听生成信号 $\boldsymbol{x}_l$ 的效果，并根据听到的效果调整信号的频率和幅度，以舒适为原则（涉及个人听力灵敏度，建议先将音量旋钮调小，频率在 50～3000Hz 范围内选择）。

MATLAB 软件中的声音播放函数包括 sound 和 wavplay，可借助 Help 文件学习函数的调用语法。

3．单声道音频变立体声音频

1）单声变双声

构造一个 2 列的矩阵 $\boldsymbol{x}$，其每一列的内容均与 $\boldsymbol{x}_l$ 中的相同。

要求使用 MATLAB 软件中提供的 repmat 函数实现从 1 列矩阵扩充为 2 列矩阵，可借助 Help 文件学习该函数的调用语法。

2）构造空间差

（1）生成左声道增益系数 G_l 和右声道增益系数 G_r，使其在一个圆周内的幅度变化有类似图 2.2（a）和图 2.2（b）所示的效果。建议左、右声道增益变化频率设置为 0.1Hz。

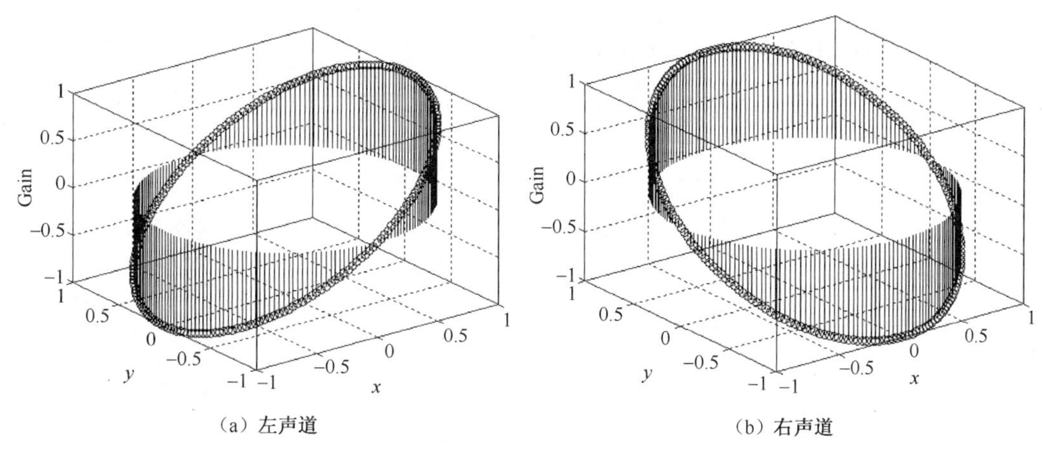

（a）左声道　　（b）右声道

图 2.2　左、右声道在一个圆周内的增益效果图

（2）分别用 G_l 和 G_r 对 $\boldsymbol{x}$ 的两个列矢量进行放大，放大后的结果记作 $\boldsymbol{y}$。

4．视听声音

听声音 $\boldsymbol{y}$ 的效果，进一步调整增益参数 G_l 和 G_r（正余弦的频率），以及幅度，至声音的方位感清晰，并观察左、右声道波形。

二、粗暴的图像压缩

图像压缩有多种方式，JPEG 压缩最为常见，该方法不改变图像的空间分辨率和色彩分辨率，一般压缩比也不是很高，能达到 10～40 倍的量级左右。要想得到更大压缩比的压缩效果，降低分辨率是其中一种途径，下面将用实验说明基于行/列抽取降低图像分辨率的方法。

1．图像读取

读取一幅.tif 格式的灰度图像，图像数据存入矩阵 $\boldsymbol{I}_1$ 中并进行显示。MATLAB 软件提供的.tif 格式的图像多存于（MATLAB××）\toolbox\images\imdemos 中（这里指定 moon.tif 文件）。

MATLAB 软件提供了用于图像读取和显示的函数，分别为 imread 和 imshow，可以通过 Help 文件学习相关函数的调用语法。为了便于文件的选取，可以调用 uigetfile 函数进行文件路径选择。

2．行/列抽取不断降低图像分辨率

1）图像高度压缩

对 I_1 进行行数据抽取，每 M（M=8）行抽取一行的结果记为 I_{11}，并在新窗口中显示结果。

2）图像宽度压缩

对 I_1 进行列数据抽取，每 N（N=8）列抽取一列的结果记为 I_{12}，并在新窗口中显示结果。

3）幅面整体压缩

对 I_{11} 进行列数据抽取，每 N 列抽取一列的结果记为 I_{13}，并在新窗口中显示结果。

改变 M 和 N 的取值重新对图像进行压缩，并显示结果。

3．借用 MATLAB 函数实现幅面同时压缩

调用 MATLAB 函数对 I_1 代表的图像按如下比例进行压缩，并分别在两个窗口中显示。

（1）Scale 取 0.5，结果记为 I_{21}。

（2）Scale 取 2.5，结果记为 I_{22}。

MATLAB 软件提供了用于改变图像尺寸的函数 imresize，可以通过 Help 文件学习相关函数的调用语法。

在本情境任务开始前，建议首先在命令窗口中执行如下两条语句（句末不带分号），体会抽取的含义。

```
x=1:10
x(1:2:end)
```

三、图像 PS

1．图像读取

读取一幅.tif 格式的灰度图像，数据存入 I_2 中，计算 I_2 的维数，并在新开辟的图形窗口中进行图像显示。

2．马赛克

将 I_2 中一个 64×64 的像素块的灰度设置为固定值，如 80，修改后结果记为 I_{22}，并在新开辟的图形窗口中显示图形 I_{22}。

3．图像拼接

调用函数 fliplr 生成 I_2 的镜像翻转图像 I2lr（程序形式），并在新开辟的图形窗口中显示 I3=[I2 I2lr]（程序形式）。

4．图像反色

（1）调用函数 size 计算 I_2 的维数。

（2）确定矩阵 I_2 中的最大值，记为 maxI2（程序形式）。

（3）借助函数 ones 生成维数与 I_2 相同、每个元素值均取 maxI2 的矩阵 $\boldsymbol{x}$，并在新开辟的图形窗口中显示 $\boldsymbol{x}$。

（4）计算 $\boldsymbol{I}_n\boldsymbol{I}_2 = \boldsymbol{x} - \boldsymbol{I}_2$，并在新开辟的图形窗口中显示 InI2（程序形式）。

提示：差值计算需要统一数据类型。可以通过 whos 命令查看已使用过的所有变量的维数、数据类型等参数。MATLAB 软件提供的数据转换函数包括 double、uint8 等。

【思考题】

（1）增益 G_{l}、G_{r} 和序列 $\boldsymbol{x}$ 的采样频率 F_s 有何关系？

（2）在 MATLAB 环境下实现两个序列的乘法、加法等基本运算时，对序列长度有什么要求？

（3）与图像有关的分辨率是如何定义的？

【总结报告要求】

（1）在情境任务总结报告中简要描述每个情境任务的原理，书写情境任务时可适当进行归纳和总结，但至少要列出【情境任务及步骤】中相关内容的各级标题。

（2）情境任务的程序清单除在报告中出现外，还必须以独立的.m 文件形式单独提交。程序清单要求至少按程序块进行注释。

（3）执行效果图至少要标注图题，并附于相关内容之后。

（4）总结完成本案例所使用的新函数及其使用语法，特别是 decimate 和 interp 函数的用法及算法概述。

（5）简要回答【思考题】中的问题。

（6）报告中还可包括完成本案例的个人心得、对本案例设置的建议等。

【参考程序】

案例三——周期信号产生及时域采样

【案例设置目的】

通过从有限长序列中产生周期序列的过程，使读者进一步理解有限长序列和周期序列的关系，并掌握利用平移相加法生成周期序列的方法；理解信号时域采样的原理；掌握脉冲串的产生方法。

【相关基础理论】

1．周期信号产生

有限长序列和周期序列之间存在密切关系。有限长序列可以看成由周期序列截取得到，而周期序列可以看成由有限长序列拓展而来。

设 $x(n)$为一有限长序列，其中 $x(n)$的非零值区间为 $0\leqslant n\leqslant M-1$，则周期为 N 的周期序列 $\tilde{x}(n)$ 可以这样得到：

$$\tilde{x}(n)=\sum_{r=-\infty}^{\infty}x(n+rN) \tag{3.1}$$

若 $N\geqslant M$ ，则有限长序列 $x(n)$可以从周期序列 $\tilde{x}(n)$ 中这样截取出来：

$$x(n)=\tilde{x}(n)R_N(n)=\tilde{x}(n)R_M(n) \tag{3.2}$$

若 $N<M$ ，则有限长序列 $x(n)$就不再能从周期序列 $\tilde{x}(n)$ 中恢复。

当 $N\geqslant M$ 时，还有另一种从有限长序列中得到周期序列的方法：

$$\tilde{x}(n)=x((n))_N \tag{3.3}$$

式中，$((\cdot))_N$ 表示对 N 求模或余数。

当 $N\geqslant M$ 时，式（3.3）所定义的生成周期序列的方法与式（3.1）定义的方法等价。

2．模拟信号的时域采样

模拟信号的时域采样是数字信号处理的一个重要内容。采样中的开关函数在理想情况下是冲激函数串，而在实际中都是有一定宽度的脉冲串。

模拟信号 $x_a(t)$用矩形脉冲串采样的过程可以表示为

$$\hat{x}_a(t)=x_a(t)P_T(t) \tag{3.4}$$

其中，

$$P_T(t)=\sum_{n=-\infty}^{\infty}\mathrm{rect}(t-nT) \tag{3.5}$$

$$\mathrm{rect}(t)=1,\quad |t|\leqslant\tau/2 \tag{3.6}$$

【情境任务及步骤】

基于有限长序列和周期序列的关系、模拟信号的时域采样，在案例中设置了“周期信号生成”和“信号采样过程模拟”两个情境。

一、周期信号生成

已知有限长序列 $x(n)=\{\underline{1},1,1,1,1\}$。要求由有限长序列 $x(n)$用三种方法扩展得到周期序列，其中 N 分别取 3、5、8，要求生成并显示周期序列在 n 取−10～20 时的值。

1．移位叠加出周期

根据式（3.1）生成周期序列，N 分别取 3、5、8，尝试使用小于、等于和大于序列 $x(n)$的长度 M 的 N 进行周期扩展（建议先手动推导序列移位后非零区间变量取值之间的关系，再编程实现），结果分别记为 xp11、xp12 和 xp13（程序形式）。

在同一窗口中分三个子图显示结果，要求作图时周期序列显示$-10\leqslant n\leqslant 20$ 的范围，并用红色竖直虚线表示主值区间的界线。

MATLAB 软件提供的相关画图函数包括 stem、line 和 subplot，可以通过 Help 文件学习相关函数的调用语法。

2．求模得周期

根据式（3.3）生成 N 在三种取值下的周期序列，结果分别记为 xp21、xp22 和 xp23（程序形式）。注意必要时对序列进行补零。

创建一个新的图形窗口，并在同一窗口分三个子图显示结果，要求作图时周期序列显示$-10\leqslant n\leqslant 20$ 的范围，并用红色竖直虚线表示主值区间的界线。

3．调用函数 repmat 实现

调用函数 repmat 生成周期为 5 和 8 的序列，结果分别记为 xp32 和 xp33（程序形式）。

创建一个新的图形窗口，并将该窗口自上而下分成三个子图，并分别显示 $x(n)$、xp32 和 xp33，要求作图时周期序列显示$-10\leqslant n\leqslant 20$ 的范围，并用红色竖直虚线表示主值区间的界线。

二、信号采样过程模拟

1．生成待采样的模拟信号

首先生成单音信号 $x_a(t)=\sin(2\pi\times 2\times 10^3 t)$，要求时间持续长度为两个周期。

在生成上述单音信号过程中，采样频率 F_s 由读者自行确定，建议取不低于信号频率的 10 倍，以保证显示波形更为平滑。

2．产生采样脉冲

调用 rectpuls 函数生成矩形脉冲串 $P_T(t)$，周期为 100μs，矩形脉冲宽度为 10μs。整个脉冲串的时间长度满足对 $x_a(t)$采样即可。

相关函数的调用语法可以通过 Help 文件进行学习。

3．采样

按照式（3.4）计算 $x_a(t)$与 $P_T(t)$的乘积，并将结果记为 $x_a(nT)$。

创建一个新的图形窗口，并在三个子图中分别显示 $x_a(t)$−t、$P_T(t)$−t、$x_a(nT)$的图，并添加图题。

下标的加注可以通过在 Help 文件中查找“Text Properties”来学习。

【思考题】

（1）综合比较三种方法在 N 大于、等于和小于 M 三种关系下生成的周期序列，试评价三种生成方法的优劣。

（2）试总结 rectpuls 函数的使用方法。

【总结报告要求】

（1）在情境任务总结报告中简要描述每个情境任务的原理，书写情境任务时可适当进行归纳和总结，但至少要列出【情境任务及步骤】中相关内容的各级标题。

（2）情境任务的程序清单除在报告中出现外，还必须以独立的.m 文件形式单独提交。程序清单要求至少按程序块进行注释。

（3）执行效果图至少要标注图题，并附于相关内容之后。

（4）总结完成本案例所使用的新函数及其使用语法。

（5）简要回答【思考题】中的问题。

（6）报告中还可包括完成本案例的个人心得、对本案例设置的建议等。

【参考程序】

案例四——滤波可以卷出来

【案例设置目的】

通过编制线性卷积算法程序，使读者进一步理解线性卷积的原理；通过对一个被噪声污染的正弦波用线性卷积实现滑动平均，使读者从感官上理解线性卷积的作用及滤波的概念；通过测试代码执行时间，使读者建立代码效率概念；通过对单位脉冲响应的求解，使读者理解系统的时域描述方式。

【相关基础理论】

输入序列 $x(n)$和线性时不变系统单位脉冲响应 $h(n)$的线性卷积运算定义为

$$y(n)=x(n)*h(n)=\sum_{m=-\infty}^{\infty}h(m)x(n-m) \tag{4.1}$$

当 $h(n)$为 M+1 点的有限长序列，且 $h(n)$仅在 $0\leqslant n\leqslant M$ 有非零值时，$h(n)$描述一个有限冲激响应（Finite Impulse Response，FIR）系统。此时式（4.1）改写为

$$y(n)=\sum_{m=0}^{M}h(m)x(n-m)=h(0)x(n)+h(1)x(n-1)+\cdots+h(M)x(n-M) \tag{4.2}$$

或者

$$y(n)=\begin{bmatrix}h(0) & h(1) & \cdots & h(M)\end{bmatrix}\begin{bmatrix}x(n)\\ x(n-1)\\ \vdots\\ x(n-M)\end{bmatrix} \tag{4.3}$$

当 $x(n)$也为有限长序列，且仅在 $n_1\leqslant n\leqslant n_2$ 有非零值时，$n_1\geqslant 0$，则使乘积 $h(m)x(n-m)$ 取非零值的 n 必定在如下范围中：

$$n_1\leqslant n-m\leqslant n_2,\quad 0\leqslant m\leqslant M$$

即

$$n_1\leqslant n\leqslant n_2+M \tag{4.4}$$

由式（4.4）容易推导出输出序列的长度 $L=n_2+M-n_1+1$。

若 n_1=0、n_2=N，则 $x(n)$和 $h(n)$卷积的结果 $\boldsymbol{y}$ 可用一个 1×L 的矩阵来描述，其中 L=N+M+1，而计算过程可以写成如下两个矩阵的乘积，单位脉冲响应 $h(n)$各系数构成的左侧矩阵是 1×(M+1)维，根据输入序列 $x(n)$构造的右侧矩阵是(M+1)×L 维，且右侧矩阵第一行补 M 个零。

$$\boldsymbol{y}=\left[h(0)\quad h(1)\quad \cdots \quad h(M)\right]\begin{bmatrix} x(0) & x(1) & x(2) & \cdots & x(M) & \cdots & x(N) & 0 & \cdots \\ 0 & x(0) & x(1) & & & \ddots & & x(N) & 0 \\ 0 & 0 & x(0) & & & & \ddots & & x(N) \\ & & & \ddots & & & & \ddots & \\ 0 & 0 & \cdots & 0 & x(0) & x(1) & \cdots & & \ddots \end{bmatrix} \tag{4.5}$$

若 $x(n)$是 $n_1 \neq 0$ 的因果序列，同样也可以用式（4.5）进行计算，只是前 n_1 项为 0 而已。

将式（4.5）中由输入序列 $x(n)$构造的矩阵的每一行看成一个矢量，由 $h(n)$各系数构成的矩阵的每一列看成一个矢量，则式（4.5）的运算可以看成如下排列的有 N+1 项的 M+1 个行矢量的和，这种方法也称为对位相乘相加法。

$$\begin{array}{llllll}
h(0)x(0) & h(0)x(1) & h(0)x(2) & \cdots & h(0)x(N) & \\
 & h(1)x(0) & h(1)x(1) & h(1)x(2) & \cdots & h(1)x(N) \\
 & & h(2)x(0) & h(2)x(1) & & \\
 & & & \ddots & & \\
+ & & & & & h(M)x(N) \\
\hline
h(0)x(0) & \begin{array}{l} h(0)x(1) \\ +h(1)x(0) \end{array} & \begin{array}{l} h(0)x(2) \\ +h(1)x(1) \\ +h(2)x(0) \end{array} & \cdots\ \cdots & \cdots & h(M)x(N)
\end{array}$$

当 $h(n)$为无限长序列时，系统可选择用差分方程进行描述，即

$$\begin{aligned} y(n)=b_0x(n)+b_1x(n-1)+\cdots+b_Mx(n-M)- \\ a_1y(n-1)-a_2y(n-2)-\cdots-a_Ny(n-N) \end{aligned} \tag{4.6}$$

式（4.6）也常等价为

$$\sum_{k=0}^{N}a_ky(n-k)=\sum_{k=0}^{M}b_kx(n-k) \tag{4.7}$$

式中，$x(n)$和 $y(n)$分别为系统的输入和输出；b_k 和 a_k 分别表示输入和已有输出对当前输出的贡献权重，它们取值的变化决定不同的系统，因此差分方程描述的系统也可以用权重矩阵或系数矩阵表示，$\boldsymbol{b}=[b_0, b_1, \cdots, b_M]$，$\boldsymbol{a}=[a_0, a_1, \cdots, a_N]$，其中 $a_0 \equiv 1$，当 $\boldsymbol{b}$ 和 $\boldsymbol{a}$ 为常数时系统称为线性常系数差分方程；有时将 N 或 N 与 M 的较大者称为差分方程的阶数。

式（4.1）也可以看成差分方程，此时有 $b_0=h(0), b_1=h(1),\cdots, b_M=h(M), a_0=1, a_n=0, n=1, 2,\cdots, N$。

【情境任务及步骤】

基于线性卷积的计算步骤、特点和意义，以及系统的差分方程描述、单位脉冲响应描述，在案例中设置了“线性卷积的编程实现”、“卷积运算竟是滤波”和“确定系统单位脉冲响应”三个情境。

一、线性卷积的编程实现

1．根据线性卷积原理编制自定义函数实现线性卷积

要求函数名为个人姓名的首字母+学号后两位+conv；输入参数为 hn、M、xn、n1、n2（程序形式）；输出参数为 yn 和 ny（程序形式），其中 hn 代表序列 $h(n)$，xn 代表序列 $x(n)$，yn 表示输出序列 $y(n)$，ny 表示输出序列 yn 各样点值对应的标号 n。

编制子函数除注意使用关键词 function 外，非常重要的是要编制成单独的.m 文件。

可以在 MATLAB 软件的 Help 文件中查询 Declare M-file function 后参考其中例程学习 function 函数的使用。

2．对编制程序进行初检

取 $h(n)=R_4(n)$，$x(n)=R_4(n)$进行函数验证。

建议编制单独的.m 文件，在.m 文件中调用自己编制的程序，而不是在命令窗口中执行。程序调试要注意断点设置、单步运行、进入函数内部、中间变量值观察等功能的使用。

3．对编制程序进行再检

在命令窗口中调用自己编制的卷积计算程序进行验证，输入序列 $h(n)=R_4(n)$，$x(n)=R_4(n-5)$。计算结果与手动计算结果进行对比，并画图显示计算结果，要求对图中横坐标进行标注。

二、卷积运算竟是滤波

1．产生纯净信号

生成信号 $x(t)=\sin(2\pi\times200t)$，时间长度取为 5s，采样频率 F_s=8000Hz，并听其音观其形。

2．生成噪声

调用函数 wgn 生成长度与 $x(t)$相同的−10dBW 的高斯白噪声信号，记为 noise，并听其音观其形。

3．“引狼入室”

用噪声信号 noise 对 $x(t)$进行干扰，得到 noisy$x$=noise+$x(t)$，并听其音观其形。

4．去噪效果比较

建议在一个.m 文件中完成上述功能。

（1）取 $h(n)=R_4(n)/4$，调用自定义函数计算 $h(n)$与 noisy$x$ 的卷积，结果用 filteredx1（程序形式）表示，并听其音观其形，用三幅图分别显示 $x(t)$、noisy$x$ 和 filteredx1，显示长度为 $x(t)$的 20 个周期。

（2）取 $h(n)=R_4(n)/4$，调用 MATLAB 软件中的函数 conv，计算 $h(n)$与 noisy$x$ 的卷积，结果用 filteredx2（程序形式）表示，并收听效果。

（3）取 $h(n)=R_4(n)/4$，调用 MATLAB 软件中的函数 filter，对 noisy$x$ 进行滤波，用 filteredx3（程序形式）表示，并收听效果。

（4）在每个函数调用语句之前加语句 tic，之后加语句 toc，以比较各个子函数的执行时间。

（5）在一幅图中用三种颜色重叠显示 filteredx1、filteredx2、filteredx3，并进行比较。

MATLAB 软件中支持图形重叠显示的函数为 hold on，通过 Help 文件学习函数的调用语法。

三、确定系统单位脉冲响应

MATLAB 软件提供了函数 impz 用于确定滤波器的脉冲响应，要求用该函数确定如下两个差分方程描述系统的单位脉冲响应。

（1）已知一差分方程描述的系统，$y(n)=x(n)+\frac{1}{4}x(n-1)+\frac{1}{8}x(n-2)-\frac{1}{10}x(n-4)$，设输入 $x(n)=\delta(n)$，借助 impz 函数计算差分方程的输出，要求输出点数不少于 20 点。

（2）已知一差分方程描述的系统，$y(n)=x(n)+\frac{1}{2}y(n-1)-\frac{1}{8}y(n-3)$，设输入 $x(n)=\delta(n)$，借助 impz 函数计算差分方程的输出，要求输出点数不少于 20 点。

（3）根据系统单位脉冲响应的定义，推导上述两系统的单位脉冲响应，再与 impz 函数输出的结果进行对比。

【思考题】

（1）在自定义卷积函数中能否通过在 $x(n)$的前后补适当数量的 0，以简化程序的结构？

（2）通过查询 Help 文件，学习 conv 函数或卷积运算还有哪些应用。

（3）能否用 filter 函数求解差分方程描述系统的单位脉冲响应？

【总结报告要求】

（1）在情境任务总结报告中，原理部分要简要描述卷积计算的原理和流程，书写情境任务时可适当进行归纳和总结，但至少要列出【情境任务及步骤】中相关内容的各级标题。

（2）程序清单除在报告中出现外，还必须以独立的.m 文件形式单独提交。程序清单要求至少按程序块进行注释。

（3）翻译 MATLAB 软件中函数 conv 的算法，并分析自编函数与 conv 函数的时间效率存在差异的原因。

（4）总结完成本案例所使用的新函数及其使用语法。

（5）简要回答【思考题】中的问题。

（6）报告中还可包括完成本案例的个人心得、对本案例设置的建议等。

【参考程序】

案例五——卷出帧同步

【案例设置目的】

通过实验，使读者掌握用线性卷积求解信号间互相关函数的方法、理解帧同步的原理，进一步提高读者对 MATLAB 程序的编制能力。

【相关基础理论】

相关性检测在相似性检测、帧同步、目标跟踪、时间延迟测定等方面有着广泛的应用。

1．信号间的互相关函数

若 $x(n)$和 $y(n)$都是平稳过程，$-\infty < n < \infty$，则其互相关（Cross-correlation）序列定义为

$$R_{xy}(m) = E\{x(n+m)y^*(n)\} = E\{x(n)y^*(n-m)\} \tag{5.1}$$

式中，$E\{\cdot\}$表示数学期望；*表示共轭。

由于在实际应用中，仅能对无限长信号 $x(n)$和 $y(n)$的一段进行分析，因此实际求得的互相关序列仅能看成对 $R_{xy}(m)$的估计，估计结果用 $\hat{R}_{xy}(m)$ 表示。

$\hat{R}_{xy}(m)$ 的计算方法为

$$\hat{R}_{xy}(m) = \begin{cases} \sum\limits_{n=0}^{N-m-1} x(n+m)y^*(n), & m \geqslant 0 \\ \hat{R}_{yx}^*(-m), & m < 0 \end{cases} \tag{5.2}$$

式中，N 为信号 $x(n)$和 $y(n)$的最大长度（长度不足者通过补零补为长度 N）。

当 $x(n)$和 $y(n)$两个序列相同时，二者之间的互相关序列 $R_{xy}(m)$变成了自相关序列 $R_{xx}(m)$，因此自相关函数可以看成互相关函数的一个特例。

2．互相关函数与线性卷积的关系

信号 $x(n)$和 $h(n)$的线性卷积可以表示为

$$y(n) = x(n) * h(n) = \sum_{m=-\infty}^{\infty} x(n-m)h(m) \tag{5.3}$$

若 $h(n)$为实信号，则 $x(-n)$和 $h(n)$的卷积可表示为

$$\begin{aligned} y(n) = x(-n) * h(n) &= \sum_{m=-\infty}^{\infty} x(n+m)h(m) \\ &= \sum_{m=-\infty}^{\infty} x(n+m)h^*(m) = E\{x(n+m)h^*(m)\} = \hat{R}_{xh}(n) \end{aligned} \tag{5.4}$$

即当 $h(n)$为实信号时，信号 $x(n)$和 $h(n)$的互相关函数可以通过信号 $x(-n)$和 $h(n)$的卷积进行估计。对比式（5.3）和式（5.4）可以看出，卷积运算和相关运算非常接近，输出点的值都是其邻域内点的加权和，只是相关计算序列不进行翻转操作。

3．巴克码

作为伪随机（PN）序列的一个子集，巴克码（Barker Code）在数字通信系统中广泛用于帧的同步。巴克码的最大码长为 13，各自的自相关性都非常强，互相关性弱。各种长度的巴克码如下所述：

码长度	巴克码
1	[−1]
2	[−1 1]
3	[−1 −1 1]
4	[−1 −1 1 −1]
5	[−1 −1 −1 1 −1]
7	[−1 −1 −1 1 1 −1 1]
11	[−1 −1 −1 1 1 1 −1 1 1 −1 1]
13	[−1 −1 −1 −1 −1 1 1 −1 −1 1 −1 1 −1]

【情境任务及步骤】

基于线性卷积与相关运算的关系，在案例中设置了一个情境，在理解同步序列自相关性的基础上，掌握用卷积求解相关函数以及确定同步头位置的方法。

一、同步序列自相关性初探

在前述巴克码中选择一个作为同步头 $h(n)$，$0 \leqslant n \leqslant N-1$，$N$ 为巴克码长度（假设选取长度为 13 的巴克码），根据式（5.4）计算 $h(n)$的自相关序列 $y(n)$。

创建一个图形窗口，并在两个子图中分别显示 $h(n)$和自相关序列 $y(n)$，并加注图题和横坐标，认真分析相关序列的特点，如相关峰出现的位置和大小等。

二、同步头位置定位

1．构造含有同步头的数据流

（1）在 $h(n)$前后各插入一段随机的双极性二进制数，模拟构造出数据流的一段 $x(n)$，$0 \leqslant n \leqslant N+na+np-1$，其中 na 为 $h(n)$前数据长度，np 为 $h(n)$后数据长度。na、np 可以取任意的自然数，如 na=20，np=31。

MATLAB 软件提供了多个随机数产生函数，这里建议使用函数 randsrc，通过 Help 文件学习该函数的调用语法。

（2）在新的图形窗口中画图显示 $x(n)$，并调用 MATLAB 软件中的 line 函数在 $x(n)$中同步头所在位置的前后各用一条红竖线标注出同步头的位置边界，要求标注横坐标。

2．线性卷积运算定位同步头位置

（1）根据式（5.4）计算 $h(n)$与 $x(n)$的互相关函数序列 $y(n)$。

（2）在新的图形窗口中分出上、下两个子图，分别显示序列 $x(n)$和 $y(n)$，并标注横坐标。为使显示效果明显，可以借助函数 axis。

（3）在图中手动寻找最大相关峰的位置，比较相关峰处 $x(n)$及其前 $N-1$ 个样点组成的一

段数据与 $h(n)$的异同。

3．自动定位同步头位置

借助 find、max 等函数，首先查找相关峰的位置，进而利用自相关的结果确定同步头位置。

4．调用 MATLAB 软件中的函数 xcorr 替代卷积重复步骤 2

将计算结果进行图形显示，并在图中手动寻找最大相关峰的位置，比较与用卷积运算的异同。

可通过 Help 文件学习函数的调用语法。

【思考题】

（1）同步头序列应具备哪些特点？

（2）为直接调用 conv 函数以实现相关函数序列的计算，需要提前对序列进行怎样的处理？

（3）用 xcorr、conv 函数求相关，从结果看主要区别是什么？

【总结报告要求】

（1）在情境任务总结报告中，原理部分要简要描述线性卷积和相关函数计算的关系，书写情境任务时可适当进行归纳和总结，但至少要列出【情境任务及步骤】中相关内容的各级标题。

（2）程序清单除在报告中出现外，还必须以独立的.m 文件形式单独提交。程序清单要求至少按程序块进行注释。

（3）总结用线性卷积和 xcorr 函数确定同步头位置时峰值出现位置和同步头位置出现时起始点（或截止点）的距离。

（4）总结完成本案例所使用的新函数及其使用语法。

（5）简要回答【思考题】中的问题。

（6）报告中还可包括完成本案例的个人心得、对本案例设置的建议等。

【参考程序】

案例六——时域采样定理没你想象的那么简单

【案例设置目的】

通过原理仿真，使读者深刻理解低通信号采样定理和带通信号采样定理的准确含义，及其普适性和一致性。同时，使读者熟悉在 MATLAB 软件中实现周期延拓的方法，了解实证法研究事物内在规律的方法。

【相关基础理论】

模拟信号如果想借助数字信号处理的技术实现预定的处理，首先要变成数字信号，才能进入后续的处理流程。模拟信号变换成数字信号的过程包括采样、量化和编码等过程。采样频率的高低直接决定存储资源和 CPU 资源的消耗大小；量化受制于 A/D 的量化深度，直接影响量化误差的大小；编码过程完成从实际物理量向数字符号的转换。下面重点讨论与信号时域采样相关的两个定理，即低通信号采样定理和带通信号采样定理，两个定理揭示了无失真采样下采样速率的下限，是降低存储资源消耗和 CPU 消耗的理论依据。

低通信号采样定理是 Harry Nyquist 于 1928 年在“Certain Topics in Telegraph Transmission Theory”中首次明确提出的。1949 年，Claude Elwood Shannon 在“Communication in the Presence of Noise”中对该定理予以了正式证明，因此该定理称为奈奎斯特定理（Nyquist Theorem），或奈奎斯特-香农采样定理（Nyquist-Shannon Sampling Theorem）。

关于低通信号采样定理，较为常用的描述：若模拟信号 $x_a(t)$是带限信号，即$|f|>f_H$，$X_a(jf_H)=0$，其中 $X_a(jf)=\mathrm{FT}[x_a(t)]$，FT 表示傅里叶变换，$f_H$为信号的最高频率，则当采样频率 $F_s \geqslant 2f_H$时，可以用采样得到的信号重建原模拟信号 $x_a(t)$，否则无法实现重建。

如图 6.1(a)所示，对模拟信号 $x_a(t)$的采样，相当于将信号加载在一个开关上，开关闭合期间信号允许通过，输出端有输出；开关断开期间信号禁止通过，输出端无输出。

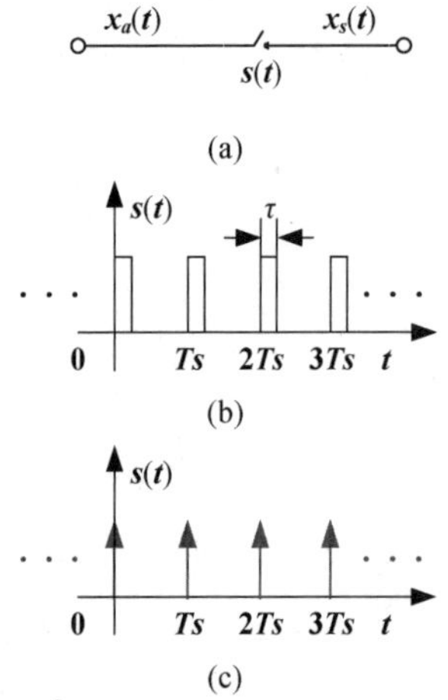

$x_a(t)$ $x_s(t)$ $s(t)$

(a)

$s(t)$ τ 0 Ts $2Ts$ $3Ts$ t

(b)

$s(t)$ 0 Ts $2Ts$ $3Ts$ t

(c)

图 6.1　采样开关及其数学描述

在数学上，采样过程被描述为模拟信号 $x_a(t)$与开关信号 $s(t)$相乘。为理论分析简便，开关信号 $s(t)$被简化为以 T 为周期的冲激串，即

$$s(t)=\sum_{-\infty}^{+\infty} g(t-\tau/2-nT) \to \sum_{n=-\infty}^{+\infty} \delta(t-nT) \qquad (6.1)$$

式中，$g(t)$为门函数；τ 表示开关导通时间或门函数的宽度；T 为开关的通断间隔或采样间隔。

采样得到的离散时间信号 $x_s(t)$可以表示为

$$x_s(t)=x_a(t)s(t)=\sum_{n=-\infty}^{+\infty} x_a(nT)\delta(t-nT) \qquad (6.2)$$

采样过程是否出现失真，往往在频域观察更为直观。根

据傅里叶变换的知识，离散时间信号 $x_s(t)$、原模拟信号 $x_a(t)$与开关信号 $s(t)$的频谱关系为

$$X_s(\mathrm{j}f) = X_a(\mathrm{j}f) * S(\mathrm{j}f) = \frac{1}{T}\sum_{k=-\infty}^{+\infty}(\mathrm{j}f - \mathrm{j}kF_s) \tag{6.3}$$

式中，$X_s(\mathrm{j}f)$=FT[$x_s(t)$]；$S(\mathrm{j}f)$=FT[$s(t)$]；“*”表示卷积运算；F_s表示采样频率，与采样间隔的关系为 $F_s=1/T$。

由式（6.3）知离散时间信号 $x_s(t)$的频谱是原模拟信号 $x_a(t)$的频谱以 F_s 为周期进行周期延拓后除以 T 得到的。若原模拟信号 $x_a(t)$为非带限信号，或者采样频率 F_s 不够大，在周期延拓过程中必然产生混叠，从而造成频谱失真，即采样过程产生失真，或者说无法从离散时间信号 $x_s(t)$中正确重建得到原模拟信号 $x_a(t)$。

为了用图表示低通信号采样定理的结论，很多教科书对带限的模拟信号 $x_a(t)$的频谱做了类似图 6.2(a)的假设。在这种情况下以 $F_s=2f_H$ 的采样频率对原模拟信号 $x_a(t)$进行采样，得到的频谱如图 6.2(b)所示，频谱在周期延拓过程中，由于 $X_a(\mathrm{j}f)$相邻的两次移位之间仅有 1 点的重叠，而这点的幅度为 0，因此重叠的结果不变，因此用图 6.3 所示的截止频率为 $F_s/2$ 的理想低通滤波器对 $X_s(\mathrm{j}f)$进行滤波时，得到的频谱与原模拟信号 $x_a(t)$的频谱完全相同，即在此情况下完全可以精准重建原模拟信号 $x_a(t)$。若对带限的原模拟信号 $x_a(t)$的频谱做类似图 6.4 的假设，同样以 $F_s=2f_H$ 的采样频率对原模拟信号 $x_a(t)$进行采样，得到的频谱会是什么样的呢？是否会产生失真呢？这也是本案例要探究的一个题目。

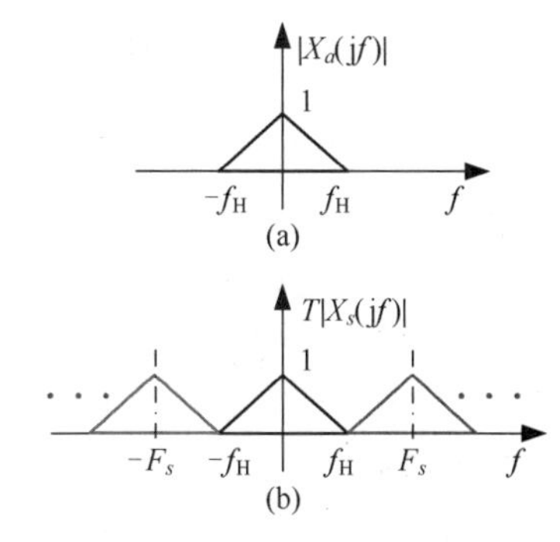

图 6.2 采样前、后的频谱

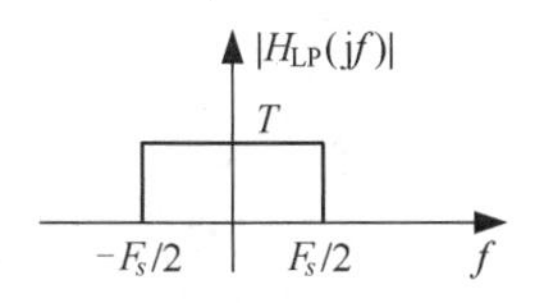

图 6.3 理想低通滤波器幅频响应图

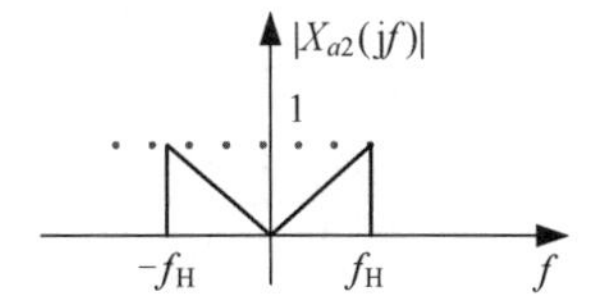

图 6.4 带限信号幅频特性图

带通信号也是一种带限信号，从频谱看带通信号的非零值区间为$[-f_L,-f_H]\cup[f_L,f_H]$，此区间之外的频谱分量的幅度值为 0，其中 f_L 和 f_H 分别为信号正频率频带的下界频率和上界频率，且有 $f_H \geqslant f_L>0$，带通信号带宽 $B=f_H-f_L$。

既然带通信号也是带限信号，当然可以按照前述低通信号采样定理约束的采样频率对其进行采样，只不过许多带通信号的中心频率［中心频率 $f_0=(f_L+f_H)/2$］很高，而信号的带宽相对较小，因此此时按照 $F_s \geqslant 2f_H$ 选择采样频率，F_s 会非常高，高到无法工程实现的地步。

例如，车载毫米波雷达的工作频率一般为 24GHz 和 77GHz，其中 24GHz 的车载雷达有两种工作模式，分别是带宽为 250MHz（24.0～24.25GHz）的窄带（NB）模式，和带宽为 5GHz（21.65～26.65GHz）的超宽带（UWB）模式。从图 6.5 可以看出，无论是 NB 模式还是 UWB 模式，作为带通信号，在频谱上都有很大的空白（NB 模式为 0～24GHz，UWB 模式为 0～21.65GHz）。按照低通信号采样定理，NB 模式的采样频率至少为 48.5GHz，UWB 模式的采样频率至少为 53.4GHz。而目前还没有采样频率能达到 10GSPS（Samples Per Second，SPS）的 A/D 器件，显然按照低通信号采样定理的要求，无法对车载雷达信号进行采样，更无法进行后续数字化处理。

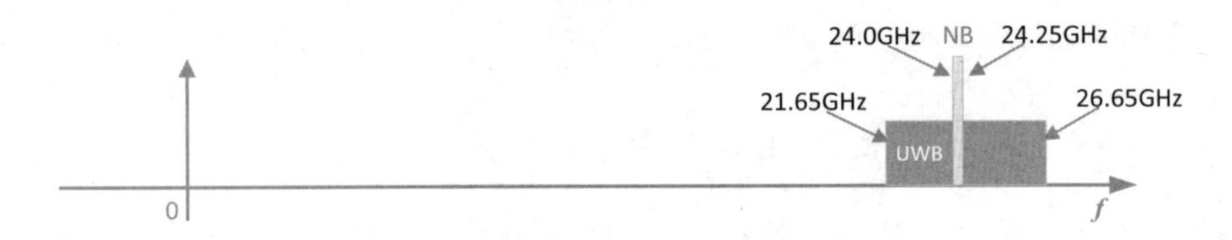

图 6.5 车载雷达两种模式

针对带通信号存在频谱空白的特点，前人提出了对带通信号进行欠采样（Undersampling）的概念，即用低于 $2f_{\rm H}$ 的采样频率 F_s 对带通信号进行无失真采样。

传统的带通信号采样定理认为，只要采样频率 F_s 不低于带通信号带宽 B 的两倍，就可以用采样得到的离散时间信号进行重建，而且有些教材提出最低采样频率取(2～4)B 即可。

陆续有学者指出，传统的带通信号采样定理存在一些问题。Gaskell、杨福生等人分别指出传统的带通信号采样定理的描述并不准确，甚至出现了误导，指出带通信号的最低采样频率是带宽的 2～4 倍的结论，只是必要条件，不是充分条件，容许的采样频率还要受约束：$2f_{\rm H}/N \leqslant F_s \leqslant 2f_{\rm L}/(N-1)$，其中 N 为不超过 $f_{\rm H}/B$ 的最大正整数。Vanghan 等人提出了通带位置的概念，并指出最小采样频率 $F_s=2B$ 只有在 $f_{\rm H}$ 是 B 的整倍数时才成立。关于带通信号欠采样频率的可容许范围也是本案例研究的一个重要内容。

为便于理解欠采样下带通信号的无失真采样问题，这里用图示法演示了两种情况，四倍和五倍于信号带宽的信号采样前、后的频谱如图 6.6 和图 6.7 所示。为展示传统采样定理所描述的采样频率最低可取为带宽的两倍的情形，图 6.6 和图 6.7 均假设信号频谱在频带上下界处的幅度为 0，且两种情况都是信号的最高频率是频带宽度整数倍的情况，图 6.6 是偶数倍（四倍），图 6.7 是奇数倍（五倍）。在探究欠采样下可用采样频率的过程中，采样频率按照频带宽度的整倍数下降。不难理解，时域采样频域周期延拓的性质，同样适用于信号的最高频率不是其频带宽度整数倍的情况，以及采样速率并非信号频带宽度整数倍的情况，因此这里不再赘述。下面将详细介绍图 6.6 和图 6.7 所示的两种情况。

图 6.6（a）所示为待采样模拟信号的频谱图，$f_{\rm H}-f_{\rm L}=B$，$f_{\rm H}=4B$，因此信号最高频率是频带宽度的整数倍，而且为便于区分，频谱的正频率分量组成的频带用无填充三角表示，负频带用单向斜线填充三角表示。图 6.6（b）中的 a)表示采样频率 F_s 恰为两倍信号最高频率 $f_{\rm H}$ 时频谱周期延拓的情形，即奈奎斯特采样频率，并将此时的采样频率记为 $F_{\rm NR}$，$F_{\rm NR}=8B$。其中图中“1 左”表示原信号频谱左移 F_s，“1 右”表示原信号频谱右移 F_s。左移和右移的结果均在$[-f_{\rm H}, f_{\rm H}]$之外。

图 6.6（b）中的 b)表示采样频率为 F_{s1} 时原信号频谱进行 1 次左移和 1 次右移的情形，其中 $F_{s1}=F_{\rm NR}-2B=2\times4B-2B=6B$。在采样频率为 F_{s1} 的欠采样情况下，1 次左移和 1 次右移的频谱与原信号频谱没有重叠之处，即周期延拓过程不会出现混叠。图 6.6（b）中的 c)表示采样频率为 F_{s2} 时频谱左移和右移的情形，其中 $F_{s2}=F_{\rm NR}-3B=5B$，与 b)的情况相同，周期延拓过程不会出现混叠。图 6.6（b）中的 d)表示采样频率为 F_{s3} 时的情形，其中 $F_{s3}=F_{\rm NR}-4B=4B$，此时 1 次左移的正频带与 1 次右移的负频带在 1 点上出现重叠，但是因正、负频带在该点的幅度值都是零，叠加后没有改变，因此可以理解为周期延拓未出现混叠。

图 6.6（b）中的 e)表示采样频率为 F_{s4} 时频谱左移和右移的情形，$F_{s4}=F_{\rm NR}-5B=3B$，在该采样频率下，$[-f_{\rm L}, f_{\rm L}]$频率范围内会出现两次的左移和两次的右移，且 1 次右移负频带与 1 次左移正频带出现幅度为 0 的单点重合，与 d)类似认为周期延拓没有出现混叠。图 6.6（b）中的 f)表示采样频率为 F_{s5} 时频谱左移和右移的情形，其中 $F_{s5}=F_{\rm NR}-6B=2B$，在该采样频率下，$[-f_{\rm L}, f_{\rm L}]$频

率范围内会出现 3 次的左移和 3 次的右移，再考虑原信号频谱的正、负频带位置，这些频带连接在一起，相邻频带都有幅度为 0 的单点重合，总体可以认为周期延拓没有出现混叠。图 6.6（b）中的 g)表示采样频率为 F_{s6} 时频谱左移和右移的情形，其中 $F_{s6}=F_{\rm NR}-7B=B$，在该采样频率下，$[-f_L,f_L]$频率范围内会出现 6 次的左移和 6 次的右移，频带之间出现了两两完全重叠的情况，周期延拓出现混叠已不可避免。图中频带位置重叠部分用交叉线填充的三角表示。

图 6.7 与图 6.6 非常类似，区别在于：①图 6.7 中信号的最高频率是带宽的奇数倍（五倍）；②$F_{s6}=3B$ 时出现左、右移位的频带之间出现混叠，且频谱 3 次左移的正频带与原信号频谱的负频带出现位置重叠，3 次右移的负频带与原频谱的正频带出现重叠，周期延拓必然产生混叠；③当欠采样频率降为 $2B$ 时，$[0,B]$频率范围内两种情况对应的频带不同，图 6.7 所示为正频带，图 6.6 所示为负频带。一般情况下，信号的正、负频带是不完全相同的，而是与 $f=0$ 呈轴对称关系的，因此在信号恢复时应格外注意。

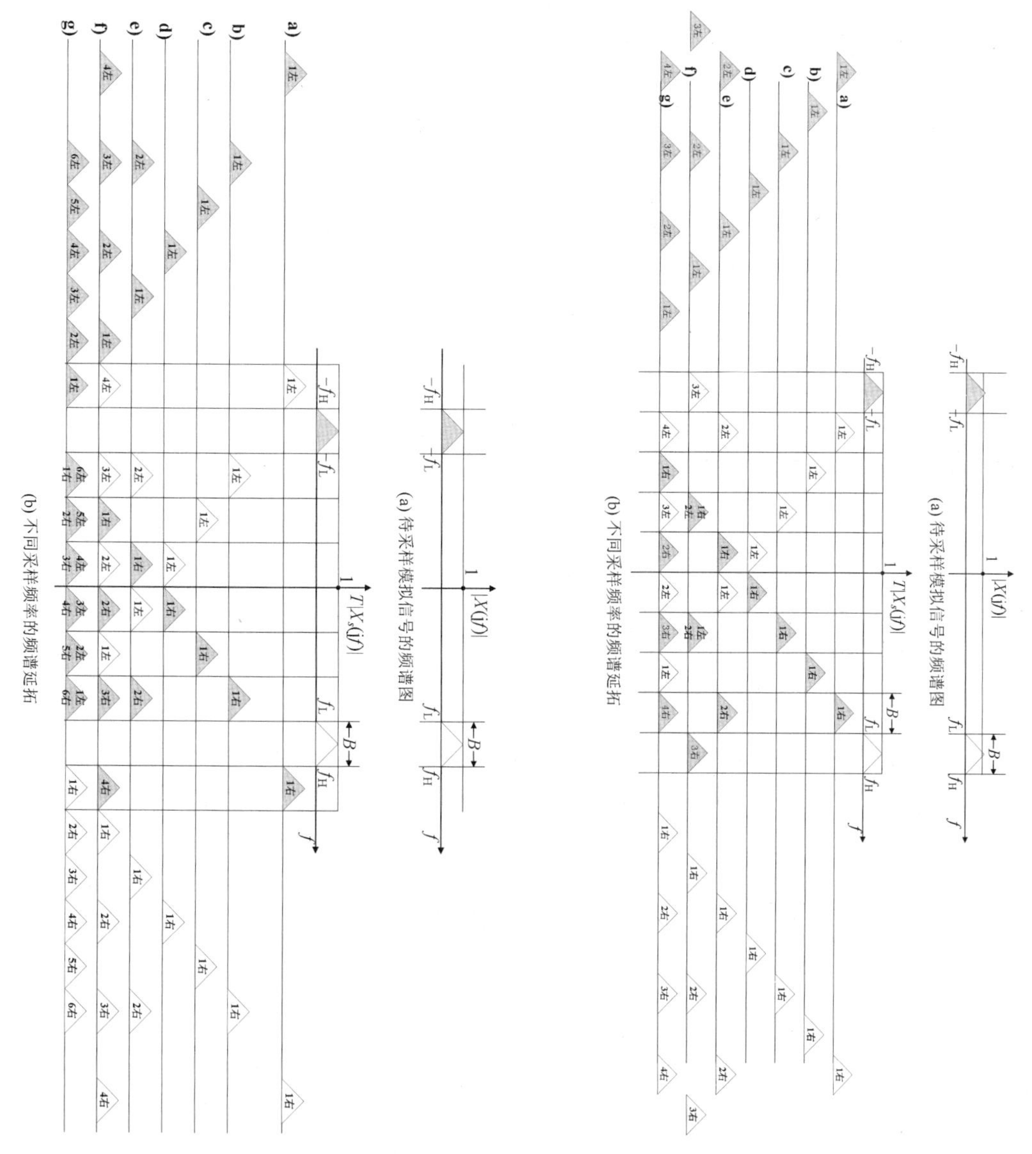

图 6.6 四倍于信号带宽的信号采样前、后的频谱

图 6.7 五倍于信号带宽的信号采样前、后的频谱

当信号的最高频率不满足带宽的整倍数时，将看到类似图 6.8 所示的可选采样频率范围。图中标记出了区域Ⅰ、Ⅱ和Ⅲ这样的夹角区域，分别是 $2f_H/n \leqslant F_s \leqslant 2f_L/(n-1)$中 n=2,3,4 时对应的可选采样频率范围。n=1 对应的是非欠采样情况下采样频率的取值范围，图中未予以显示。若从提高存储效率或降低 CPU 负担的角度看，应重点关注 n 取较大值，或 F_s 取较小值的情况，此时可以参考图 6.8。如图 6.8 所示，当信号最高频率 f_H 不是带宽 B 的整倍数时，F_s 不可以取为 $2B$，否则必然产生失真。

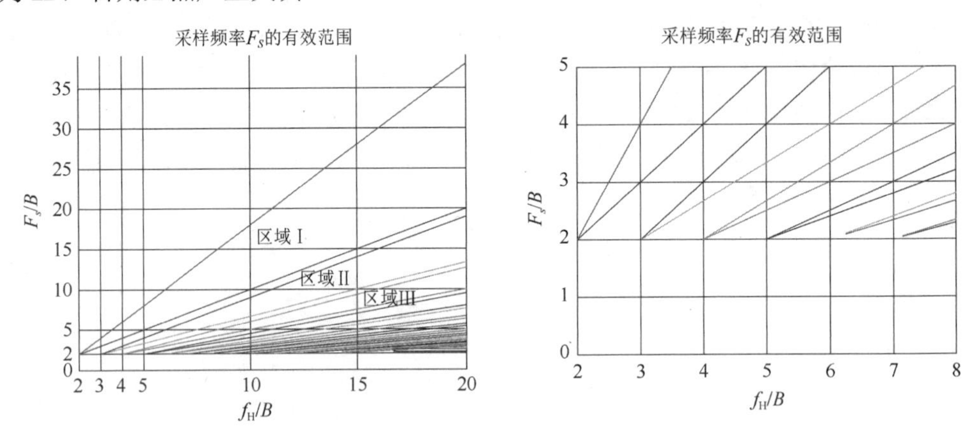

图 6.8 可选采样频率示意

【情境任务及步骤】

基于低通信号采样定理和带通信号采样定理，在案例中设置了两个情境，分别是“低通信号采样定理探究”和“带通信号采样定理探究”，每个情境有各自的情境任务。

一、低通信号采样定理探究

1．生成低通模拟信号频谱

设 f_H=20Hz，$f \in [-f_H \sim f_H]$，$Xf_1 = f_H - |f|$。其中 Xf_1 表示低通模拟信号的幅度谱，即 $Xf_1 = |X_a(\mathrm{j}f)|$。对 f 进行离散化时，建议步进选择 1 或 0.5。

2．生成采样后的信号频谱

对模拟信号的幅度谱进行周期延拓。生成周期延拓信号 X_sf，X_sf 的定义参照式（6.3），即 $X_sf = \cdots + Xf_1(f+2F_s) + Xf_1(f+F_s) + Xf_1(f) + Xf_1(f-F_s) + Xf_1(f-2F_s) + \cdots$，建议 F_s 取 f_H、$3f_H/2$、$2f_H$、$5f_H/2$ 这几个值。

1）生成原模拟信号的各次移位

选定一个采样频率 F_s，生成原信号频谱的移位形式，要求频谱的左、右移位至少各生成 4 个。以频谱左移为例，要生成 $Xf_1(f+F_s)$、$Xf_1(f+2F_s)$、$Xf_1(f+3F_s)$、$Xf_1(f+4F_s)$。

2）观察是否有频谱混叠发生

在同样的频率范围区间显示原信号频谱及左、右各次移位的频谱，并观察有无频谱混叠发生。以生成 4 次左、右移位为例，频率范围可以选定为$-5F_s \sim 5F_s$。可能用到的函数包括 plot、axis、grid。

3）生成周期延拓信号 $X_s f$

按照 $X_s f$ 的定义将原信号频谱与频谱的各次移位相加，得到周期延拓信号。而后，在新的图形窗口中显示周期延拓信号，并观察有无混叠失真发生。

3．探究混叠失真与 F_s 大小的关系

改变 F_s，重复任务 2 中的步骤 1）～3），归纳总结无失真采样的条件。由于傅里叶变换是线性变换，因此只要频域内频谱没有失真，则时域就不会出现失真。

4．挑战经典

1）更换带限信号

设 f_H=20Hz，$f\in[-f_H \sim f_H]$，$Xf_2=|f|$，Xf_2 表示低通模拟信号的幅度谱。

2）生成采样后的信号频谱

要求 F_s 取 $2f_H$、$5f_H/2$、$3f_H$ 这几个值，重复执行任务 2 中的步骤 1）～3），探究混叠失真与 F_s 的关系。

二、带通信号采样定理探究

1．设定上界频率与带宽

探究频带位置与采样频率的关系，可以选择带宽 B 不变、带通信号频带上界频率 f_H 变化，或者带通信号频带上界频率不变、带宽 B 变化，这里采取后者。建议设定 f_H=10000Hz，带宽 B 从 500（f_H×5%）变化到 5000（f_H×50%），步进为 1%f_H。

2．设定采样频率预选范围

根据设定的上界频率 f_H 和带宽 B，确定对应的频带下限 f_L。设定 F_s 预选变化范围为 $B\sim(2f_H-2B)$，步进为 10。

3．筛选当前带宽 B 下可用的 F_s

筛选当前带宽下，可用的 F_s 集合。

1）确定频谱左、右移位后频带左、右边界的具体坐标

建议各用一个矩阵分别存储原频谱正频带左移和负频带右移后频带左边界的坐标，比如前者记为 LBoundarySHL（程序形式），后者记为 LBoundarySHR（程序形式）。

2）确定频带移位是否出现频带重叠

可以先将两个矩阵中记录的频带左边界坐标，按照从小到大的顺序排列，而后将排序后的坐标矩阵对减，若对减后每个差值都不小于对应的带宽 B，则可以确定该采样频率不会导致频段重叠。

3）确定可用 F_s 集合

记录步骤 2）中不会造成频带重叠的 F_s，并遍历 F_s 整个预选变化范围，重复步骤 1）～3）。

4．筛选不同带宽 B 下可用的 F_s

遍历任务 1 中设定的所有带宽取值，重复任务 2、3，确定不同带宽下可用的 F_s 集合。

特别提示：因每种带宽下可用采样频率 F_s 的个数不同，建议用元包数组进行存储，同时存储当前带宽 B 的值及对应的各可用 F_s 值。

5．结果探究

1）图示结果

在新的图形窗口中，以 f_H/B 为横坐标轴、F_s/B 为纵坐标轴，绘制出不同带宽下可用采样频率的取值范围。

为更加直观地判断带通信号采样频率在 F_s=2～4B 时可实现无失真采样结论的普适性，建议在画图并用 grid 函数加网格线的基础上，绘制出 F_s/B=2,3,4 的参考线。

特别提示：为避免 MATLAB 软件中的绘图函数自动实现内插，要求用 stem 函数绘制 f_H/B-F_s/B 图，不能用 plot 函数，参考线用 plot 函数绘制。

2）结论印证

根据理论公式 $2f_H/N \leqslant F_s \leqslant 2f_L/(N-1)$，其中 N 为不超过 f_H/B 的最大正整数，以虚线形式绘制出 f_H/B-F_s/B 图。

【思考题】

（1）在探究低通信号采样定理和带通信号采样定理的过程中，进行周期延拓时只考虑了幅度谱，却未考虑相位谱，这里不考虑信号的相位谱，从判断是否有频谱混叠的角度看是否有影响？

（2）在探究带通信号采样定理过程中，原信号频谱并未特别指定是类似图 6.2（a）所示形式的带限信号，还是图 6.4 所示形式的带限信号，对探究结果是否有影响呢？请参照低通信号采样定理探究进行分析。

（3）单音信号，比如我国市电是 50Hz 的单音信号，是一类非常特殊的带限信号，信号带宽为零，能否用两倍信号频率进行无失真采样呢？

【特殊说明】

值得注意的是，$X_s(jf)$有两个容易混淆的概念。奈奎斯特频率（Nyquist Frequency）是指采样频率的一半，有时也叫作折叠频率（Foldover Frequency）或截止频率（Cut-off Frequency），即 F_{NF}=f_H，其中 F_{NF} 表示奈奎斯特频率。奈奎斯特频率是满足低通信号采样定理的最低采样频率，即信号带宽或最高频率分量的两倍，或者说 F_{NR}=2f_H，其中 F_{NR} 表示奈奎斯特采样频率。奈奎斯特频率是离散系统的一个性质，而奈奎斯特频率通常与采样有关，是连续时间信号的一个性质。

【相关人物】

哈里·奈奎斯特（Harry Nyquist）于 1889 年 7 月 2 日出生于瑞典，1976 年 4 月 4 日在美国得克萨斯州辞世，享年 87 岁。哈里·奈奎斯特 1907 年移居美国，1912—1915 年在北达科他大学求学，1914 年和 1915 年分别获得理学学士学位和硕士学位。1915—1917 年，在耶鲁大学求学，1917 年获得博士学位。

1917—1934 年任职于美国电话电报公司研发部，主要从事电报图像和声音的传输的研究。1934 年研发部改组成贝尔实验室，他继续任职至 1954 年，开展通信工程，尤其是传输工程和系统工程的研究。

在工作的 37 年中，他获得了 138 项美国专利授权，发表了 12 篇学术文章。其研究领域从热噪声到信号传输，他是现代信息论和数据传输通信的奠基人，是残留边带（VSB）调制的发明者，是判定反馈系统稳定性的奈奎斯特图提出者。

因其在通信领域的突出贡献，哈里·奈奎斯特获得了许多荣誉。因其定量描述热噪声、数据传输和负反馈等方面的重要贡献，1960 年，获授 IRE 荣誉勋章，同年 10 月获富兰克林学会颁发的斯图亚特巴兰坦奖章等。1969 年，他获得了美国国家工程院创会者 Simon Ramo 奖章，嘉许他为工程学做出的许多贡献。1979 年与亨德里克·韦德·伯德共同获授美国机械工程师学会的 Rufus Oldenburger 奖章。

【总结报告要求】

（1）在情境任务总结报告中相关基础理论部分可以不写，书写情境任务时可适当进行归纳和总结，但至少要列出【情境任务及步骤】中相关内容的各级标题。

（2）程序清单或程序脚本除在报告中出现外，还必须以.m 文件形式单独提交。程序清单要求至少按程序块进行注释。本案例要求提交“低通信号采样定理探究”和“带通信号采样定理探究”的程序清单。

（3）两情境任务执行效果图要附于报告中，而且要进行必要的分析，在此基础上归纳低通信号采样定理和带通信号采样定理。效果图要标注图题和横、纵坐标，必要时附网格线、参考线或指示文本。

（4）总结本次情境任务所使用的 MATLAB 软件中的函数及数据结构。

（5）简要回答【思考题】中的问题。

（6）报告中还可包括完成本案例的个人心得、对本案例设置的建议等。

【参考程序】

案例七——欠数字信号一个说法

【案例设置目的】

了解信息、消息、信号的含义，了解信号的分类，理解连续时间信号、离散时间信号、数字信号的含义，理解量化原理及相关概念。

【相关基础理论】

1. 信号及其分类

1）信号的定义

为了说明“信号”（Signal）的定义，我们先来了解一下“信息”的定义。说到“信息”（Information），相信大家能想到很多事物，如与我们出行相关的地理信息、天气信息，与投资相关的财经信息，与军事相关的谍报信息，可以看出，信息无时不有、无处不在。其实“信息”并没有一个统一的定义，其作为科学术语最早出现在哈特莱（Hartley）于 1928 年撰写的“Transmission of Information”（信息传输）一文中，他认为“信息”是有新内容和新知识的消息，将信息理解为选择通信符号的方式，并用选择自由度来度量信息的大小。1948 年，信息论之父香农（Shannon）对“信息”进行了定义，他认为信息是用来消除随机不确定性的东西，该定义被奉为经典而被广泛应用。图 7.1 所示为为信息定义的相关人事。此后许多研究者从各自的研究领域出发，对“信息”给出了不同的定义，比如我国著名的信息学专家钟义信教授，他认为信息是事物的存在方式或运动状态。

Ralph Vinton Lyon Hartley (1888—1970 年)

Claude Elwood Shannon(1916—2001 年)

图 7.1　为信息定义的相关人物

下面来说信号。信号是信息传递的物理载体，之所以说信号是物理载体，是因为信号传输具有能量，而且可测量。

说到信息和信号，还有一个概念是绕不开的，那就是“消息”（Message），消息是客观物质运动或主观思维活动的状态的表达或描述，如语言、文字、图像等。消息是具体的，但不是物理的。

下面来看一个例子。百米赛跑马上开始，运动员、发令员、计时员各就各位。正常情况下，发令枪发出信号的瞬间，运动员起跑、计时员开始计时。

我们分析这个过程，发令员鸣枪要发送的信息是“跑”这个命令（见图 7.2），运动员和计时员都收到了这个命令，但很显然前者是通过枪声收到的，后者是通过白烟收到的；一个是通过声信号，另一个是通过光信号；一个是声音形式，另一个是图像形式，即同一个信息可以选择不同的消息形式表示，不同的信号形式传递。声音会随着距离的延伸变得越来越小，光会因为遮挡无法沿直线继续传播，因此对于离比赛现场又远，又有障碍物遮挡的路人来说，没有足够能量的信号唤起他的注意，接收不到这里正在进行激烈比赛的信息，这里的一切对于他来说好像没有发生过。

图 7.2 发令枪

何时鸣枪对于发令员来说，一切都在意料之中，没有不确定性。而对于运动员来说，什么时候枪响是带有不确定性的，因此在高度紧张状态下，抢跑时有发生，枪声响起运动员收到起跑信息，何时鸣枪的不确定性消除。对于发令员来说，不确定性是在上一颗是哑弹的情况下，枪膛内仍然是哑弹的可能性，扳机扣下的那一刻，不确定性便消除了。

当然，对一个埋头赶路的人来说，这声枪响是惊吓而不是“跑”命令。即消息中可能包含很丰富的信息，也可能不包含信息。再如在鲁迅先生的《祝福》一书中，祥林嫂这个角色大家并不陌生，当她不停地重复自己丧子的故事时，消息是在不停地发出的；但是对于听众来讲，她丧子的事实与过程已没有信息，人们从她反复的诉说中能接收到的信息是，她一直无法从丧子的事件中走出来，已经开始抑郁，当然这已经脱离祥林嫂诉说的本意，或者说不是她想向外发送的信息。

综上，信号形式上传递的是消息，实质上传递的是信息，消息是具体的，信息是抽象的；信息载荷在消息中，同一个信息可以用不同的消息形式来载荷；信息是用于消除不确定性的东西。

2）信号的分类

信号分类的标准有很多，相应地也有不同的分类结果。比如按照信号的物理特性分类，有声信号（声音）、光信号（图像、视频）、机械信号（液压、气压）等；按照产生方式分为自然界信号（地震信号、雷电信号）、人造信号（雷达信号、通信信号）。

尽管不同领域或学科，对于信号的界定和分类有很大的不同，但是各界都对信号的一个基本特征是认同的，那就是作为一个或多个独立变量的函数的信号包含着关于某种现象的本质信息。下面的分类均基于信号的数学描述。

下面先来看两个信号的例子，以更好地帮助大家理解信号是一个或多个变量的函数这样一个含义。

图 7.3 展示了钢琴小字 1 组 C 和小字 2 组 C 的波形及频谱，前者称为 C4，后者称为 C5。比较图 7.3（a）和图 7.3（b），容易看出组成波形的函数值不同的变化规律代表着不同的音高。如图 7.3（c）所示，C4 是以 261.626Hz 为基波及其多个谐波复合而成的，而图 7.3（d）表明，C5 是由 523.251Hz 为基波及多个谐波复合而成的，造就了两者的音高不同，带来不同的听觉感受。

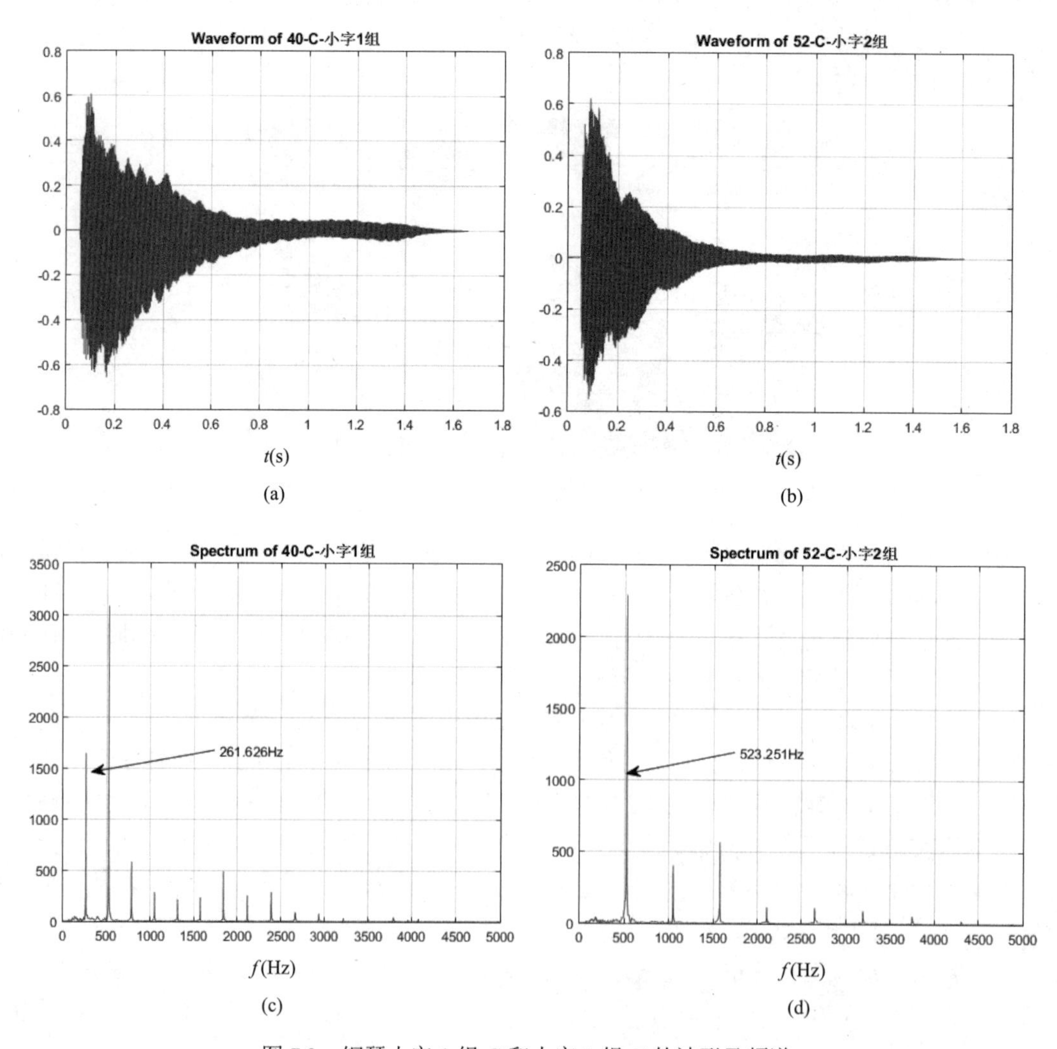

图 7.3　钢琴小字 1 组 C 和小字 2 组 C 的波形及频谱

图 7.4 所示为图像中值滤波前后的效果。左侧是受椒盐噪声污染的图像，右侧是用中值滤波处理后的结果图像。左、右侧图像对比可以看出，右侧图像没了椒盐噪声，但是有些硬币

不如降噪前清晰。坐标点（509,182）红绿蓝三通道的值都是 0.3373。

从上述两个例子可以看出，信号在数学上可表示为一个变量或多个变量的函数，比如上述钢琴音乐信号在数学上可描述为声压随时间变化的函数，而图像信号在数学上可表示为亮度是横、纵两个方向变量的函数。

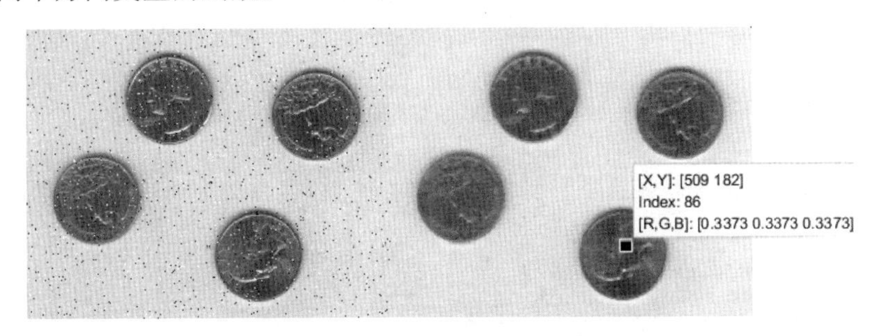

图 7.4 图像中值滤波前后的效果

下面将重点根据信号的数学表示，即自变量和函数的取值特点对信号分类进行讨论。

（1）一维信号与多维信号

根据定义函数的自变量的个数，将信号分为一维（1D，One Dimension）信号、二维（2D）信号和多维信号。如语音信号可以看成声压随时间这一个变量变化的函数，因此是一维信号；图像亮度是横、纵坐标两个变量变化的函数，称为二维信号；黑白视频信号是多个有序图像帧的集合，是横、纵坐标和时间三个变量的函数，因此称为三维信号或多维信号。不失一般性，一维信号在数学上可以表示为 $x(t)$，自变量 t 通常代表时间（Time），当然也可以代表其他含义，如温度（Temperature）；函数值可以表示电压，亦或气压、推力等。

（2）单通道信号与多通道信号

一个信号可能由一个信号源产生，也可能由多个信号源产生，前者称为单通道信号，后者称为多通道信号。如用单声道麦克风录音得到的就是单通道信号，而彩色视频信号是由 3 个分别表示红、绿、蓝三基色的三维信号构成的三通道信号。

（3）确定信号与随机信号

以一维信号 $x(t)$为例，根据信号在任意时刻的取值是否可以唯一确定，将信号分为确定信号（Deterministic Signal）与随机信号（Random Signal）。如信号源输出的单频信号 $x(t)=A\sin(2\pi ft+\theta)$，一旦幅度 A、频率 f 和初相角 θ 确定，任意时刻的函数值都是确定的，因此这是一个确定信号。实际中的信号大多为随机信号，如明天下午两点的气温、某只股票一个月后的收盘价等。

（4）连续时间信号、离散时间信号与数字信号

对于一维信号，若自变量是连续的，则信号称为连续时间信号（Continuous Time Signal）；若自变量是离散的，则信号称为离散时间信号（Discrete Time Signal）。时间（变量）连续、幅度也连续的信号通常称为模拟信号（Analog Signal）。时间（变量）离散、幅度也离散的信号称为数字信号（Digital Signal）。时间连续、幅度离散的信号称为矩形脉冲信号（Rectangular Pulse Signal）。四种类型的信号如图 7.5 所示。

对比图 7.5（a）、图 7.5（b）可以看出，模拟信号在每个瞬间都有定义，而离散时间信号仅在离散的时间点上有定义；对比图 7.5（c）～图 7.5（e）可以看出，数字信号在时间和幅度上都是离散的，可以看成对离散时间信号在幅度方向进行离散化的结果，或进行量化的结果，

而且量化位数越多，量化误差越小。矩形脉冲信号是数字调制中常见的一种调制信号（Modulating Signal），或数字基带信号。

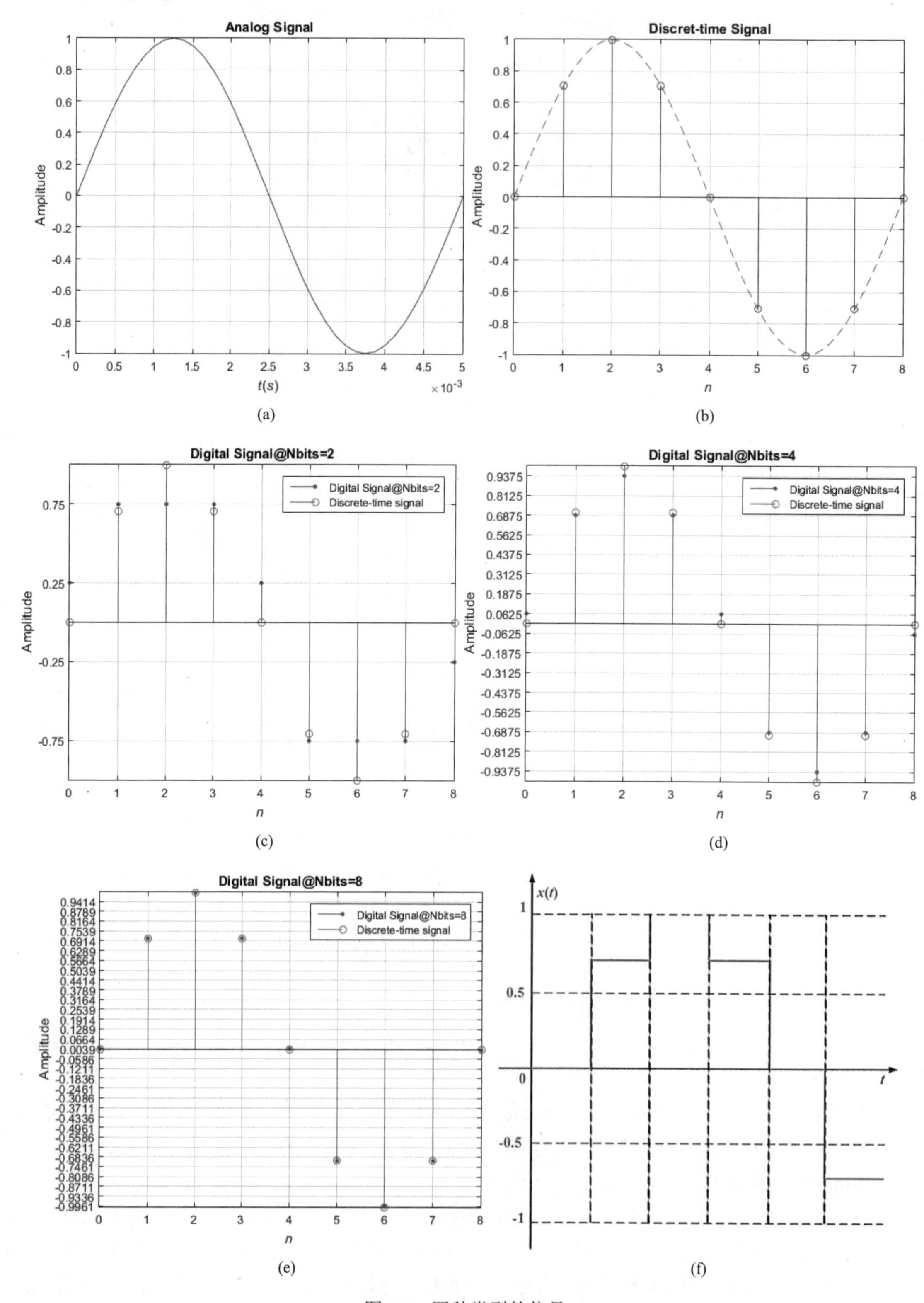

(a) (b) (c) (d) (e) (f)

图 7.5　四种类型的信号

从图 7.5（a）、图 7.5（b）可以看出，离散时间信号可以通过对连续时间信号进行采样得到，但是现实生活中也有很多信号本身就是时间离散的，比如股市中每天收盘的点位指数，某一个地区每天下午两点的气温等。模拟信号随处可见，如某个地区气温随时间变化的情况、声音信号等。计算机能存储和处理的都是数字信号，如磁盘上的音乐、电影文件等。

以上从自变量的维数、函数值的维数、函数值的随机性以及自变量与因变量取值范围四个角度对信号分类进行了详细讨论，当然还有其他分类方式，比如能量信号、功率信号等，篇幅所限，不再赘述。就本书来讲，更多关注信号的这四种分类。

为什么欠数字信号一个说法呢？就这门课程而言，国内外很多教材都称之为《数字信号处理》或 *Digital Signal Processing*，内容体系多沿袭本学科开山之作 *Discrete-time Signal Processing*（Alan V. Oppenheim，Ronald W. Schafer）的体系，在数字信号大行其道的当下，该书作者仍然使用原书名并出版了第 2 版。如前所述，数字信号可以由时间离散信号在幅度方向进行离散化得到，离散化或量化的过程会带来误差，用离散时间信号这个概念至少不会在讨论信号运算、进行频谱分析等时考虑量化误差的问题，因此《数字信号处理》教材多会在书名中用“数字信号”的概念，但在进行信号运算、频谱分析等理论探讨时，多数情况下会用“时间离散信号”代替“数字信号”的概念，编著者认为这是应该明确的一个问题。随着计算机技术的发展，存储器的位数可以做得越来越多，量化误差也越来越小，多数情况下甚至可以达到被忽略的量级。

2．标量量化

量化是实现数字化的一个重要过程，也是实现数据压缩的一种有效途径。量化分为标量量化和矢量量化。标量量化多用于模拟信号的数字化；矢量量化广泛用于数据压缩、图像识别和说话人识别等领域。这里只讨论标量量化。

1）如何量化

标量量化是一个将指定范围内的所有输入映射成一个公共值的过程，不同范围的输入会映射为不同的公共值。量化中描述指定范围和公共值的两个参数称为量化分区和码本。量化分区将信号的取值区间划分为几个连续的、不重叠的值范围。每个分区对应的公共值或码字集合在一起便构成了码本，码本告诉量化器将落入每个分区范围内的输入应分别分配哪个公共值。

量化误差示意图如图 7.6 所示，设输入信号的幅度取值范围为[−7.5,7.5]，要对该信号进行量化，可以进行这样的设计。首先将[−7.5,7.5]划分为[−7.5,−6.5),[−6.5,−5.5)，…，[4.5,5.5),[5.5,6.5)，[6.5,7.5]共 15 个区间。而后为每个区间都指定一个数值（码字），图 7.6 对应的码本包含−7,−6,…,6,7 这 15 个值。量化器收到输入后，便根据量化区间的划分确定该输入属于哪个区间，而后从码本中索引对应的表示数输出来完成量化。

其实像本例码本中的 15 个值，至少需要用 4 位（也称为量化位宽）二进制数表示，在计算机内存储的形式可以是原码、补码和偏置码等。补码和偏置码等形式更容易实现对符号位和数值域做统一处理，便于简化电路，而且补码和偏置码可以通过对符号位求反而实现互换。表 7.1 演示了同一个二进制数数串（第一列），被看成不同的数据格式时对应的十进制数。

图 7.6 所示的每个量化区间长度相同（最后一个区间比其他区间多了一个点），而且是用区间的中心点数值作为了相应区间的公共值（码字），因此量化码本中相邻码字间的差值等于量化间隔，且量化误差在每个区间内都呈现均匀分布。

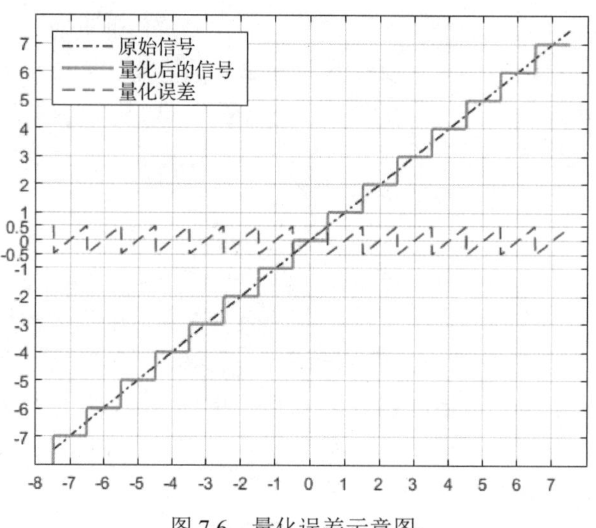

图 7.6　量化误差示意图

表 7.1　二进制数数串与不同数据格式对应关系

二进制码	无符号数	有符号数原码	二进制补码	二进制偏置码
0000	0	0	0	−8
0001	1	1	1	−7
0010	2	2	2	−6
0011	3	3	3	−5
0100	4	4	4	−4
0101	5	5	5	−3
0110	6	6	6	−2
0111	7	7	7	−1
1000	8	−8	0	0
1001	9	−1	−7	1
1010	10	−2	−6	2
1011	11	−3	−5	3
1100	12	−4	−4	4
1101	13	−5	−3	5
1110	14	−6	−2	6
1111	15	−7	−1	7

2）量化噪声及量化信噪比

对于码字值等于区间中心值的均匀量化，可以用数学进行这样的定量描述：设输入信号 x 的最大值为 b，最小值为 a，允许的码本中元素个数为 M，则量化区间大小 Δv 可定义为

$$\Delta v = \frac{b-a}{M} \tag{7.1}$$

此时，$[a,b]$划分成的 M 个量化区间的左端点可描述为 $r_i=a+i\Delta v, i=0,1,\cdots,M-1$，$r_M=b$，每个区间码字的数值为

$$q_i = \frac{r_i + r_{i+1}}{2} = a + i\Delta v - \frac{1}{2}\Delta v \tag{7.2}$$

相邻码字的间隔 $q_{i+1} - q_i = \Delta v$。一旦量化区间和对应的码字确定，量化误差 $e_q = x - q_i$ 就确定了。

当输入 x 服从$[a,b]$的均匀分布时，量化误差 e_q 在$[-\Delta v/2, \Delta v/2]$内均匀分布。量化信噪比可以由式（7.3）给出

$$\mathrm{SNR_{AD}} = 10\lg\frac{P_{\mathrm{xav}}}{P_{\mathrm{eqav}}} = 10\lg\frac{\int_a^b x^2 \frac{1}{b-a}\mathrm{d}x}{\int_a^b (x-x_q)^2 \frac{1}{b-a}\mathrm{d}x} = \frac{\frac{(b-a)^2}{12}}{\frac{1}{12}\Delta v^2} \tag{7.3}$$

式中，P_{xav} 表示量化前的信号功率；P_{eqav} 表示量化噪声功率；x_q 表示 x 量化后的值。当 x 的取值为对称区间，即 $x\in[-V,V]$，且 M>>1 并能表示为 $M=2^n$ 时（n 为量化位宽），此时 $\Delta v=2V/2^n$，$b-a=2V$，式（7.3）可简化为

$$\mathrm{SNR_{AD}} = 10\lg\frac{P_{\mathrm{xav}}}{P_{\mathrm{eqav}}} = 20\lg 2^n \approx 6.02n\mathrm{dB} \tag{7.4}$$

当输入为满量程输入正弦波时，$\mathrm{SNR_{AD}}\approx(6.02n+1.76)\mathrm{dB}$。即量化位宽每增加 1 位，信噪比约可增加 6dB。

【情境任务及步骤】

本案例设置了一个情境，通过完成情境任务，认识模拟信号、离散时间信号的特点，理解模拟信号数字化的过程及相关概念。

一、生成模拟信号

（1）模拟生成模拟信号 $x(t)=A\sin(2\pi ft)$，其中幅度 $A=1$，信号频率 f=200Hz，采样频率 F_s=8000Hz，采样间隔 $T=1/F_s$，时间 t=0：T：2。

这里之所以称作模拟生成模拟信号，是因为在计算机中无法生成和存储真正的模拟信号，只能生成和存储数字信号。

（2）听声效。

调用 sound 函数，感受信号的声效。

（3）图示结果。

对 $x(t)$截取 0～0.005s 的数据并记为 x005（程序形式），并调用函数 plot 绘制出 x005 与时间 t 的波形图。

二、时间维度离散化

1．抽取离散时间点上的数据

对数据 x005 进行等间隔采样，采样间隔为 DFT，或者说 x005 每 DF 个样点保留 1 个，结果记为 xnT（程序形式），且 xnT 的第一个样点是 x005 的第一个样点，这里设 DF=5。

2．图示结果

（1）调用 stem 函数，绘制出 x005 与 n 的火柴梗图。

（2）调用 plot 函数，绘制出 x005 的包络线图，包络线采用虚线。为在同一窗口中显示两图的叠加效果，要用到 hold 函数。

三、标量量化

1．设计量化器

根据【相关理论基础】中标量量化的相关知识，设定量化位宽，Nbits（程序形式）=2,4,8，设计均匀量化器。其中量化分区的边界用 QPartition（程序形式）表示，码本用 QCodebook（程序形式）表示。

2．量化信号

1）量化 xnT

根据【相关理论基础】中标量量化的相关知识，以及设计好的量化器对 xnT 进行量化，Nbits 在取 2、4、8 三种情况下，量化的结果分别记为 xn_Q2、xn_Q4、xn_Q8（程序形式）。

2）量化 $x(t)$

如前所述，计算机生成的 $x(t)$实际为数字信号。由于 MATLAB 软件用双精度格式(double)表示数字信号 $x(t)$的每个样点，即用 8 个字节或 64 位表示一个样点，量化误差近似可以忽略，也就是说，可以将计算机生成的 $x(t)$当作时间离散信号。这时可以仿照对 xnT 的量化，实现对 $x(t)$的量化。

（1）Nbits 在取 2、4、8 三种情况下，用设计好的量化器对 $x(t)$进行量化，量化的结果分别记为 xtn_Q2、xtn_Q4、xtn_Q8（程序形式）。

（2）计算三种情况下的量化误差，结果记为 QError2、QError4、QError8（程序形式），其中 QError$i$=$x(t)$−xtn_Qi，i=2,4,8。

3．图示量化结果

1）图示量化 xnT 前、后的结果

（1）在三个图形窗口中，用 stem 函数分别绘制出 Nbits 在取 2、4、8 三种情况下对 xnT 量化前、后的图。建议量化后的结果图的“marker”选择实心点“.”，量化前的数据画图时用默认参数。

（2）为每个图添加网格线，要求横向网格线的位置用 Nbits 在取 2、4、8 三种情况下的码本定义（Nbits=8 的情况，横向网格线可以只选取其中的部分进行显示）。

建议用 gca 函数和 YTick 参量实现。

2）图示量化 $x(t)$前、后的结果

（1）在三个图形窗口中，用 stem 函数分别绘制出 Nbits 在取 2、4、8 三种情况下对 $x(t)$量化后的图。建议量化后的结果图的“marker”选择实心点“.”，量化前的波形用 plot 函数绘制，选择默认参数。

（2）为每个图添加网格线，要求横向网格线的位置用 Nbits 在取 2、4、8 三种情况下的码本定义。

建议用 gca 函数和 YTick 参量实现。

（3）在三个图形窗口中，用 plot 函数分别绘制出 Nbits 在取 2、4、8 三种情况下对 $x(t)$ 量化后的量化误差图 QError$i$–t，i=2,4,8。要求纵坐标轴的现实范围统一固定为[−1,1]。

4．探究量化位宽与增益

1）计算量化噪声功率

计算 Nbits 在取 2、4、8 三种情况下的噪声功率，结果记为 PQEi，i=2,4,8，其中 PQEi= sum(QError$i$.^2)/lt（程序形式），这里 sum 为求和函数。

2）量化位宽带来的增益

分别计算 G1、G2 和 G3 并与式(7.4)比较，比较结果记入实验报告，其中 G1、G2 和 G3 分别定义为 G1=10lg(PQE2/PQE4)/2，G2=10lg(PQE4/PQE8)/4，G3=10lg(PQE2/PQE8)/6（程序形式）。

四、二度探究量化

1．选择音频文件

选择一个.wav 文件，并复制到 MATLAB 软件的工作目录下。建议选择计算机系统自带的文件，通常路径为 C:\Windows\Media。

2．查看音频文件信息

用 audioinfo 函数查看该文件的信息，重点关注 BitsPerSample 这个参数，该参数即前述的量化位宽。

3．分析量化误差

导出音频文件的数据，记为 y。绘制出 y 的波形，并通过波形观察 y 的幅度范围。根据 y 的幅度范围和 BitsPerSample 确定量化误差。

【思考题】

（1）计算机绘制出的模拟信号是真的连续时间信号吗？对于同一组数据，plot 函数和 stem 函数的绘图效果不一样的机理是什么？

（2）量化误差 QError 与原信号 $x(t)$的声效进行对比，你认为哪个的频率更高？为什么？量化误差与 Nbits 的变化有何关系？

（3）数字信号的能量和功率如何计算？

（4）在探究量化位宽变化带来的增益过程中，G1、G2 和 G3 计算式的依据是什么？

（5）量化区间的划分和码字的选择是否会对量化噪声产生影响？

【总结报告要求】

（1）在情境任务总结报告中相关基础理论部分可以不写，书写情境任务时可适当进行归纳和总结，但至少要列出【情境任务及步骤】中相关内容的各级标题。

（2）程序清单除在报告中出现外，还必须以.m 文件形式单独提交。程序清单要求至少按程序块进行注释。本案例要求提交完整的程序清单。

（3）所有效果图要标注图题和横、纵坐标，效果图后要有必要的数据分析和归纳总结。

（4）总结本次情境任务所使用的相关函数及其使用语法，试着用 audioinfo 函数打开一个.mp3 文件，对比与打开的.wav 文件的异同。

（5）简要回答【思考题】中的问题。

（6）报告中还可包括完成本案例的个人心得、对本案例设置的建议等。

【参考程序】

中篇——心中有谱

本篇中案例设计的主旨是通过对贴近实际的信号和系统的频域进行分析，使读者对信号频谱、系统频率响应的表示方法及分析方法等建立直观认识，理解和掌握信号和系统的频域分析、频率轴标定、滤波系统的零极点设计法以及变换域内的信号处理等内容；对解析信号和时频分析建立基本概念。

本篇中案例的情境任务设计涵盖了离散时间傅里叶变换（DTFT）和离散傅里叶变换（DFT）的基本概念、性质等知识的应用，信号的频谱分析，系统频率响应分析，快速卷积实现（重叠相加和重叠保留法），以及通过设置系统函数零极点来进行系统设计等。另外，本篇还包含了信号处理中常用的解析信号的构造和特点分析，以及信号时频分析中短时傅里叶变换的初步介绍，目的是拓宽读者的视野。本版新增了信号带宽与中心频率的测量案例，旨在帮助读者提升用理论知识解决实际问题的能力；新增的关于傅里叶变换的由来，意在帮助读者了解创新的思路及过程。

在 MATLAB 软件使用方面，本篇中案例的内容设计旨在强化 MATLAB 软件的常用矩阵操作、函数调用、子程序的编写、结果的图形显示和声音呈现等内容。读者在完成情境任务的过程中可以进一步夯实 MATLAB 软件的使用基础。

建议尽量完成本篇所有案例。若条件所限，可以最先略过希尔伯特变换、短时傅里叶变换的相关案例。

案例八——离散时间傅里叶变换离散着算

【案例设置目的】

通过编制计算任意序列离散时间傅里叶变换的程序，理解离散时间傅里叶变换的定义、性质，建立幅频特性、相频特性、信号能量和能量谱密度的概念，掌握模拟信号能量和时域离散序列能量的关系，理解幅频响应的线性表示和对数表示的优缺点。

【相关基础理论】

1．序列的离散时间傅里叶变换

时域离散信号 $x(n)$若满足绝对可和条件，则其离散时间傅里叶变换（DTFT）存在，且有

$$X(\mathrm{e}^{\mathrm{j}\omega}) = \sum_{n=-\infty}^{\infty} x(n)\mathrm{e}^{-\mathrm{j}\omega n} \tag{8.1}$$

或者将 ω 的连续复函数 $X(\mathrm{e}^{\mathrm{j}\omega})$ 改写为

$$X(\mathrm{e}^{\mathrm{j}\omega}) = X_{\mathrm{R}}(\mathrm{e}^{\mathrm{j}\omega}) + \mathrm{j}X_{\mathrm{I}}(\mathrm{e}^{\mathrm{j}\omega}) \tag{8.2}$$

或者

$$X(\mathrm{e}^{\mathrm{j}\omega}) = \left|X(\mathrm{e}^{\mathrm{j}\omega})\right| \mathrm{e}^{\mathrm{j}\arg\left[X(\mathrm{e}^{\mathrm{j}\omega})\right]} \tag{8.3}$$

式中，$\left|X(\mathrm{e}^{\mathrm{j}\omega})\right|$ 表示复函数 $X(\mathrm{e}^{\mathrm{j}\omega})$ 的模值或幅度，反映了信号的幅频特性；$\arg[X(\mathrm{e}^{\mathrm{j}\omega})]$ 表示复函数 $X(\mathrm{e}^{\mathrm{j}\omega})$ 的相角，为信号的相频特性，它们与复函数 $X(\mathrm{e}^{\mathrm{j}\omega})$ 的实部 $X_{\mathrm{R}}(\mathrm{e}^{\mathrm{j}\omega})$、虚部 $X_{\mathrm{I}}(\mathrm{e}^{\mathrm{j}\omega})$ 的关系为

$$\left|X(\mathrm{e}^{\mathrm{j}\omega})\right| = \sqrt{X_{\mathrm{R}}^2(\mathrm{e}^{\mathrm{j}\omega}) + X_{\mathrm{I}}^2(\mathrm{e}^{\mathrm{j}\omega})} \tag{8.4}$$

$$\arg[X(\mathrm{e}^{\mathrm{j}\omega})] = a\tan\frac{X_{\mathrm{I}}(\mathrm{e}^{\mathrm{j}\omega})}{X_{\mathrm{R}}(\mathrm{e}^{\mathrm{j}\omega})} \tag{8.5}$$

若线性时不变（LTI）系统的单位采样响应用 $h(n)$表示，对序列 $h(n)$做 DTFT 的结果记为 $H(\mathrm{e}^{\mathrm{j}\omega})$，则$\left|H(\mathrm{e}^{\mathrm{j}\omega})\right|$称为系统的幅频响应，$\arg[H(\mathrm{e}^{\mathrm{j}\omega})]$称为系统的相频响应。

根据欧拉公式，当式（8.1）中的 $x(n)$满足奇对称、偶对称特性或是指数序列时，才便于得到 $X(\mathrm{e}^{\mathrm{j}\omega})$ 的闭合公式，根据闭合公式可定量讨论$\left|X(\mathrm{e}^{\mathrm{j}\omega})\right|$和 $\arg[X(\mathrm{e}^{\mathrm{j}\omega})]$ 在任意ω 处的值。而对于任意序列 $x(n)$，其幅频特性和相频特性分析并不容易，因此从这个意义上讲，DTFT 的理论价值大过其实用价值。

2．序列 DTFT 的计算

因 $X(\mathrm{e}^{\mathrm{j}\omega})$ 是以 2π 为周期的连续函数，因此利用一个周期就可以了解到 $X(\mathrm{e}^{\mathrm{j}\omega})$ 的全貌。而 $X(\mathrm{e}^{\mathrm{j}\omega})$ 在一个周期内的值，可以借助数值计算工具通过计算足够多的离散点ω_k上的值近似

得到。

$x(n)$为有限长序列，即仅在 $N_1 \leqslant n \leqslant N_2$ 的范围内 $x(n)$才有非零值，其中 N_1 和 N_2 为任意整数。令 $u = \mathrm{e}^{\mathrm{j}\omega}$，此时式（8.1）可改写为

$$X(u) = \left[x(N_1)u^{(N_2-N_1)} + x(N_1+1)u^{(N_2-N_1-1)} + \cdots + x(N_2-1)u^1 + x(N_2)\right]\Big/u^{N_2} \qquad (8.6)$$

从式（8.6）可以看出，离散点ω_k上 $X(\mathrm{e}^{\mathrm{j}\omega})$ 值的计算转化为 $N_2 - N_1$ 次多项式在ω_k上的值的计算。此时可以调用 MATLAB 软件的内置函数 polyval 实现，或者用矩阵直接计算，即

$$\boldsymbol{X}\begin{pmatrix}\vdots\\ \mathrm{e}^{\mathrm{j}\omega_k}\\ \mathrm{e}^{\mathrm{j}\omega_{k+1}}\\ \vdots\end{pmatrix} = \boldsymbol{x}(N_1)\begin{pmatrix}\vdots\\ \mathrm{e}^{-\mathrm{j}\omega_k N_1}\\ \mathrm{e}^{-\mathrm{j}\omega_{k+1} N_1}\\ \vdots\end{pmatrix} + \boldsymbol{x}(N_1+1)\begin{pmatrix}\vdots\\ \mathrm{e}^{-\mathrm{j}\omega_k (N_1+1)}\\ \mathrm{e}^{-\mathrm{j}\omega_{k+1} (N_1+1)}\\ \vdots\end{pmatrix} + \cdots + \boldsymbol{x}(N_2)\begin{pmatrix}\vdots\\ \mathrm{e}^{-\mathrm{j}\omega_k N_2}\\ \mathrm{e}^{-\mathrm{j}\omega_{k+1} N_2}\\ \vdots\end{pmatrix} \qquad (8.7)$$

【情境任务及步骤】

基于 DTFT 的定义及性质，在案例中设置了“一般信号 DTFT 的计算”和“矩形序列形式单位采样响应的频率响应”两个情境，各自有不同的任务。重在体会 DTFT 的定义、性质，频域图的线性和归一化对数表示，以及能量和功率的概念。

一、一般信号 DTFT 的计算

1. 信号产生

设 $x(n)=R_6(n)$，在 Figure 1 中画出 $x(n)-n$ 的图，n 取−10～10，图中表示每个样值大小的线的末端用实心圈，并要求标注横坐标。

2. 编程计算 $x(n)$的 DTFT

（1）根据式（8.6）编制程序，计算 $X(\mathrm{e}^{\mathrm{j}\omega})$ 在ω取−5π～5π 时的值，步进间隔为 π/100。建议调用 polyval 函数。

（2）在 Figure 2 中画出幅频特性图和相频特性图，并标注横、纵坐标和图题。

（3）观察幅频特性图的周期特性、对称特性。

MATLAB 软件中求解幅度相关、角度相关的函数为 abs 和 angle，可以通过 Help 文件学习相关函数的调用语法。

3. 相频特性看移位

（1）将序列 $x(n)$右移 5 个样点，ω 取 0：π/100：2π，重新计算 $X(\mathrm{e}^{\mathrm{j}\omega})$。

（2）在 Figure 3 中画出幅频特性图和相频特性图。

（3）对比 Figure2 与 Figure3 中ω 取 0：π/100：2π 的部分，结合 DTFT 的性质对序列时域移位前后对应的幅频图的一致性和相频图斜率的变化进行总结。

为了使对比效果明显，建议使用 axis 函数对 Figure2 限定显示范围。

4. 双音信号频谱

（1）设ω_1=π/8, ω_2=π/3，$x_1(n)$=cos($\omega_1 n$)，$x_2(n)$=cos($\omega_2 n$)，$x_3(n)$=$x_1(n)$+$x_2(n)$，编制程序计算 $x_1(n)$、$x_2(n)$和 $x_3(n)$的 DTFT，结果记为 $X_1(\mathrm{e}^{\mathrm{j}\omega})$、$X_2(\mathrm{e}^{\mathrm{j}\omega})$、$X_3(\mathrm{e}^{\mathrm{j}\omega})$。要求计算信号的频谱时序列

的长度至少为 $x_3(n)$的 10 个周期以上。

（2）在 Figure 4 中自上而下画图显示三个信号的幅频特性图。

（3）通过 $X_3(e^{j\omega})$与 $X_1(e^{j\omega})$和 $X_2(e^{j\omega})$的关系，总结 DTFT 的性质。

5．能量和能量谱密度计算

（1）编制程序计算信号 $x(n)$ 的时域能量 E 和频域能量谱密度 $P(\omega)$。

若存在有界常数 B，使序列 $x(n)$ 满足：

$$|x(n)| < B < +\infty \tag{8.8}$$

则序列称为有界信号。

有界时域离散序列的能量定义为序列各样点值的平方和，即

$$E = \sum |x(n)|^2 \tag{8.9}$$

当 $E < +\infty$ 时，称为能量有限信号或能量信号。能量有限的时域离散信号的能量谱密度可以通过式（8.10）进行计算，即

$$G(\omega) = \left|X(e^{j\omega})\right|^2 \tag{8.10}$$

根据 Parseval 定理，式（8.9）和式（8.10）存在如下关系：

$$E = \sum_{n=-\infty}^{\infty} x^2(n) = \frac{1}{2\pi}\int_{-\pi}^{\pi} G(\omega)\mathrm{d}\omega \tag{8.11}$$

这里只计算 $G(\omega)$ 在 ω 取$-\pi$：$\pi/1000$：π 时的值。

（2）画出 $G(\omega)$ 随 ω 变化的图，横坐标要求对 π 进行归一化，即显示范围为-1～1。

二、矩形序列形式单位采样响应的频率响应

设 LTI 系统的单位采样响应为 $h(n)=R_{51}(n)$。

1．手工推导结论以确定比较基准

按照 DTFT 定义推导 $H(e^{j\omega})$ 的表达式，确定幅频响应和相频响应，并大致画出 ω 在$-\pi$～π 范围内的幅频特性图和相频特性图。

2．编程实现验证计算效果

1）表达式计算

对推导得出的 $H(e^{j\omega})$ 表达式，在 ω 取$-\pi$：$\pi/100$：π 的点上计算 $H(e^{j\omega})$ 的值，在 Figure 1 中画出幅频特性图和相频特性图，并标注横、纵坐标和图题，且横坐标对 π 进行归一化。

2）作图

根据式（8.6）或式（8.7）编制程序，直接由 $h(n)$计算 $H(e^{j\omega})$ 在 ω 取$-\pi$：$\pi/100$：π 上的值，在 Figure 2 中画出幅频特性图和相频特性图，并做好标注。

比较 Figure 1 和 Figure 2 的异同。

3）对数形式的幅频特性图

以上述任一种方法得出的结果为基础，求出$|H(e^{j\omega})|$的最大值，并记为 maxH（程序形式），

之后在 Figure 3 中画出 $20\lg[|H(e^{j\omega})|/\max H]$ 随 ω 变化的图。

MATLAB 软件中用于计算最大值、对数的函数为 max 和 log，可以通过 Help 文件学习调用语法。

观察 Figure 3，借助 grid、axis 等函数或工具栏上的 Data Cursor 估算最大峰值和次大峰值的幅度，并计算出二者的幅度差。

4）能量再估计

假设 $h(n)$是从一个持续时间为 0.05s 的单位幅度门函数（矩形函数）形信号 $h_a(t)$ 中通过均匀采样得到的。

（1）模拟信号能量。

计算信号 $h_a(t)$的能量 E_a。E_a 可以通过式（8.12）进行计算，即

$$E_a = \int h_a^2(t)\mathrm{d}t \tag{8.12}$$

（2）时域离散序列能量。

首先根据 $h_a(t)$和 $h(n)$计算信号采样频率 F_s，结果记为 Fs1（程序形式）；再根据式（8.12）和式（8.9）计算 $h_a(t)$和 $h(n)$的能量 E，结果记为 Ea1、E1（程序形式）。

（3）若假设 $h(n)$是从一个持续时间为 0.5s 的单位幅度门函数形信号 $h_a(t)$中通过均匀采样得到的，重复模拟信号、时域离散序列 $h_a(t)$和 $h(n)$能量的计算，结果记为 Ea2、E2（程序形式），此时信号采样频率记为 Fs2（程序形式）。

记下两次的采样频率、对应的时域离散序列能量、对应的模拟信号能量，并计算 E1/Ea1、E2/Ea2 的商值，将商值与相应的采样频率进行对比分析。结论记于总结报告中。

【思考题】

（1）本案例中在计算 DTFT 时，ω 的取值或一定区间内的采样间隔还是比较随意的，真的可以这样任性选取吗？否则该怎样选取？待完成频率采样定理后，希望能对这一问题给出完整准确的回答。

（2）比较信号能量 E、E_a 和总采样点数的关系，试总结时域离散序列能量、模拟信号能量和采样点数之间的联系。

（3）时域离散序列的功率和模拟信号的功率如何定义？它们之间又存在什么关系？

（4）结合时域采样定理和情境一中的环节 4，分析该如何看信号的频谱。

【总结报告要求】

（1）在情境任务总结报告中原理部分要简要描述序列 DTFT 离散化计算的原理、DTFT 的时移特性、能量计算等，书写情境任务时可适当进行归纳和总结，但至少要列出【情境任务及步骤】中相关内容的各级标题。

（2）情境任务的程序清单除在报告中出现外，还必须以独立的.m 文件形式单独提交。程序清单要求至少按程序块进行注释。编制用多项式逼近计算序列离散时间傅里叶变换的子程序 myDTFT，输入参数为输入序列和待计算的频率点矢量ω。

（3）总结时域延迟与相频斜率变化的关系。

（4）总结完成本案例所使用的新函数及其使用语法。

（5）简要回答【思考题】中的问题。

（6）报告中还可包括完成本案例的个人心得、对本案例设置的建议等。

【参考程序】

案例九——系统函数零极点那些事儿

【案例设置目的】

通过对比零极点位置改变前、后幅频响应的变化，理解零极点位置对于系统幅频特性的影响；掌握用系统函数极点位置判定系统稳定性的方法；理解梳状滤波器的幅频特性；了解系统频率响应的几何确定法。

【相关基础理论】

线性时不变系统常用下述形式的线性常系数差分方程描述，即

$$\begin{aligned} y(n) = b_0 x(n) + b_1 x(n-1) + \cdots + b_M x(n-M) - \\ a_1 y(n-1) - a_2 y(n-2) - \cdots - a_N y(n-N) \end{aligned} \tag{9.1}$$

或者

$$\sum_{l=0}^{N} a_l y(n-l) = \sum_{r=0}^{M} b_r x(n-r) \tag{9.2}$$

差分方程描述的系统也常用权重或系数矩阵表示，$\boldsymbol{b} = [b_0, b_1, \cdots, b_M], \boldsymbol{a} = [a_0, a_1, \cdots, a_N]$，其中 $a_0 \equiv 1$。

对式（9.2）两端做双边 Z 变换，并整理得

$$H(Z) = \frac{Y(Z)}{X(Z)} = \frac{\sum_{r=0}^{M} b_k Z^{-r}}{\sum_{l=0}^{N} a_l Z^{-l}} \tag{9.3}$$

$H(Z)$ 为线性时不变系统的系统函数，$H(Z)$ 的分子和分母分别为 Z^{-1} 的 M 次多项式和 N 次多项式。将分子、分母同时分解为 Z 的一次因式，式（9.3）可改写为

$$H(Z) = KZ^{N-M} \frac{\prod_{r=1}^{M} (Z - Z_r)}{\prod_{l=1}^{N} (Z - p_l)} \tag{9.4}$$

式中，K 为增益；Z_r 为零点；p_l 为极点。

通过分析其系统函数 $H(Z)$，可以确定系统的很多属性，如稳定性、幅频特性等。

当系统函数 $H(Z)$ 的所有极点均位于单位圆内时，该系统为稳定系统。这也是系统设计完成后，判定系统稳定性常用的一种方法。

对于稳定系统，系统单位脉冲响应在 Z 平面单位圆上的 Z 变换为该系统的频率响应，即

$$H(\mathrm{e}^{\mathrm{j}\omega}) = H(Z)\big|_{Z=\mathrm{e}^{\mathrm{j}\omega}} = K\mathrm{e}^{\mathrm{j}\omega(N-M)} \frac{\prod_{r=1}^{M} (\mathrm{e}^{\mathrm{j}\omega} - Z_r)}{\prod_{l=1}^{N} (\mathrm{e}^{\mathrm{j}\omega} - p_l)} \tag{9.5}$$

若将 Z 平面上原点 O 连到零点 Z_r 的有向线段、O 连到单位圆上角度为 ω 的点 B 的有向线段和 O 连到极点 p_l 的有向线段均看成一个矢量，并分别记为矢量 $\boldsymbol{OZ_r}$、$\boldsymbol{OB}$ 和 $\boldsymbol{Op_l}$，则式（9.5）中分子的每个 $\mathrm{e}^{\mathrm{j}\omega}$ 一次分式都等价为矢量差 $\boldsymbol{OB}-\boldsymbol{OZ_r}$，结果为矢量 $\boldsymbol{Z_rB}$。同理，分母的每个 $\mathrm{e}^{\mathrm{j}\omega}$ 一次分式都等价为矢量差 $\boldsymbol{OB}-\boldsymbol{Op_l}$，结果为矢量 $\boldsymbol{p_lB}$，即

$$\begin{cases}\boldsymbol{Z_rB}=Z_rB\mathrm{e}^{\mathrm{j}\alpha_r}\\ \boldsymbol{p_lB}=p_lB\mathrm{e}^{\mathrm{j}\beta_l}\end{cases} \tag{9.6}$$

式中，Z_rB 和 p_lB 分别表示极径（各自矢量大小）；α_r 和 β_l 分别表示极角（各自矢量角度）。

从矢量运算的角度看，式（9.5）中分子的所有 $\mathrm{e}^{\mathrm{j}\omega}$ 一次分式的乘积等价为所有零点 Z_r 到单位圆上同一角度 ω 的矢量积。同理，分母的所有 $\mathrm{e}^{\mathrm{j}\omega}$ 一次分式的乘积等价为所有极点 p_l 到单位圆上同一角度 ω 的矢量积，且分子、分母同时对准一个角度，零极点矢量图如图 9.1 所示。

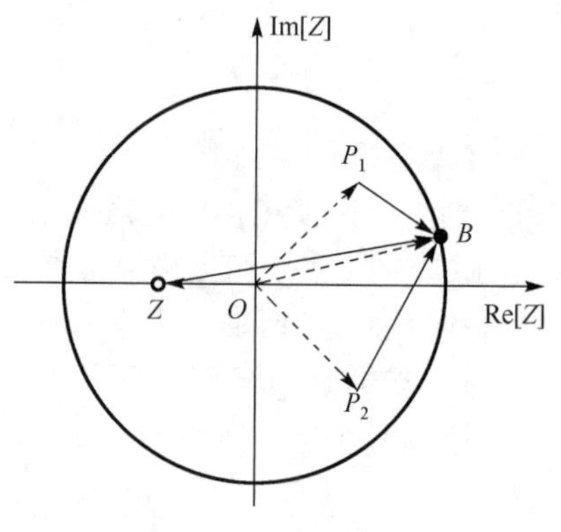

图 9.1　零极点矢量图

引入矢量表示后，式（9.5）可改写为

$$H(\mathrm{e}^{\mathrm{j}\omega})=K\mathrm{e}^{\mathrm{j}\omega(N-M)}\frac{\prod_{r=1}^{M}(\mathrm{e}^{\mathrm{j}\omega}-Z_r)}{\prod_{l=1}^{N}(\mathrm{e}^{\mathrm{j}\omega}-p_l)}=K\mathrm{e}^{\mathrm{j}\omega(N-M)}\frac{\prod_{r=1}^{M}\boldsymbol{Z_rB}}{\prod_{l=1}^{N}\boldsymbol{p_lB}}=\left|H(\mathrm{e}^{\mathrm{j}\omega})\right|\mathrm{e}^{\mathrm{j}\varphi(\omega)} \tag{9.7}$$

$$\left|H(\mathrm{e}^{\mathrm{j}\omega})\right|=|K|\frac{\prod_{r=1}^{M}Z_rB}{\prod_{l=1}^{N}p_lB} \tag{9.8}$$

$$\varphi(\omega)=\omega(N-M)+\sum_{r=1}^{M}a_r-\sum_{l=1}^{N}\beta_l \tag{9.9}$$

矢量模 Z_rB 和 p_lB 的大小取决于零点 Z_r、极点 p_l 与 Z 平面单位圆上角度为 ω 的点 B 的欧氏距离。由式（9.8）知矢量模 Z_rB 越小，频率 ω 处的幅频值越小（幅频最小值称为波谷）；矢量模 p_lB 越小，频率 ω 处的幅频值越大（幅频最大值称为波峰）。因此，零点的位置直接影响波谷的位置（对应的频率 ω）及波谷的深度，极点的位置直接影响波峰的位置（对应的频率 ω）及波峰的高度。通过分析系统函数 $H(Z)$ 的零极点，就可以定量地分析系统的频率响应。

【情境任务及步骤】

基于系统函数的定义、收敛域与系统函数零极点的关系以及系统频率响应的几何确定法，本案例中设置了三个情境：“利用系统函数 $H(Z)$ 的零极点分布判定系统的稳定性”、“利用系统函数 $H(Z)$ 的零极点分布分析系统的频率响应”和“梳状滤波器的频率响应”，各个情境又有不同的任务。

一、利用系统函数 $H(Z)$ 的零极点分布判定系统的稳定性

设有一用常系数差分方程描述的线性时不变系统为 $y(n)=ay(n-1)+x(n)$。

1．推导 $H(Z)$的表达式

根据式（9.3）推导该系统的系统函数 $H(Z)$。

2．测试零极点计算函数和画图函数

（1）系数 a 分别取 0.1、0.9 和 5，分别写出差分方程的系数矩阵 $\boldsymbol{b}$ 和 $\boldsymbol{a}$，并分别代入 $H(Z)$ 以确定三种情况下系统的零极点分布。

（2）调用 MATLAB 软件中的函数确定零极点分布。

MATLAB 软件提供的零极点相关函数有 tf2zpk 和 zplane，可以通过 Help 文件学习函数的调用语法。

比较理论计算和调用 MATLAB 软件中的函数得到的结果，掌握用 MATLAB 软件中的内置函数确定系统零极点的方法。

3．MATLAB 软件怎么判定系统的稳定性

调用 isstable 函数进行系统稳定性判定。在 MATLAB 软件的 Help 文件中查找 isstable 函数的用法。

二、利用系统函数 $H(Z)$ 的零极点分布分析系统的频率响应

1．分析 a 的取值对系统频率响应的影响

对于差分方程 $y(n)=ay(n-1)+x(n)$ 描述的线性时不变系统，在确定 a 取 0.1 时系统函数的零极点和增益 $(\boldsymbol{z},\boldsymbol{p},\boldsymbol{k})$ 基础上，完成如下两步。

（1）逐点计算式（9.5）描述系统的频率响应 $H(\mathrm{e}^{\mathrm{j}\omega})$ 在ω=0：π/100：2π上的值，并在 Figure1 的两个子图中画出幅频特性图和相频特性图。

MATLAB 软件提供的计算复数模值和相角的函数有 abs、angle 和 unwrap，可以通过 Help 文件学习函数的调用语法。

（2）a 取 0.9，重新进行仿真实验，此时结果以 hold on 的方式画于 Figure 1 中，线型为红色点画线。与 a 取 0.1 时的结果对比，会有什么发现呢？

2．调用函数分析频率响应

对系数矩阵 $\boldsymbol{b}$ 和 $\boldsymbol{a}$ 描述的系统，调用 MATLAB 软件中的 freqz 函数完成频率响应分析，在 Figure 2 中画出分析结果，并与 Figure1 比较，明确如何正确看频谱图。

三、梳状滤波器的频率响应

将上述常系数差分方程改为 $y(n)=a^N y(n-N)+x(n)-x(n-N)$，即可得到一个梳状滤波器。

1．推导 $H(Z)$ 的表达式

通过数学推导得出该系统的系统函数 $H(Z)$。

2．分析梳状滤波器的零极点特点

系数 a 分别取 0.1 和 0.9，N 取 8，分别写出差分方程的系数矩阵 $\boldsymbol{b}$ 和 $\boldsymbol{a}$，确定这两种情况下系统的零极点分布[$\boldsymbol{z}, \boldsymbol{p}, \boldsymbol{k}$]，并画出零极点分布图。

对照零极点图认真分析矩阵 $\boldsymbol{z}$ 和 $\boldsymbol{p}$ 的维数与 N 的关系。

3．系数 a 对幅频特性的影响

根据 a 取 0.1 和 0.9 时的零极点和增益参数[$\boldsymbol{z}, \boldsymbol{p}, \boldsymbol{k}$]，利用式（9.5）计算系统的频率响应 $H(\mathrm{e}^{\mathrm{j}\omega})$在$\omega=0$：π/100：2π上的值，并在同一幅图中分别用两种颜色画出幅频特性图。

对照图认真比较 a 分别取 0.1 和 0.9 时幅频特性的变化情况，并将结论写于情境任务总结报告中。

4．阶数 N 对幅频特性的影响

系数 a 取 0.9，N 取 16，重新计算 $H(\mathrm{e}^{\mathrm{j}\omega})$在$\omega$=0：π/100：2π上的值，并在同一幅图中用两种颜色分别画出 N 取 8 和 16 的幅频特性图。

对照图分析阶数 N 的变化对系统频率响应的影响，并将结论写于情境任务总结报告中。

【思考题】

（1）系统函数的零极点位置对系统的幅频响应有什么影响？

（2）对于梳状滤波器而言，差分方程的阶数或滤波器的阶数对系统的幅频响应有什么影响？梳状滤波器的零点分布有哪些特点？

（3）若一个全频段信号（信号频谱占满整个频谱）通过一个 N 阶的梳状滤波器，结果会怎样呢？

【总结报告要求】

（1）在情境任务总结报告中原理部分要简要叙述系统频率响应的几何确定法，书写情境任务时可适当进行归纳和总结，但至少要列出【情境任务及步骤】中相关内容的各级标题。

（2）情境任务的程序清单除在报告中出现外，还必须以独立的.m 文件形式单独提交。程序清单要求至少按程序块进行注释。编制时域离散系统频率响应计算的子程序 myfreqzH，输入参数为系数矩阵 $\boldsymbol{b}$ 和 $\boldsymbol{a}$ 及待计算的频率点矢量$\boldsymbol{\omega}$，输出为频率点矢量$\boldsymbol{\omega}$和各点频率响应值矩阵 $\boldsymbol{H}$。

（3）效果图和得出的结论附于相应的情境任务下。

（4）总结完成本案例所使用的新函数及其使用语法。

（5）简要回答【思考题】中的问题。

（6）报告中还可包括完成本案例的个人心得、对本案例设置的建议等。

【参考程序】

案例十——线性卷积这样算较快

【案例设置目的】

编制程序验证圆周卷积和线性卷积的等价条件，理解线性卷积与圆周卷积的关系，掌握用圆周卷积计算线性卷积的快速实现方法；理解 MATLAB 软件中 conv 函数的算法基础；了解程序效率测试的基本方法。

【相关基础理论】

设输入序列 $x(n)$仅在 $0 \leqslant n \leqslant N_1 - 1$ 范围内有非零值，系统单位脉冲响应 $h(n)$仅在 $0 \leqslant n \leqslant N_2 - 1$ 范围内有非零值，二者的线性卷积 $y_l(n)$和 N 点圆周卷积 $y_c(n)$可分别表示为

$$y_l(n) = x(n) * h(n) = \sum_{m=0}^{N_2-1} h(m)x(n-m) \tag{10.1}$$

$$\begin{aligned} y_c(n) &= x(n) \otimes h(n) = \sum_{m=0}^{N-1} h(m)x((n-m))_N R_N(n) \\ &= \left[\sum_{r=-\infty}^{\infty} y_l(n+rN)\right] R_N(n) \end{aligned} \tag{10.2}$$

当圆周卷积计算点数 $N \geqslant N_1 + N_2 - 1$ 时，在 $0 \leqslant n \leqslant N-1$ 范围内 $y_l(n)$和 $y_c(n)$完全相同，即 $y_l(n)$可以用计算 $y_c(n)$的方法进行计算。

利用 DFT 的性质，圆周卷积可以这样计算：

$$y_c(n) = \mathrm{IDFT}[Y_c(k)] = \frac{1}{N}\sum_{n=0}^{N-1} Y_c(k) W_N^{-kn},\ n = 0,1,\cdots,N-1 \tag{10.3}$$

式中，$Y_c(k) = X(k) * H(k)$。而根据序列 DFT 的定义，有限长序列 $x(n)$的 N（$N>N_1$）点 DFT 可表示为

$$X(k) = \sum_{n=0}^{N-1} x(n) W_N^{kn},\quad k = 0,1,\cdots,N-1,\quad W_N^{kn} = \left(W_N\right)^{kn},\quad W_N = \mathrm{e}^{-\mathrm{j}\frac{2\pi}{N}} \tag{10.4}$$

若将序列 $x(n)$写成一个列矢量 $\boldsymbol{x}=[x(0),x(1),\cdots,x(N-1)]^{\mathrm{T}}$，当 $N \geqslant M$ 时，$x(M),\cdots,x(N-1)$取值为零，将 N 个 $X(k)$值写成一个列矢量 $\boldsymbol{X}=[X(0),X(1),\cdots,X(N-1)]^{\mathrm{T}}$，此时式（10.4）可写为

$$\boldsymbol{X} = \begin{bmatrix} X(0) \\ X(1) \\ \vdots \\ X(N-1) \end{bmatrix} = \begin{bmatrix} W_N^{0\times0} & W_N^{0\times1} & \cdots & W_N^{0\times(N-1)} \\ W_N^{1\times0} & W_N^{1\times1} & \cdots & W_N^{1\times(N-1)} \\ \vdots & \vdots & \ddots & \vdots \\ W_N^{(N-1)\times0} & W_N^{(N-1)\times1} & \cdots & W_N^{(N-1)\times(N-1)} \end{bmatrix} \begin{bmatrix} x(0) \\ x(1) \\ \vdots \\ x(N-1) \end{bmatrix} = \boldsymbol{Dx} \tag{10.5}$$

$h(n)$的 DFT 结果 $H(k)$也可用式（10.5）进行计算。

综上，利用圆周卷积计算线性卷积的过程可以概括为如下五步。

（1）确定循环卷积长度 N，其中 N 至少满足 $N \geqslant N_1 + N_2 - 1$。若采用基 2-FFT（Fast Fourier Transform）实现 DFT 的快速运算，还要求 $N=2^m$（m 为整数）。

（2）用补零方法使 $x(n)$和 $h(n)$变成列长为 N 的序列，即

$$x(n)=\begin{cases} x(n), & 0 \leqslant n \leqslant N_1 - 1 \\ 0, & N_1 \leqslant n \leqslant N-1 \end{cases}$$
$$h(n)=\begin{cases} h(n), & 0 \leqslant n \leqslant N_2 - 1 \\ 0, & N_2 \leqslant n \leqslant N-1 \end{cases} \tag{10.6}$$

（3）计算 $x(n)$和 $h(n)$的 N 点 DFT［$H(k)$只需计算一次］。

（4）计算 $X(k)$和 $H(k)$的乘积 $H(k)X(k)=Y(k)$。

（5）计算 $Y(k)$的离散傅里叶反变换得

$$y(n)=\frac{1}{N}\sum_{k=0}^{N-1} Y(k)W_N^{-nk}=\left\{\frac{1}{N}\sum_{k=0}^{N-1} Y^*(k)W_N^{nk}\right\}^*=\frac{1}{N}\left\{\text{DFT}[Y^*(k)]\right\} \tag{10.7}$$

从式（10.7）可以看出，序列的 IFFT（Inverse Fast Fourier Transform）可以通过调用 FFT 的算法程序实现，因而线性卷积的计算过程仅需编制一个 FFT 程序，而不用再单独编写 IFFT 程序。

利用圆周卷积计算线性卷积的流程如图 10.1 所示。

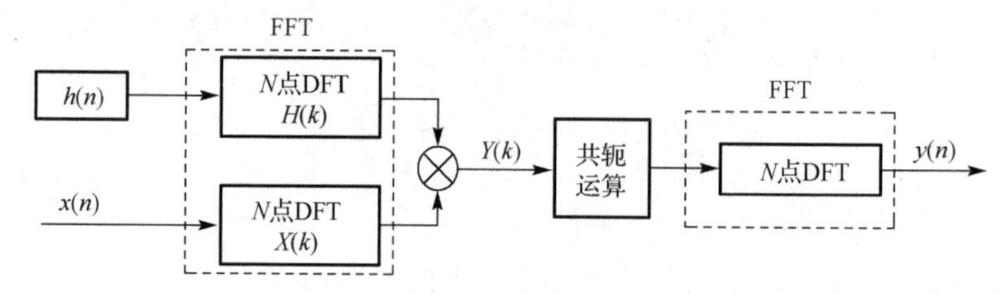

图 10.1　利用圆周卷积计算线性卷积的流程

【情境任务及步骤】

为了更好地理解 DFT 的定义和性质，设置了“磨刀不误砍柴工”的情境，基于圆周卷积与线性卷积的关系，在案例中设置了“探寻圆周卷积与线性卷积的等价关系”和“挑战经典”两个情境，三个情境各有不同的任务。

一、磨刀不误砍柴工

已知序列 $x_1(n)=\{\underline{1},1,1,1\}$和 $x_2(n)=\{\underline{1},2,3,4\}$。

1．DFT 怎么算、有何用

（1）根据 DTFT 的定义计算 $X_1(e^{j\omega})$，其中 $X_1(e^{j\omega})=\text{DTFT}[x_1(n)]$，并画出 0～2π范围内$|X_1(e^{j\omega})|-\omega$ 的图。

（2）N 分别取 4、8 和 32，根据式（10.5）计算 $x_1(n)$的 DFT，结果分别记为 $X_4(k)$、$X_8(k)$和 $X_{32}(k)$，并分别画出$|X_4(k)|-k$、$|X_8(k)|-k$ 和$|X_{32}(k)|-k$ 的图。需要说明的是，这里画$|X_i(k)|-k$ 的图时补一个点的值，如 $i=4$ 时，k 取 0,1,2,3,4，且这样补充 $X_i(N)$的值，即 $X_i(N)=X_i(0)$。

将所有的$|X_i(k)|-k$ 的图与 0～2π范围内$|X_1(e^{j\omega})|-\omega$ 的图进行对比，其中 i=4,8,32，归纳 DFT

的物理含义，理解 DFT 的用途。

2．探究 $X(k)$的隐含周期性

（1）N 取 8，根据式（10.5）重新计算 $x_1(n)$的 DFT，结果记为 $X_8(k)$，并画出$|X_8(k)|-k$ 的图，这里画图时不进行补点。

（2）将 $X_8(k)$中 k 的取值范围从 0～7 扩大到 0～48 重新计算，结果记为 $X_{8\text{-}49}(k)$，并画出$|X_{8\text{-}49}(k)|-k$ 的图，这里画图时不进行补点。

需要提醒的是，在完成该项任务时暂时先忽略式（10.4）中关于 k 取值范围的限定，或者说将式（10.5）中矩阵的维数直接扩成 49×8 进行计算。

（3）比较$|X_8(k)|-k$ 和$|X_{8\text{-}49}(k)|-k$ 的图，从找共性的角度看两者有何关联。

（4）在探究“DFT 怎么算、有何用”的过程中，那样补点是否合理？

3．探究 DFT 的对称性

（1）N 取 8，根据式（10.5）重新计算 $x_1(n)$的 DFT，结果记为 $X_1(k)$，计算 $x_2(n)$的 DFT，结果记为 $X_2(k)$。

（2）观察 $X_i(k)$与 $X_i(N-k)$的值，你有何发现？i=1,2。

（3）构造复序列 $f(n)$，其中 $f(n)=x_1(n)+\mathrm{j}\,x_2(n)$，并计算 $f(n)$ DFT 的结果 $F(k)$。

（4）计算序列 $F(k)$的共轭对称部分 $F_e(k)$和共轭反对称部分 $F_o(k)$，并将它们分别与 $X_1(k)$、$X_2(k)$进行比较，你有何发现？

需要说明的是，在 MATLAB 软件的语法中，标点“'”和“.'”对于复数矩阵是完全不同的两种运算。假设 c=[1+2j,3+4j]，你可以分别计算 c'和 c.'，便能明确二者的区别。

二、探寻圆周卷积与线性卷积的等价关系

已知序列 $x_1(n)=\{\underline{1},1,1\}$和 $x_2(n)=\{\underline{1},1,1,0,1\}$。

1．编制基于 DFT 性质的线性卷积计算程序

根据【相关基础理论】中的内容编制程序 myconv 计算两个序列的线性卷积，要求如下。

（1）输入参数有三个，分别是输入序列 a、b 和计算卷积的点数 N；输出参数为 y，其中 y 为 $x(n)$和 $h(n)$的圆周卷积的结果序列。

（2）myconv 内部要求调用 fft 函数计算两序列的 DFT，调用 ifft 函数计算离散傅里叶反变换，正、反变换的点数均由参数 N 控制。

2．直接计算卷积，确立比较基准

（1）在 Workspace 下调用 MATLAB 软件提供的 conv 函数计算 $x_1(n)$和 $x_2(n)$的线性卷积，并将结果记为 y_1。

（2）在 Figure 1 中显示序列 y_1，要求横坐标轴的显示范围为 0～9，纵坐标轴的显示范围为 0～5，并用 grid 指令为子图添加栅格。

3．一验自编函数

在 Workspace 下调用自己编制的程序 myconv 计算 N=5 的 $x_1(n)$和 $x_2(n)$的线性卷积，将结

果记为y_2，并在Figure 2中subplot(221)下显示序列y_2。要求横坐标轴的显示范围为0～9，纵坐标轴的显示范围为0～5，并用grid指令为子图添加栅格。

4．再验自编函数

在Workspace下再次调用自己编制的程序myconv继续分别计算N=6, 7, 8的$x_1(n)$和$x_2(n)$的线性卷积，将结果分别记为y_3、y_4、y_5，并在Figure 2中subplot(222)、subplot(223)、subplot(224)下分别显示序列y_3、y_4、y_5，要求横坐标轴的显示范围为0～9，纵坐标轴的显示范围为0～5，并用grid指令为每个子图添加栅格，用title指令加注图题。

5．圆周卷积、线性卷积等价点数的关系

逐样点比较Figure 2中各子图所示序列与Figure 1所示序列的异同，并总结在$x_1(n)$和$x_2(n)$的长度一定、N(5～8)取值一定的情况下，对应结果与Figure 1所示序列等价样点的个数。

若只有部分样点等价，通过比较判断这些等价样点是出现在序列的右侧还是左侧，将数据分析结果记入总结报告。

三、挑战经典

已知数字滤波器的单位脉冲响应为$h(n)=(1/2)^n R_{N_1}(n)$，N_1=8，序列$x(n)=\cos(2\pi n/N_2)\cdot R_{N_2}(n)$，$N_2$=8。

（1）为N自选3组合适的取值，利用程序myconv分别计算三种不同点数的线性卷积，并在一个图形窗口的三个子图中显示结果。

（2）调用conv函数计算$x(n)$和$h(n)$的线性卷积，在新的图形窗口中显示计算结果。

（3）对比两种方法的计算效果，判断N的选择是否恰当、有无多余的零值点、有无样点值不同的点、有多少个。如何调整N才能消除差异呢？

（4）在conv语句的上一行输入tic，下一行输入toc，myconv语句也进行同样处理。重新执行程序，将在命令窗口中返回的总结报告记入总结报告。

【思考题】

（1）当输入序列为无穷长，而系统单位脉冲响应为M点长时，按照定义直接计算线性卷积，每个输出样点需要的乘法次数和加法次数分别是多少？

（2）用本案例中介绍的方法计算线性卷积真的较快吗？理由是什么？

【总结报告要求】

（1）在情境任务总结报告中，原理部分要简要描述用圆周卷积求解线性卷积的方法与步骤，书写情境任务时可适当进行归纳和总结，但至少要列出【情境任务及步骤】中相关内容的各级标题。

（2）情境任务的程序清单除在报告中出现外，还必须以独立的.m文件形式单独提交。程序清单要求至少按程序块进行注释。

（3）效果图和得出结论附于相应的情境任务下。

（4）将下列内容翻译成中文写在情境任务总结报告中。

Linear and circular convolution are fundamentally different operations. However, there are conditions under which linear and circular convolution are equivalent. Establishing this equivalence has important implications. For two vectors, x and y, the circular convolution is equal to the inverse discrete Fourier transform (DFT) of the product of the vectors' DFTs. Knowing the conditions under which linear and circular convolution are equivalent allows you to use the DFT to efficiently compute linear convolutions.The linear convolution of an N-point vector, x, and a L-point vector, y, has length N+L−1.For the circular convolution of x and y to be equivalent, you must pad the vectors with zeros to length at least N+L−1 before you take the DFT. After you invert the product of the DFTs, retain only the first N+L−1 elements.

（5）简要回答【思考题】中的问题。

（6）报告中还可包括完成本案例的个人心得、对本案例设置的建议等。

【参考程序】

案例十一——用 DFT 看频谱

【案例设置目的】

通过完成情境任务，理解利用 DFT 进行频谱分析的原理、方法；理解各种傅里叶变换之间的关系；掌握分辨率的概念和频率轴标定的原理与方法；了解欠采样在频域的表现。

【相关基础理论】

1．实序列频谱性质

设有限长序列 $x(n)$ 的 N 点 DFT 为 $X(k)$，则对于实序列 $x(n)$，有如下结论成立：

$$x(n) = x^*(n) \tag{11.1}$$

根据 DFT 的定义，可知 $x^*(n)$ 的 DFT 为

$$\begin{aligned}\text{DFT}[x^*(n)] &= \sum_{n=0}^{N-1} x^*(n) W_N^{kn} = \sum_{n=0}^{N-1} x^*(n)\left(W_N^{-kn}\right)^* \\ &= \sum_{n=0}^{N-1} x^*(n)\left[W_N^{(N-k)n}\right]^* = \left\{\sum_{n=0}^{N-1} x(n)\left[W_N^{(N-k)n}\right]\right\}^* = X^*(N-k)\end{aligned} \tag{11.2}$$

结合式（11.1）和式（11.2），不难得出如下结论。

$$X(k) = X^*(N-k) \Rightarrow |X(k)| = |X^*(N-k)| = |X(N-k)| \tag{11.3}$$

式（11.3）表明幅频响应 $|X(k)|$ 呈现偶对称特性，对称轴为 $k = N/2$，因此 $|X(k)|$ 的全部信息能够用 0～$N/2$ 范围的值表示。

2．频谱分析可行性

设 M 点长序列 $x(n)$ 的 DTFT 用 $X(\mathrm{e}^{\mathrm{j}\omega})$ 表示，与 N 点 DFT 后的 $X(k)$ 之间的关系可描述如下：

$$\begin{aligned}X(k) &= \sum_{n=0}^{N-1} x(n) W_N^{kn} = \sum_{n=0}^{N-1} x(n)\mathrm{e}^{-\mathrm{j}\frac{2\pi k}{N}n} \\ &= \sum_{n=0}^{N-1} x(n)\mathrm{e}^{-\mathrm{j}\omega_k n} = X(\mathrm{e}^{\mathrm{j}\omega})\Big|_{\omega=\frac{2\pi k}{N}}, \quad k = 0,1,\cdots,N-1\end{aligned} \tag{11.4}$$

即 $X(k)$ 是在 ω 取 0～2π 的范围内对 $X(\mathrm{e}^{\mathrm{j}\omega})$ 进行 N 个等间隔采样的结果，即 $X(k)$ 代表 $X(\mathrm{e}^{\mathrm{j}\omega})$ 在 $\omega_k = 2k\pi/N$ 上的取值，$k = 0,1,\cdots,N-1$，$X(\mathrm{e}^{\mathrm{j}\omega})$ 是连接 $X(k)$ 各离散点的包络。

根据频域采样定理知，当 $N \geqslant M$ 时，频域采样过程不会产生失真，$X(k)$ 与 $\omega_k=2\pi k/N$ 处的 $X(\mathrm{e}^{\mathrm{j}\omega})$ 完全相同，计算出 $X(k)$ 后，通过式（11.5）准确得到 $X(\mathrm{e}^{\mathrm{j}\omega})$：

$$X(\mathrm{e}^{\mathrm{j}\omega})=\sum_{k=0}^{N-1} X(k)\frac{1}{N}\frac{1-\mathrm{e}^{-\mathrm{j}N\omega}}{1-W_N^{-k}\mathrm{e}^{-\mathrm{j}\omega}} = \sum_{k=0}^{N-1} X(k)\phi_k(\mathrm{e}^{\mathrm{j}\omega})=\frac{1-\mathrm{e}^{-\mathrm{j}N\omega}}{N}\sum_{k=0}^{N-1}\frac{X(k)}{1-W_N^{-k}\mathrm{e}^{-\mathrm{j}\omega}} \tag{11.5}$$

即 N 个离散样点值 $X(k)$ 在内插函数 $\phi_k(\mathrm{e}^{\mathrm{j}\omega})$ 的作用下得到连续波形 $X(\mathrm{e}^{\mathrm{j}\omega})$，其中 $\phi_k(\mathrm{e}^{\mathrm{j}\omega})$ 定义为

$$\phi_k(\mathrm{e}^{\mathrm{j}\omega})=\frac{1}{N}\frac{1-\mathrm{e}^{-\mathrm{j}N\omega}}{1-W_N^{-k}\mathrm{e}^{-\mathrm{j}\omega}} \tag{11.6}$$

反之，当 $N<M$ 时，在 ω 取 0～2π 的范围内对 $X(\mathrm{e}^{\mathrm{j}\omega})$ 进行 N 个等间隔采样得到的 $X(k)$ 必然存在失真，也就无法用 $X(k)$ 准确恢复出 $X(\mathrm{e}^{\mathrm{j}\omega})$。频域采样定理要求 $x(n)$ 必须为有限长序列。

时域离散序列 $x(n)$ 与其对应的连续信号 $x_a(t)$ 的傅里叶变换之间存在如下关系：

$$X(\mathrm{e}^{\mathrm{j}\omega})=\frac{1}{T}\sum_{n=0}^{N-1}X_a\left(\mathrm{j}\frac{\omega}{T}-\mathrm{j}\frac{2k\pi}{T}\right)=\frac{1}{T}\sum_{n=0}^{N-1}X_a(\mathrm{j}\Omega-\mathrm{j}\Omega_s) \tag{11.7}$$

式中，T 为时域采样的间隔；$X_a(\mathrm{j}\Omega)$ 为 $x_a(t)$ 的傅里叶变换。

在时域采样和频域采样均不出现失真的情况下，通过计算 $x(n)$ DFT 后的 $X(k)$ 就精确地得到了 $X(\mathrm{e}^{\mathrm{j}\omega})$ 在离散点 $\omega_k=2\pi k/N$ 上的值，$k=0,1,\cdots,N-1$，再通过内插就可以得到完整的 $X(\mathrm{e}^{\mathrm{j}\omega})$；考虑 $X(\mathrm{e}^{\mathrm{j}\omega})$ 的周期性，乘以 T 便得到了 $x_a(t)$ 的傅里叶变换 $X_a(\mathrm{j}\Omega)$ 的周期延拓结果；若截取周期谱在 $-\Omega_s/2$～$\Omega_s/2$ 内或 0～Ω_s 的取值，便能得到 $x_a(t)$ 精确的频谱。

综上，一般模拟信号要用数字方法或用 DFT 进行频谱分析时，需要如图 11.1 所示的过程。

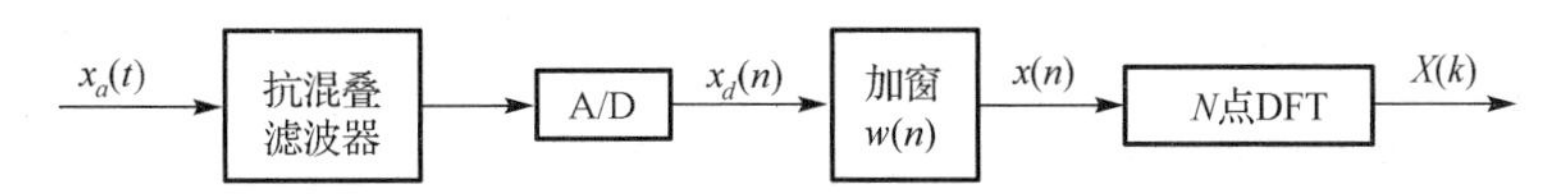

图 11.1 模拟信号用 DFT 进行频谱分析的框图

在图 11.1 中，抗混叠滤波器的作用是使输入信号成为频域持续范围有限的信号或带限信号，为时域无失真采样奠定基础。加窗用于对序列进行截取，有时还会对信号进行整形，以便得到时域持续时间有限的信号，为频域无失真采样做铺垫。

因信号不能同时满足带宽有限和持续时间有限的条件，加之 DFT 本身的特点，频谱分析会出现混叠效应、截断效应、栅栏效应等形式的误差。

3．频率的标定

$X(k)$ 是对 $X(\mathrm{e}^{\mathrm{j}\omega})$ 在 ω 取 0～2π 的范围内进行的 N 个等间隔采样，所以频率采样间隔或数字角度分辨率为

$$\Delta\omega=\frac{2\pi}{N} \tag{11.8}$$

因为数字角频率或归一化频率 ω 通过 $\omega=T\Omega$ 与模拟角频率 Ω 相关联，所以有对应的模拟角度分辨率为

$$\Delta\Omega=\frac{\Delta\omega}{T}=\frac{2\pi}{NT}=\frac{2\pi F_s}{N} \tag{11.9}$$

式中，$F_s=1/T$，为采样频率。

根据模拟角频率 Ω 与物理频率 f 的关系 $\Omega=2\pi f$，由式（11.9）可推出频率分辨率定义，即

$$\Delta f=\frac{\Delta\Omega}{2\pi}=\frac{F_s}{N}=\frac{1}{NT}=\frac{1}{T_p} \tag{11.10}$$

式中，T_p 为待分析模拟信号的持续时间或记录时间。

式（11.8）～式（11.10）表明，信号的频率分辨率取决于信号的记录时间。

设采样频率为 F_s，根据奈奎斯特定理，以此采样频率能无失真采样的信号的最高频率为 $f_h = F_s/2$。由关系 $\omega = T\Omega = \Omega/F_s = 2\pi f/F_s$ 知，模拟信号的绝对频率 f_h 对应数字角频率中的 π 弧度，与前述 0～$N/2$ 范围的 $|X(k)|$ 能表示全部信息不谋而合。

综合式（11.4）、式（11.8）～式（11.10），频域采样点标号 k、离散数字角频率点 ω_k、离散模拟角频率点 Ω_k 和离散物理频率点 f_k 存在表 11.1 所示的线性比例关系，因为在时域采样频率 F_s、频域采样点数 N 固定的情况下，它们都可以被看成常数。

表 11.1　各频率对应关系

k	0	1	…	$N/2$	…	$N-1$	N
ω_k	0	$2\pi/N$	…	π	…	$2\pi(N-1)/N$	2π
Ω_k	0	$2\pi F_s/N$	…	πF_s	…	$2\pi F_s(N-1)/N$	$2\pi F_s$
f_k	0	F_s/N	…	$F_s/2$	…	$F_s(N-1)/N$	F_s

若序列 $x(n)$是实序列，则 $X(e^{j\omega})=X^*(e^{-j\omega})$，加之 $X(e^{j\omega})$ 是以 2π 为周期的函数，无失真采样下归一化频率或数字角频率 ω 的有效范围为 0～π，因此 N 点 DFT 后的 $X(k)$ 用作频谱分析时，只需显示 0～$N/2$ 的范围，横坐标轴则通过表格中的对应关系标定成 0～$F_s/2$。

【情境任务及步骤】

基于 DFT 与 DTFT 的关系，在案例中设置了“眼见为虚——不当采样之殃”和“想要分开，没那么容易”两个主要情境，旨在探寻 DFT 在频谱分析中的各种应用以及应注意的问题。为了更好地完成两个主要情境下的任务，预先设置了工具调校的情境，以便为后续任务的完成奠定概念基础。

一、工具调校

设单频余弦信号的参数为单位幅度、频率为 10Hz、初始相位为 0。

1. 对单频信号采样并分析频谱

（1）设单频信号的持续时间为 1s，对其以每秒 50 个样点的频率进行采样，得到时域离散序列 xn1（程序形式）。

（2）对序列 xn1 按照其长度进行 DFT，得到 $X_1(k)$。

（3）在 Figure 1 中画出 $X_1(k)$的幅度图，plot 函数的调用格式要求为 plot(Y)（程序形式）。

MATLAB 软件提供了用于计算 DFT 的函数 fft 和计算复数幅度的函数 abs，可以通过 Help 文件学习相关函数的用法。

2. 对信号再采样再分析

（1）设单频信号的持续时间为 1s，对其以每秒 100 个样点的频率进行采样，得到时域离散序列 xn2（程序形式）。

（2）对时域离散序列 xn2 进行 DFT，得到 $X_2(k)$。

（3）在 Figure 2 中显示 $X_2(k)$的幅度图，plot 函数的调用格式要求为 plot(Y)。

3．对信号第三次采样及分析

（1）设单频信号的持续时间为 1.5s，对其以每秒 50 个样点的频率进行采样，得到时域离散序列 xn3（程序形式）。

（2）对时域离散序列 xn3（程序形式）进行 DFT，得到 $X_3(k)$。

（3）在 Figure 3 中显示 $X_3(k)$的幅度图，plot 函数的调用格式要求为 plot(Y)。

（4）利用频率轴标定知识，根据表 11.1 确定每种信号持续时间和采样频率下的频率轴的范围，并以 plot(X,Y)（程序形式）格式在 Figure 4 中分三个子图画出$|X_i(k)|-f$的关系图，i=1,2,3，使图中幅度尖峰位置与实际频率 10Hz 对应。

综合以上幅频特性图，总结正确显示 DFT 结果的方法。

二、眼见为虚——不当采样之殃

1．生成复合频率信号

假设下面所有信号的持续时间均为 5s，幅度均为单位幅度，初始相位均为 0，且用相同的采样频率 F_s=100Hz 进行采样。

（1）以 $T=1/F_s$ 为间隔对频率为 10Hz 的余弦信号进行采样，得到时域离散序列 xn1，作为其中一个频率分量。

（2）以 $T=1/F_s$ 为间隔对频率为 30Hz 的余弦信号进行采样，得到时域离散序列 xn2。

（3）以 $T=1/F_s$ 为间隔对频率为 60Hz 的余弦信号进行采样，得到时域离散序列 xn3。

（4）以 $T=1/F_s$ 为间隔对频率为 90Hz 的余弦信号进行采样，得到时域离散序列 xn4（程序形式）。

（5）将序列 xn1 与 xn2 相加得到复合序列 x1（程序形式）。

（6）将序列 xn1 与 xn3 相加得到复合序列 x2（程序形式）。

（7）将序列 xn1 与 xn4 相加得到复合序列 x3（程序形式）。

2．对复合频率信号进行频谱分析

（1）复合序列 x1 进行 DFT 的结果为 X1（程序形式）；序列 x2 进行 DFT 的结果为 X2（程序形式）；序列 x3 进行 DFT 的结果为 X3（程序形式）。

（2）创建图形窗口 Figure 1，从上至下在其子图中依次显示三个幅频特性，并将横坐标轴标注为物理频率。

（3）对比上述三组复合序列的频谱分析结果，会有什么发现呢？将结果记入总结报告。

三、想要分开，没那么容易

1．生成复合频率信号

生成两个单音信号，并按一定比例进行叠加。假设 f_1=200Hz，f_2=205Hz，$xt_1=\cos(2\pi f_1 t)$，$xt_2=\sin(2\pi f_2 t)$，$xt=A_1xt_1+A_2xt_2$，$A_1=1$，$A_2=1$，信号持续时间均为 4s，采样频率 F_s=8000Hz。

2．对加窗截断的单音信号进行频谱分析

分别用矩形窗（Rectangular Window）、汉宁窗（Hanning Window）和汉明窗（Hamming Window）对 xt_1 进行截取，之后进行频谱分析，以探究不同截取长度和窗型的影响。

（1）窗函数的长度或截取的信号时间长度为 xt_1 的10个周期，用上述三种窗分别对 xt_1 进行截取，之后进行频谱分析。

（2）窗函数的长度或截取的信号时间长度为 xt_1 的20个周期，用上述三种窗分别对 xt_1 进行截取，之后进行频谱分析。

（3）总结截取长度和窗型对信号频谱的影响。

3．对加窗截断的复合频率信号进行频谱分析

仍然用矩形窗、汉宁窗和汉明窗三种窗型，对 xt 进行截取，之后进行频谱分析，以探究不同截取长度和窗型的影响。

（1）窗函数的长度或截取的信号时间长度为两单音信号频率差的倒数的4倍，用上述三种窗分别对 xt 进行截取，之后进行频谱分析。

（2）窗函数的长度或截取的信号时间长度为两单音信号频率差的倒数的1.5倍，用上述三种窗分别对 xt 进行截取，之后进行频谱分析。

（3）改变 A_1 和 A_2 的取值，重新生成信号 xt，比如 A_1=1，A_2=0.5，再重复本任务下的步骤（1）和步骤（2）。

（4）进一步减小信号的长度，重复步骤（1）～（3）。

综合对于单音信号的加窗截断频谱分析和符合信号的加窗截断频谱分析，总结加窗截断带来的影响。为了提高频谱的分辨率，应采取哪些措施？

【思考题】

（1）对数字化后的信号 $x(n)$进行DFT后，若要正确地绘制幅频特性图，需要知道哪些参数？如何绘制频谱图？

（2）根据情境“眼见为虚——不当采样之殃”得出的结论，在面对一段待分析信号时（其实多数情况下并不知道其中的频率成分），从减少虚假频率分量的角度出发，应该怎么做？

【总结报告要求】

（1）在情境任务总结报告中原理部分要简要描述几种傅里叶变换的关系和频率轴标定原理，书写情境任务时可适当进行归纳和总结，但至少要列出【情境任务及步骤】中相关内容的各级标题。

（2）情境任务的程序清单除在报告中出现外，还必须以独立的.m文件形式单独提交。程序清单要求至少按程序块进行注释。

（3）效果图和得出结论附于相应的情境任务下。

（4）在MATLAB软件的Help文件中查找函数fftshift，并将该函数的Description部分翻译成中文写在情境任务总结报告中。

（5）简要回答【思考题】中的问题。

（6）报告中还可包括完成本案例的个人心得、对本案例设置的建议等。

【参考程序】

案例十二——化整为零之重叠相加法

【案例设置目的】

通过实验理解大量数据处理给平台带来的影响；理解重叠相加法实现大数据线性卷积的原理与方法；进一步认识线性卷积在工程实践中的实现思路。

【相关基础理论】

在工程应用中，无论是 FIR 系统还是 IIR（Infinite Impulse Response）系统，其阶数总是有限的，而对于待处理信号而言，其数据量则往往要大得多。比如，对于 M 阶的 FIR 系统而言，待其处理的信号的长度 L_s 通常会远远大于 M。若采用快速卷积来实现滤波、移项等功能，大数据的数据量会带来哪些问题呢？

直接对大量数据进行基于 FFT 的滤波处理通常会产生这些问题：延迟增加明显，处理器负荷呈指数级增长，存储空间消耗严重，甚至会出现不堪重负的情况，比如死机。在按照快速卷积实现原理对大量数据信号直接进行处理时，FFT 的计算点数 N 要求不小于 $M+L_s$。由于快速卷积是按帧（L_s 个数据一起处理）进行处理的，当 L_s 非常大时，输出的结果是在完成 N 点的 FFT 和 IFFT 之后才得到的，因此延迟会明显增加。尽管 FFT 的运算量与 N 是线性关系，但是当 L_s 非常大时，处理器负担也会大大加重。虽然这个过程仅需对 FIR 滤波器的单位脉冲响应 $h(n)$ 进行一次 FFT，但是由于 FFT 结果的点数为 N，因 L_s 非常大，即便不考虑计算和存储 $h(n)$ 所需的空间，N 点的 $X(k)$ 也会消耗很大的空间。

数据量再大，处理也是必需的，如何才能既实现大数据的处理又能避免上述问题呢？先辈们想到了对大数据进行分段处理，然后对分段处理结果进行拼接，从而实现对所有数据的处理，即化整为零的方法。常用的分段处理有两种方法：重叠相加（Overlap-Add）法和重叠保留（Overlap-Save）法，这两种方法将在本案例和下个案例中分别进行讨论。

重叠相加法：首先将 L_s 长的输入信号 $x(n)$ 切分成长为 L 的相邻但不重叠的短序列 $x_i(n)$，再将每个短序列 $x_i(n)$ 与 M 阶 FIR 滤波器的单位脉冲响应 $h(n)$(M+1 点) 进行线性卷积得到分段处理结果 $y_i(n)$，最后将 $y_i(n)$ 进行拼接得到 L_s 长的输入信号 $x(n)$ 与 M+1 点 $h(n)$ 进行线性卷积的结果。如何拼接每个 $y_i(n)$ 是该方法能否奏效的关键，下面通过一个例子讨论该方法的原理。

设输入信号 $x(n)$是一个 10 点长的序列，FIR 滤波器的单位脉冲响应 $h(n)$是 3 点长序列。为演示重叠相加法的原理，这里将 $x(n)$平均分成两段，分别记为 $x_0(n)$ 和 $x_1(n)$，其中 $x_0(n)=\{x(0), x(1), x(2), x(3), x(4)\}$，$x_1(n)=\{x(5), x(6), x(7), x(8), x(9)\}$，$x(n)$与 $h(n)$直接计算卷积和分段计算卷积的关系参见表 12.1 所示的卷积计算对照表。

细观表 12.1 可以得到如下三个结论：①每个 L=5 点长的输入序列与 $M+1=3$ 点长序列卷积后输出的结果都是 $L+M+1-1=L+M=7$ 点长序列，比输入序列长 $3-1=2=M$ 点；②后一段卷积结果的前 M 个点加到前一段卷积结果的后 M 个点上，得到原始输入序列 $x(n)$ 与 $h(n)$ 卷积时对应点上的值；③后一段卷积结果经过②所示操作的修正后，正确样点值个数能达到

L 个，即后一段卷积结果的前 M 个点加上前一段输出的后 M 个点，得到的序列的前 L 个点是 $x(n)$ 与 $h(n)$ 卷积时对应点上的值，可以直接输出，即每次叠加后能直接输出 L 个点的正确结果。由该例可以推广到一般形式。

表 12.1　卷积计算对照表

<table>
<tr><th>分段卷积</th><th>分段卷积逐点展示</th><th>直接卷积</th><th>直接卷积逐点展示</th></tr>
<tr><td rowspan="7">$y_0(n)=h(n)*x_0(n)$</td><td>$y_0(0)=h(0)x(0)$</td><td rowspan="14">$y(n)=h(n)*x(n)$</td><td>$y(0)=h(0)x(0)$</td></tr>
<tr><td>$y_0(1)=h(0)x(1)+h(1)x(0)$</td><td>$y(1)=h(0)x(1)+h(1)x(0)$</td></tr>
<tr><td>$y_0(2)=h(0)x(2)+h(1)x(1)+h(2)x(0)$</td><td>$y(2)=h(0)x(2)+h(1)x(1)+h(2)x(0)$</td></tr>
<tr><td>$y_0(3)=h(0)x(3)+h(1)x(2)+h(2)x(1)$</td><td>$y(3)=h(0)x(3)+h(1)x(2)+h(2)x(1)$</td></tr>
<tr><td>$y_0(4)=h(0)x(4)+h(1)x(3)+h(2)x(2)$</td><td>$y(4)=h(0)x(4)+h(1)x(3)+h(2)x(2)$</td></tr>
<tr><td>$y_0(5)=h(1)x(4)+h(2)x(3)$</td><td rowspan="2">$y(5)=y_1(5)+y_0(5)=h(0)x(5)+h(1)x(4)+h(2)x(3)$</td></tr>
<tr><td>$y_0(6)=h(2)x(4)$</td></tr>
<tr><td rowspan="7">$y_1(n)=h(n)*x_1(n)$</td><td>$y_1(5)=h(0)x(5)$</td><td rowspan="2">$y(6)=y_1(6)+y_0(6)=h(0)x(6)+h(1)x(5)+h(2)x(4)$</td></tr>
<tr><td>$y_1(6)=h(0)x(6)+h(1)x(5)$</td></tr>
<tr><td>$y_1(7)=h(0)x(7)+h(1)x(6)+h(2)x(5)$</td><td>$y(7)=h(0)x(7)+h(1)x(6)+h(2)x(5)$</td></tr>
<tr><td>$y_1(8)=h(0)x(8)+h(1)x(7)+h(2)x(6)$</td><td>$y(8)=h(0)x(8)+h(1)x(7)+h(2)x(6)$</td></tr>
<tr><td>$y_1(9)=h(0)x(9)+h(1)x(8)+h(2)x(7)$</td><td>$y(9)=h(0)x(9)+h(1)x(8)+h(2)x(7)$</td></tr>
<tr><td>$y_1(10)=h(1)x(9)+h(2)x(8)$</td><td>$y(10)=h(1)x(9)+h(2)x(8)$</td></tr>
<tr><td>$y_1(11)=h(2)x(9)$</td><td>$y(11)=h(2)x(9)$</td></tr>
</table>

首先将 L_s 长的输入信号 $x(n)$切分成长为 L 的相邻但不重叠的短序列 $x_i(n)$，当 L_s 不是 L 的整数倍时，要在 $x(n)$的后边补零。

$$x_i(n)=\begin{cases}x(n), & iL \leqslant n \leqslant (i+1)L-1 \\ 0 & \end{cases} \tag{12.1}$$

然后计算每段短序列 $x_i(n)$ 与 M 阶 FIR 滤波器的单位脉冲响应 $h(n)$ 的线性卷积，结果记为 $y_i(n)$，即

$$y_i(n+iL)=h(n)*x_i(n)=\sum_{k=0}^{M}h(k)x(n+iL-k), \quad n=0,1,\cdots,L+M \tag{12.2}$$

最后，每个后段卷积结果 $y_i(n)$与前段卷积结果 $y_{i-1}(n)$ 重叠部分相加（$y_{-1}(n)\equiv 0$），并将重叠相加后结果的前 L 个点作为最终结果输出，第 i 段的输出结果记为 $\text{yout}_i(n)$，即

$$\begin{aligned}\text{yout}_i(n+iL)&=[y_{i-1}(n)R_M(n-iL)+y_i(n)]R_L(n-iL)\\&=y_{i-1}(iL:iL+M-1)+y_i(iL:iL+L-1)\end{aligned} \tag{12.3}$$

顺次将 $\text{yout}_i(n)$串在一起，就可以得到 L_s 长的输入信号 $x(n)$与 M+1 点 $h(n)$ 进行线性卷积的结果。

$x(n)$与 $h(n)$的卷积结果 $y(n)$也可以直接写成各分段卷积结果 $y_i(n)$和的形式，即

$$y(n)=\sum y_i(n) \tag{12.4}$$

以上便是重叠相加法计算 L_s 长的输入信号 $x(n)$与 M+1 点 $h(n)$线性卷积的整个过程。重叠相加法的思想可以用图表示，其原理示意图如图 12.1 所示。

每段短序列 $x_i(n)$与 $h(n)$的线性卷积既可以直接计算，也可以用快速卷积实现。设快速卷积实现时 FFT 的点数为 N，要求 N 为 2 的整数次幂。已知 FIR 滤波器的阶数为 M，FFT 的点

数 N 确定后，每个分段的长度 L 就可以确定了，$L \leqslant N - M$ 。当选择 $L = N - M$ 时，补零的个数最少，效率最高。

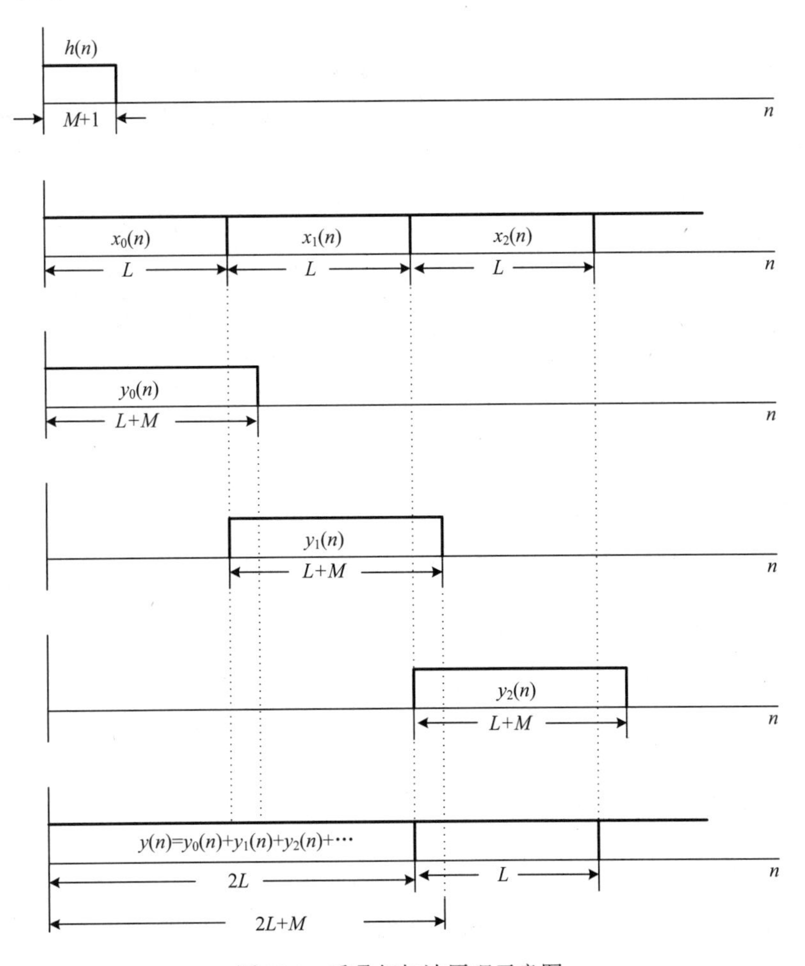

图 12.1　重叠相加法原理示意图

【情境任务及步骤】

基于重叠相加法的基本原理，本案例中共设置了两个情境：“原理初探”和“实际信号滤波测试”，每个情境下又设置了不同的任务。

一、原理初探

设 $x(n)$是输入信号，FIR 滤波器的单位脉冲响应 $h(n)$ 是 3 点长序列。其中 $x(n) = \{\underline{1},2,4,-2,2,0,-6,2,-4,2,2,-10,6,2,2,0,2\}$，$h(n) = \{\underline{1},1/2,1/4\}$。

1．直接计算 $x(n)$与 $h(n)$的线性卷积 $y(n)$

二者的线性卷积可以手动计算，也可以调用函数 conv 实现。

创建图形窗口 Figure 1，用 stem 函数画出 $y(n)$−n 的波形，n=0,1,⋯,19。在图中加注网格线，纵坐标轴的显示范围为−10～10。

2．用重叠相加法计算 $x(n)$与 $h(n)$的线性卷积 $y(n)$

（1）将 $x(n)$ 分成长为 5 的段，所得短序列分别记为 $x_0(n)$、$x_1(n)$、$x_2(n)$ 和 $x_3(n)$。各短序列与 $h(n)$的线性卷积分别记为 $y_0(n)$、$y_1(n)$、$y_2(n)$ 和 $y_3(n)$。

（2）创建图形窗口 Figure 2，并从上至下分成 4 个子图，分别画出 $y_i(n)$−n 的波形，i=0,1,2,3，横坐标轴的显示范围为 n=0,1,⋯,19。在图中加注网格线和图题，纵坐标轴的显示范围为−10～10。

（3）对照图形窗口 Figure 1 和 Figure 2，找出样值幅度相同的点。

（4）合成 $y(n)$。按照式（12.4）将 $y_i(n)$相加得到序列 $y(n)$，i=0,1,2,3。

创建图形窗口 Figure 3，并从上至下分成 5 个子图，上边的 4 个子图分别画出 $y_i(n)$−n 的波形，i=0,1,2,3，在最下面的子图中画出 $y(n)$−n 的波形，n=0, 1, ⋯, 19。在图中加注网格线和图题，纵坐标轴的显示范围为−10～10。

仔细对照图形窗口 Figure 3，记录第 5 个子图中序列与前 4 个子图中每个序列样值幅度相同点的变量标号，并将 Figure 3 中的第 5 个子图与 Figure1 进行对比。

3．画流程图

画出基于重叠相加法计算 $x(n)$ 与 $h(n)$ 的线性卷积 $y(n)$的程序实现流程框图。

二、实际信号滤波测试

设有一个由四个单音组成的复合信号 xt，四个单音的频率分别是 f_1=100Hz、f_2=200Hz、f_3=300Hz、f_4=400Hz，且幅度均为单位 1。假定采样频率 F_s=8000Hz，试用窗函数法设计 FIR 滤波器，以滤除频率为 f_1 和 f_4 的单音，并评估所设计滤波器的性能。

1．生成复合信号 xt

xt 是四个单位幅度单频正弦信号的叠加，信号持续时间 tend 为 2s。

2．用窗函数法设计数字带通滤波器

尽管学习本案例时可能还没有学习滤波器设计相关的内容，通过调用 MATLAB 软件中的相关函数可以直接实现滤波器的设计，就像调用 cos 函数直接计算一个角度的余弦值一样，可以暂时不用理会其中的设计原理。之所以跨过滤波器原理的学习，而直接使用滤波器，旨在帮助读者预先认识一个更具有实际意义的 $h(n)$，而不是一个演示运算过程的假设数据。

1）滤波器指标设定

（1）边界频率设定。通带低端截止频率 f_{p1}=190Hz，通带高端截止频率 f_{p2}=310Hz，阻带低端截止频率 f_{s1}=110Hz，阻带高端截止频率 f_{s2}=390Hz。

（2）衰减指标设定。在阻带截止频率处的衰减不低于 60dB。

2）调用函数设计满足滤波器指标的 FIR 滤波器

调用函数 fir1 确定 FIR 滤波器系数或滤波器的单位脉冲响应，并记为 b（程序形式）：

b=fir1(M,[Wn1 Wn2],'bandpass',winB);（程序形式）

其中，滤波器阶数 M 设定为 600。带通滤波器两个归一化边界频率分别按照下述方式进行

设置：

Wn1=2*pi*(fp1+fs1)/2/Fs/pi;（程序形式）

Wn2=2*pi*(fp2+fs2)/2/Fs/pi;（程序形式）

winB 表示所用的窗函数，每个样点值由下述语句确定：

winB=blackman(M+1);（程序形式）

函数 fir1 更为详细的调用语法可以通过 MATLAB 软件中的 Help 文件进行学习。至于滤波器阶数是如何确定的、边界频率为何这样确定、为什么窗函数的类型选择 blackman 等一系列问题，FIR 滤波器的窗函数法设计会给出满意的答案。

3）指标验证

（1）调用函数 fft，计算 b 的 DFT，结果记为 H（程序形式）。

（2）调用函数 abs 计算 H 的模值，记为 AH（程序形式）；调用函数 max 计算 AH 的最大值，记为 maxAH（程序形式）；以 maxAH 为单位对 AH 进行归一化。

（3）创建图形窗口画出幅频特性图。画出 20 lg(AH/maxAH)（程序形式）与 f 的曲线，f 的取值范围是 0～F_s；调用函数 axis，使得纵坐标轴的显示范围为−100～5，横坐标轴的显示范围为 0～1000。

（4）调用函数 line，画出六条线以标记界频率和关键衰减指标的位置，(0, −1)→(1000, −1)、(0, −60)→(1000, −60)、(f_{p1}, −100)→(f_{p1}, −1)、(f_{p2}, −100)→(f_{p2}, −1)、(f_{s1}, −100)→(f_{s1}, −1)、(f_{s2}, −100)→(f_{s2}, −1)。

对照图确定所设计滤波器是否满足滤波器指标要求。

3．滤波

（1）对信号 xt（程序形式）直接进行线性卷积滤波，结果记为 filteredxt1（程序形式），即

filteredxt1=conv(b,xt);（程序形式）

（2）对信号 xt 通过重叠相加法进行滤波，结果记为 filteredxt2（程序形式）。

调用 MATLAB 软件中的函数实现重叠相加法需要两步：调用函数 dfilt，指定系数 b 所描述的滤波器为重叠相加法结构；调用函数 filter 对这种结构的滤波器施加信号 xt：

hd=dfilt.fftfir(b,lb);（程序形式）

filteredx2=filter(hd,xt);（程序形式）

其中，lb 设定为 1024。

相关函数的调用语法可以通过 MATLAB 软件中的 Help 文件进行学习。

4．卷积计算算法性能评估

1）主观评价

调用函数 sound，试听 xt、filteredxt1、filteredxt2 的声效，重点对比后两者的效果。

为提高对比效果，建议执行完主程序后在命令窗口中调用函数 sound 进行试听。

2）时域对比

创建新的图形窗口，画出两次滤波结果的差值波形，即 filteredxt1-filteredxt2，并添加网格线。

分析两种实现方法结果的差异在什么样的数量级，并将结果记入情境任务总结报告。

3）频域对比

调用函数 fft，计算 xt、filteredxt1、filteredxt2 的 DFT，并将结果分别记为 X0、X1、X2（程序形式）。

创建新的图形窗口，并将窗口从上至下分为两个子图，分别显示滤波前、后的频谱图。两个子图中显示的频谱都要进行归一化，即最大幅度对应 0dB。

上方的子图用于显示原信号的频谱，下方的子图用于显示滤波后信号的频谱，归一化的 X1、X2 对应的频谱图用不同的颜色表示。下方子图用 hold on 命令进行前图的保持，最后用 legend 命令进行图例标注。

分析两种实现方法的结果在什么情况下有明显差异，并将结果记入情境任务总结报告。

4）时效对比

在程序中，调用 conv 和 filter 两个函数之前均首先调用函数 tic，之后再都调用函数 toc。

（1）测试信号长度的影响。

将 tend 分别设置为 2s、20s、200s 和 1200s 重新执行程序，比较分段处理与非分段处理执行时间的差异，并将比较结果记入情境任务总结报告。

（2）测试分段长度的影响。

在 tend 取 1200s 条件下，将 lb 分别设置为 1×1024、2×1024、4×1024、8×1024 和 16×1024 重新执行程序，比较分段处理与非分段处理执行时间的差异，并将比较结果记入情境任务总结报告。

【思考题】

（1）重叠相加法的提出是为了解决什么样的问题？

（2）若已知 $x(n)=\{\underline{1},2,4,-2,2,0,-6,2,-4,2,2,-10,6,2,2,0,2\}$ 和 $h(n)=\{\underline{1},1/2,1/4\}$，用函数 conv 和 filter 两种方式实现滤波，输出结果会有哪些差异？并尝试回答差异出现的原因。

【总结报告要求】

（1）在情境任务总结报告中，原理部分要简要描述重叠相加法分段计算线性卷积的原理，书写情境任务时可适当进行归纳和总结，但至少要列出【情境任务及步骤】中相关内容的各级标题。

（2）情境任务的程序清单除在报告中出现外，还必须以独立的.m 文件形式单独提交。程序清单要求至少按程序块进行注释。

（3）效果图和得出的结论附于相应的情境任务下。

（4）将下述内容翻译成中文写在情境任务总结报告中。

The overlap-add algorithm filters the input signal in the frequency domain. The input is divided into non-overlapping blocks which are linearly convolved with the FIR filter coefficients. The linear convolution of each block is computed by multiplying the discrete Fourier transforms (DFTs) of the block and the filter coefficients, and computing the inverse DFT of the product. For filter length M and FFT size N, the last M−1 samples of the linear convolution are added to the first M−1 samples of the next input sequence. The first N−M+1 samples of each summation result are output in sequence.

The block chooses the parameter L based on the filter order n and the FFT size nfft: L = nfft – n.

（5）简要回答【思考题】中的问题。

（6）报告中还可包括完成本案例的个人心得、对本案例设置的建议等。

【参考程序】

案例十三——化整为零之重叠保留法

【案例设置目的】

通过实验理解大量数据处理给平台带来的影响；理解重叠保留法实现大数据线性卷积的原理与方法；对重叠保留法的特点进行更深刻的认识；进一步认识线性卷积在工程实践中的实现思路。

【相关基础理论】

如案例十二所述，当待处理的信号的长度 L_s 远远大于 FIR 滤波器阶数 M 时，直接对大数据进行处理通常会出现延迟明显增加、处理器负担大大加重、存储空间消耗严重，甚至是不堪重负的情况。

对大数据进行滤波，常用的有重叠相加法和重叠保留法两种处理方法。重叠相加法：首先将 L_s 长的 $x(n)$切分成长为 L 的相邻但不重叠的短序列 $x_i(n)$，再将每个短序列 $x_i(n)$与 M 阶 FIR 滤波器的单位脉冲响应 $h(n)$进行线性卷积得到结果 $y_i(n)$，最后将各 $y_i(n)$重叠部分相加后输出、非重叠部分直接输出，得到 $x(n)$与 $h(n)$线性卷积的结果。重叠相加法这种化整为零的分段处理方法将输出延迟降低到可接受的范围，降低了处理器的处理负荷和存储器的存储负担，使得系统能正常工作。下面将讨论其姊妹篇——重叠保留法的原理与实现，还是通过一个例子讨论该方法的原理。

设输入信号 $x(n)$是一个 L_s=10 点长的因果序列，M 阶 FIR 滤波器的单位脉冲响应 $h(n)$是一个 M+1=3 点长序列。将 $x(n)$分成两段，分别记为 $x_0(n)$和 $x_1(n)$，与重叠相加法不同，这里分段时要求后一段 $x_1(n)$和与前一段 $x_0(n)$重叠 M=2 点，即

$$x_0(n)=\{x(0), x(1), x(2), x(3), x(4)\}$$

$$x_1(n)=\{x(3), x(4), x(5), x(6), x(7), x(8), x(9)\}$$

$x_0(n)$这一段也可以看成与 $x_{-1}(n)$ 重叠了 M=2 点［$x_{-1}(n)$为全零序列］的结果，即 $x_0(n)=\{0, 0, x(0), x(1), x(2), x(3), x(4)\}$，这样表示后 $x_0(n)$成了自变量 n 取值区间在−2～4 的 7 点长序列。这时综合 $x_0(n)$和 $x_1(n)$来看，每段短序列每次都从原序列 $x(n)$中取 L=5 个新的样点。

若分别直接计算 $x_0(n)$、$x_1(n)$与 $h(n)$的线性卷积，线性卷积的结果会比 $x_0(n)$或 $x_1(n)$长 M 点，再加上 $x(n)$分段过程中重叠的 M 点，则相邻两段的输出结果必然出现 $2M$ 点的重叠；若计算 $x_0(n)$、$x_1(n)$与 $h(n)$ 的 $N=L+M$=7 点长圆周卷积，结果会怎样呢？

$$y_{ci}(n)=\sum_{k=0}^{7-1}h(k)x_i((n-k))_7\cdot R_7(n) \tag{13.1}$$

为了理解方便，下面直接给出两个短序列 $x_0(n)$、$x_1(n)$以 7 为周期进行周期延拓并翻转后的一个周期内的样点值排列［为了与式（13.1）统一，变量 n 将用 k 进行替换］，分段圆周卷积和直接线性卷积计算的结果见表 13.1 所示的卷积计算对照表。

$$x_0((-k))_7 R_7(k) = \{0, x(4), x(3), x(2), x(1), x(0), 0\}$$

$$x_1((-k))_7 R_7(k) = \{x(3), x(9), x(8), x(7), x(6), x(5), x(4)\}$$

截取的一个周期的起点分别对应序列 $x_0(n)$的 n=−2 的点和 $x_1(n)$的 n=3 的点。

表 13.1 卷积计算对照表

$y_{ci}(n)$		$y(n)$	
$y_{c0}(n)$	$y_{c0}(-2)=h(0)\times 0+h(1)x(4)+h(2)x(3)$	$y(n)=h(n)*x(n)$	
	$y_{c0}(-1)=h(0)\times 0+h(1)\times 0+h(2)x(4)$		
	$y_{c0}(0)=h(0)x(0)+h(1)\times 0+h(2)\times 0$		$y(0)=h(0)x(0)$
	$y_{c0}(1)=h(0)x(1)+h(1)x(0)+h(2)\times 0$		$y(1)=h(0)x(1)+h(1)x(0)$
	$y_{c0}(2)=h(0)x(2)+h(1)x(1)+h(2)x(0)$		$y(2)=h(0)x(2)+h(1)x(1)+h(2)x(0)$
	$y_{c0}(3)=h(0)x(3)+h(1)x(2)+h(2)x(1)$		$y(3)=h(0)x(3)+h(1)x(2)+h(2)x(1)$
	$y_{c0}(4)=h(0)x(4)+h(1)x(3)+h(2)x(2)$		$y(4)=h(0)x(4)+h(1)x(3)+h(2)x(2)$
$y_{c1}(n)$	$y_{c1}(3)=h(0)x(3)+h(1)x(9)+h(2)x(8)$		
	$y_{c1}(4)=h(0)x(4)+h(1)x(3)+h(2)x(9)$		
	$y_{c1}(5)=h(0)x(5)+h(1)x(4)+h(2)x(3)$		$y(5)=h(0)x(5)+h(1)x(4)+h(2)x(3)$
	$y_{c1}(6)=h(0)x(6)+h(1)x(5)+h(2)x(4)$		$y(6)=h(0)x(6)+h(1)x(5)+h(2)x(4)$
	$y_{c1}(7)=h(0)x(7)+h(1)x(6)+h(2)x(5)$		$y(7)=h(0)x(7)+h(1)x(6)+h(2)x(5)$
	$y_{c1}(8)=h(0)x(8)+h(1)x(7)+h(2)x(6)$		$y(8)=h(0)x(8)+h(1)x(7)+h(2)x(6)$
	$y_{c1}(9)=h(0)x(9)+h(1)x(8)+h(2)x(7)$		$y(9)=h(0)x(9)+h(1)x(8)+h(2)x(7)$

从表 13.1 可以明确看出：①每个 N=L+M 点长的短序列 $x_i(n)$ 与 M 阶 FIR 滤波器的单位脉冲响应 $h(n)$进行 N 点圆周卷积的结果仍为 N 点长序列；②每段圆周卷积的结果从第 M+1 个样点到第 N 个样点都准确地对应原始输入序列 $x(n)$ 与 $h(n)$ 线性卷积的 L 个样点值；③将每段圆周卷积的结果后 L 个样点值保留并串接起来便得到 $x(n)$ 与 $h(n)$ 线性卷积的结果。由该例可以推广到一般形式。

首先将 L_s 长的输入信号 $x(n)$ 切分成长为 N 的短序列 $x_i(n)$，且 $x_i(n)$ 与 $x_{i-1}(n)$ 重叠 M 个样点（滤波器的阶数），即

$$x_i(n) = \begin{cases} x(n), & -M + iL \leqslant n \leqslant -M + iL + N - 1 \\ 0 \end{cases} \tag{13.2}$$

即每个长为 N 的短序列 $x_i(n)$ 与 $x_{i-1}(n)$ 相比，只有 $L = N - M$ 个新样点加入。当 L_s 不是 L 的整数倍时，要在 $x(n)$ 的后边补零。

然后，截取后的每个短序列 $x_i(n)$ 与 M 阶 FIR 滤波器的单位脉冲响应 $h(n)$ 计算 N 点的圆周卷积，结果记为 $y_{ci}(n)$：

$$y_{ci}(n) = \sum_{k=0}^{N-1} h(k) x_i((n-k))_N \cdot R_N(n) \tag{13.3}$$

最后，保留每段圆周卷积结果 $y_{ci}(n)$的后 L 个点，并将它们串接起来得到 $x(n)$与 $h(n)$线性卷积的结果，第 i 段的输出结果记为 $\mathrm{yout}_i(n)$，即

$$\mathrm{yout}_i(n) = y_{ci}(n + M - iL) R_L(n - iL) \tag{13.4}$$

$x(n)$与 $h(n)$的卷积结果 $y(n)$与各分段卷积结果 $y_{ci}(n)$的关系可以写成

$$y(n)=\sum y_{ci}(n+M-iL)R_L(n-iL) \tag{13.5}$$

以上便是重叠保留法计算 L_s 长的输入信号 $x(n)$ 与 M+1 点 $h(n)$ 线性卷积的整个过程。重叠保留法的思想可以用图表示，其原理示意图如图 13.1 所示。

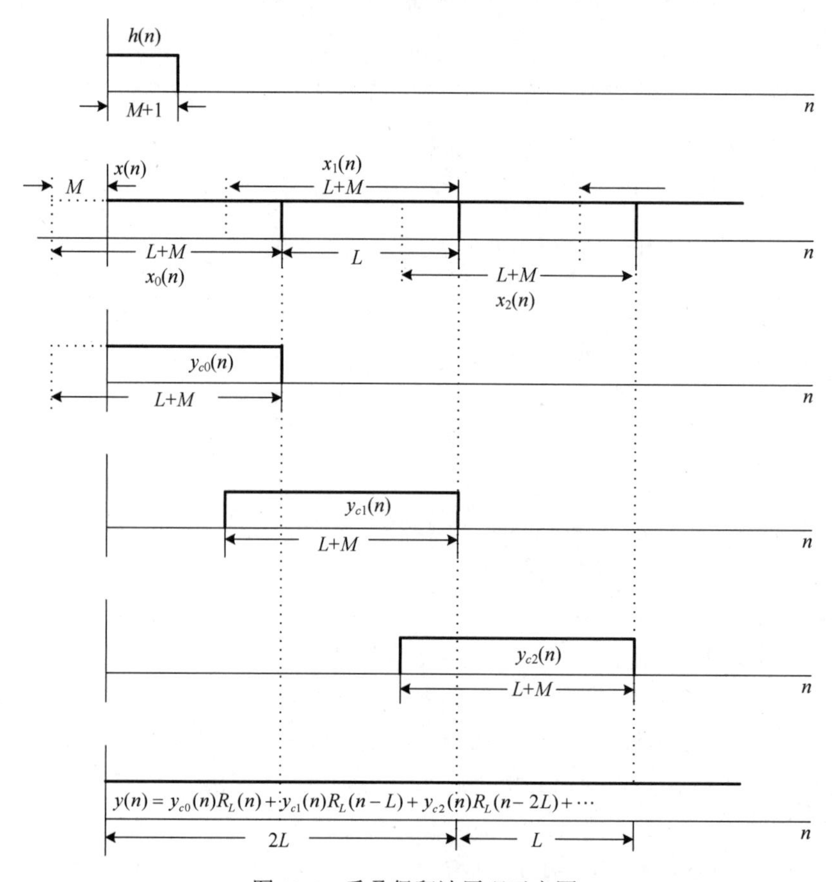

图 13.1　重叠保留法原理示意图

重叠保留法与重叠相加法的计算量差不多，但省去了重叠相加法最后的相加运算。一般来说，用 FFT 进行信号滤波，只用于 $h(n)$ 阶数大于 32 的情况下，且取 L=(5～10)M，这样可接近于最高效的运算。

由于重叠保留法中每段短序列 $x_i(n)$ 与 $h(n)$ 之间计算的是圆周卷积，因此用快速卷积更为直接。设快速卷积实现时 FFT 的点数为 N，要求 N 为 2 的整数次幂。已知 FIR 滤波器的阶数为 M，FFT 的点数 N 确定后，每个分段的长度 L 就可以确定了，$L \leqslant N-M$。当选择 $L=N-M$ 时，补零的个数最少，效率最高。

【情境任务及步骤】

基于重叠保留法的原理，本案例中共设置了两个情境："原理初探"和"实际信号滤波测试"，各自有其任务要求。

一、原理初探

设 $x(n)$ 是输入信号序列，FIR 滤波器的单位脉冲响应 $h(n)$ 是 3 点长序列，其中 $x(n)$={$\underline{1}$, 2,

4, −2, 2, 0, −6, 2, −4, 2, 2, −10, 6, 2, 2, 0, 2}，$h(n)=\{\underline{1}, 1/2, 1/4\}$。

1．直接计算 $x(n)$ 与 $h(n)$ 的线性卷积 $y(n)$

二者的线性卷积可以手动计算，也可以调用函数 conv 实现。

创建图形窗口 Figure 1，用 stem 函数画出 $y(n)$−n 的波形，$n=0,1,\cdots,19$。在图中加注网格线，纵坐标轴的显示范围为−10～10。

2．用重叠保留法计算 $x(n)$与 $h(n)$的线性卷积 $y(n)$

（1）将 $x(n)$分成长为 N=8 的段，所得短序列分别记为 $x_0(n)$、$x_1(n)$、$x_2(n)$ 和 $x_3(n)$，且 $x_0(n)=\{0, 0, x(0), x(1), x(2), x(3), x(4), x(5)\}$，必要时在 $x(n)$ 尾部进行补零。各短序列与 $h(n)$的圆周卷积分别记为 $y_{c0}(n)$、$y_{c1}(n)$、$y_{c2}(n)$ 和 $y_{c3}(n)$。

（2）创建图形窗口 Figure 2，并从上至下分成 4 个子图，分别画出 $y_{ci}(n)$−n 的波形，i=0, 1, 2, 3，横坐标轴的显示范围为 n=−2, −1, ⋯, 19。在图中加注网格线和图题，纵坐标轴的显示范围为−10～10。

（3）对照图形窗口 Figure 1 和 Figure 2，找出样值幅度相同的点的位置。

（4）合成 $y(n)$。按照式（13.5）将 $y_{ci}(n)$ 相加得到序列 $y(n)$，i=0, 1, 2, 3。

创建图形窗口 Figure 3，并从上至下分成 5 个子图，在上边的 4 个子图中分别画出 $y_{ci}(n)$−n 的波形，i=0, 1, 2, 3，在最下面的子图中画出 $y(n)$−n 的波形，n=−2, −1, ⋯, 19。在图中加注网格线和图题，纵坐标轴的显示范围为−10～10。

仔细对照图形窗口 Figure 3，记录第 5 个子图与前 4 个子图中样值幅度相同的点，并将 Figure 3 中的第 5 个子图与 Figure 1 进行对比，并判断异同。

二、实际信号滤波测试

与案例十二一样，调用滤波器设计相关函数直接生成滤波器的单位脉冲响应，用于对复合信号进行频率选取。

设有一个由四个单音组成的复合信号 xt，四个单音的频率分别是 f_1=100Hz、f_2=200Hz、f_3=300Hz、f_4=400Hz，且幅度均为单位 1。假定采样频率 F_s=8000Hz，试用窗函数法设计 FIR 滤波器，以滤除频率为 f_1 和 f_4 的单音，并评估所设计滤波器的性能。

1．生成复合信号 xt

xt（程序形式）是四个单位幅度单频正弦信号的叠加，信号持续时间 tend 为 2s。

2．用窗函数法设计数字带通滤波器

1）滤波器指标设定

（1）边界频率设定。通带截止频率分别设置为 f_{p1}=190Hz、f_{p2}=310Hz，阻带截止频率分别设置为 f_{s1}=110Hz、f_{s2}=390Hz。

（2）衰减指标设定。在阻带截止频率处的衰减不低于 60dB。

2）调用函数设计满足滤波器指标的 FIR 滤波器

调用函数 fir1 确定 FIR 滤波器系数或滤波器的单位脉冲响应，并记为 b（程序形式）：

b=fir1(M,[Wn1 Wn2],'bandpass',winB);（程序形式）

其中，滤波器阶数 M 设定为 600。带通滤波器两个边界频率分别按照下述方式进行设置：

Wn1=2*pi*(fp1+fs1)/2/Fs/pi;（程序形式）

Wn2=2*pi*(fp2+fs2)/2/Fs/pi;（程序形式）

winB 表示所用的窗函数，每个样点值由下述语句确定：

winB=blackman(M+1);（程序形式）

函数 fir1 更为详细的调用语法可以通过 MATLAB 软件中的 Help 文件学习。

设计出来的滤波器可以参照案例十二进行指标验证。

3．滤波

（1）对信号 xt 直接进行线性卷积滤波，结果记为 filteredxt1（程序形式），即

filteredxt1=conv(b,xt);（程序形式）

（2）对信号 xt 通过重叠保留法进行滤波，结果记为 filteredxt2（程序形式）。

每段长度 N（程序形式）设定为 1024。这里需要根据分段长度 N、xt 的长度 lxt（程序形式）、滤波器阶数 M（程序形式）等参数确定序列 xt 的前、后需要补零的个数。

调用 MATLAB 软件中的函数 cconv 实现圆周卷积。相关函数的调用语法可以通过 MATLAB 软件中的 Help 文件学习。

考虑到要进行耗时统计，循环体内要避免任何不必要的重复运算。而且要提前开辟存储空间以便存储结果 filteredxt2。

4．卷积计算算法性能评估

1）主观评价

调用函数 sound，试听 xt、filteredxt1、filteredxt2 的声效，重点对比后两者的效果。

为提高对比效果，建议执行完主程序后在命令窗口中调用函数 sound 进行试听。

2）时域对比

创建新的图形窗口，画出两种方法滤波的差值，即 filteredxt1-filteredxt2，并添加网格线。

分析两种实现方法所得结果的差异在什么样的数量级，并将结果记入情境任务总结报告。

3）频域对比

调用函数 fft，分别计算 xt、filteredxt1、filteredxt2 的 DFT，并将结果分别记为 X0、X1、X2（程序形式）。

创建新的图形窗口，并将窗口从上至下分为两个子图，分别显示滤波前、后的频谱图。两个子图中显示的频谱都要进行归一化，即最大幅度对应 0dB。

上方的子图用于显示原信号的频谱。下方的子图用于显示滤波后信号的频谱，归一化的 X1、X2 对应的频谱图用不同的颜色表示。绘制下方子图时注意用 hold on 命令进行前图的保持，最后用 legend 命令进行图例标注。

分析两种实现方法的结果在什么情况下有明显差异，并将结果记入情境任务总结报告。

4）时效对比

在程序中，调用 conv 函数和执行重叠保留核心运算的循环体之前首先调用函数 tic，紧跟其后调用函数 toc。

（1）测试信号长度的影响。

将 tend 分别设置为 2s、20s、200s 和 1200s 重新执行程序，比较分段处理与非分段处理执行时间的差异，并将比较结果记入情境任务总结报告。

（2）测试分段长度的影响。

在 tend 取 1200s 条件下，将 N 分别设置为 1×1024、2×1024、4×1024、8×1024 和 16×1024 重新执行程序，比较分段处理与非分段处理执行时间的差异，并将比较结果记入情境任务总结报告。

【思考题】

（1）重叠保留法的提出是为了解决什么样的问题？

（2）重叠保留法进行分段卷积时，输入序列尾部补零的个数与序列本身长度、分段长度、滤波器阶数之间有何具体关系？

【总结报告要求】

（1）按照附录中的格式书写情境任务总结报告，原理部分要简要描述重叠保留法分段计算线性卷积的原理，书写情境任务时可适当进行归纳和总结，但至少要列出【情境任务及步骤】中相关内容的各级标题。

（2）情境任务的程序清单除在报告中出现外，还必须以独立的.m 文件形式单独提交。程序清单要求至少按程序块进行注释。

（3）效果图和得出结论附于相应的情境任务下。

（4）将下述内容翻译成中文并写在情境任务总结报告中。

The overlap-save algorithm also filters the input signal in the frequency domain. The input is divided into overlapping blocks which are circularly convolved with the FIR filter coefficients. The circular convolution of each block is computed by multiplying the DFTs of the block and the filter coefficients, and computing the inverse DFT of the product. For filter length M and FFT size N, the first M−1 points of the circular convolution are invalid and discarded. The remaining N−M+1 points which are equivalent to the true convolution are "unrolled" as output by the Unbuffer block.

（5）简要回答【思考题】中的问题。

（6）报告中还可包括完成本案例的个人心得、对本案例设置的建议等。

【参考程序】

案例十四——你拨的号码我知道

【案例设置目的】

通过编制程序判读双音多频（Dual-Tone Multi Frequency，DTMF）的拨号音，掌握用离散傅里叶变换（DFT）实现信号频谱分析的方法，掌握 DFT 分析频谱时失真的存在形式和几种频率分辨率的含义，了解 DTMF 拨号原理。

【相关基础理论】

DTMF 是由贝尔实验室发明的，用于自动完成长途呼叫功能，因其能提供更高的拨号速率，且容易自动检测和识别，从而迅速取代了传统转盘式电话机使用的脉冲拨号方式。DTMF 信号不仅能在电话网中传输号码内容，还可以用于交互式控制，诸如语言菜单、语言邮件、电话银行和 ATM 终端等。

电话机键盘的频率阵列如图 14.1 所示，有 10 个数字和 6 个字符，而常见的电话键盘没有最后一列，即只有 10 个数字和“*”“#”两个符号。根据 ITU-T 建议，每个数字和字符都要用两个单音频（以下简称为单音）信号组合传输。图 14.1 列出了号码和频率组的对应关系，左端标注的频率 697Hz、770Hz、852Hz、941Hz 组成低频组，上方标注的频率 1209Hz、1336Hz、1477Hz、1633Hz 组成高频组。

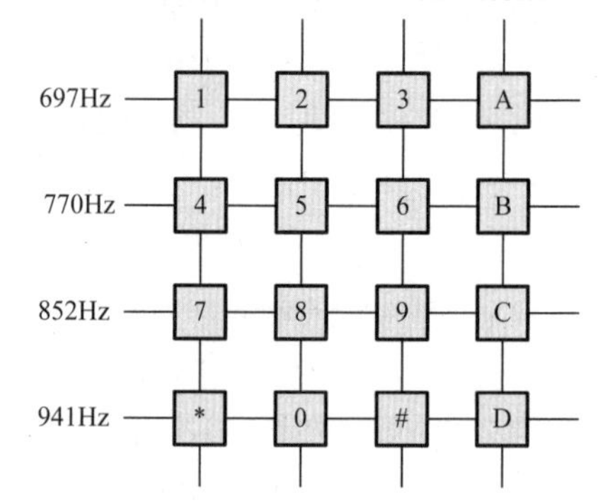

图 14.1　电话机键盘的频率阵列

16 个键分别由所在行与列对应的两个单音共同决定，即任意一个键对应的信号都可以表示为

$$x(t) = A\sin(2\pi f_{\mathrm{L}} t) + B\sin(2\pi f_{\mathrm{H}} t) \qquad (14.1)$$

式中，f_{L} 和 f_{H} 分别表示按键所在行对应的低频组的频率与所在列对应的高频组的频率；A 和 B 分别表示单频信号的幅度。

ITU-T 中规定，传送/接收率为每秒 10 个 DTMF 信号，即每 100ms 传输一个键盘数字或字符。代表数字的音频信号必须至少持续 45ms，但不超过 55ms。100ms 内其他时间为静音（无信号），以便区别连续的两个按键信号。电话信号的采样频率为 F_s=8kHz。

假设对电话拨号音信号 $x(t)$离散后的序列进行 N 点 DFT 的结果为 $X(k)$，根据 DFT 与 DTFT 的关系，容易得知频谱分辨率的数字角频率形式为

$$\Delta\omega = \frac{2\pi}{N} \qquad (14.2)$$

若对电话拨号音信号 $x(t)$采样的频率为 F_s，根据数字角频率与模拟角频率的关系，可以得出频谱分辨率的模拟角频率形式

$$\Delta\Omega = \frac{2\pi}{N} F_s \qquad (14.3)$$

或对应的频谱分辨率的物理频率形式

$$\Delta f = \frac{F_s}{N} \tag{14.4}$$

若将 $2\pi/N$ 称为数字的基波频率，则第 k 次谐波分量的数字角频率形式 ω_k 为

$$\omega_k = k\Delta\omega = 2\pi k / N, \quad k = 0,1,\cdots,N-1 \tag{14.5}$$

若对信号 $x(t)$ 而言 DFT 是无失真的，则第 k 次谐波分量的物理角频率形式 f_k 为

$$f_k = k\Delta f = k\frac{F_s}{N}, \quad k = 0,1,\cdots,N-1 \tag{14.6}$$

根据奈奎斯特定理，选定采样频率为 F_s 时，能无失真采样的频率的最大值为 $F_s/2$，由式（14.6）可得无失真频率对应 k 的范围是 0～$\lfloor N/2 \rfloor$，其中$\lfloor x \rfloor$表示取不大于 x 的最大整数。

由式（14.6）知，当信号 $x(t)$ 为带限信号且其最高频率低于 $F_s/2$ 时，$x(t)$ 经过 DFT 后，单频信号的频率 f_L 必然介于如下范围：

$$\lfloor f_L/\Delta f \rfloor F_s/N \sim \lceil f_L/\Delta f \rceil F_s/N \tag{14.7}$$

将Δf的值代入式（14.7），可知频率 f_L 对应的 k 值范围为

$$\lfloor f_L/F_s N \rfloor \sim \lceil f_L / F_s N \rceil \tag{14.8}$$

相应的，频率 f_H 所在的频率范围和对应的 k 值范围分别为

$$\lfloor f_H/F_s N \rfloor F_s/N \sim \lceil f_H/F_s N \rceil F_s/N \tag{14.9}$$

$$\lfloor f_H/F_s N \rfloor \sim \lceil f_H / F_s N \rceil \tag{14.10}$$

例如，对于 f_L=697Hz，当采样频率 F_s=8kHz，信号记录时间为 100ms 时，$N=\lceil 8\times1000\times100\times10^{-3} \rceil=800$。根据式（14.7）可知，$f_L$ 所在频率范围为[690,700]；依据式（14.8），f_L 对应的 k 值范围是 69～70，因 k 必须为整数，所以 k 可取 69 和 70 两个值。

由于用 DFT 分析信号频谱时存在截断效应等失真，即存在能量的泄漏，因此在 DFT 点数 N 较大，或频率分辨率足够高的情况下，即便 f_L 和 f_H 本身不能精确地对应整数值，但在与其最邻近的整数值范围内所有 k 上，$|X(k)|$都会因该频率的出现而表现出较大的幅度。因此，在高信噪比下，通过设置合理的阈值，自动识别拨号内容是完全可以实现的。

【情境任务及步骤】

基于 DFT 分析信号频谱的原理，本案例中设置了两个情境："认识 DTMF 信号"和"透过 DTMF 信号识别拨号内容"。前者设置的目的是从时域和频域对 DTMF 信号建立直观概念；后者设置的目的是通过模拟 DTMF 信号从产生到检测的过程，从而使读者对信号处理理论和技术的应用有更深刻的理解。

一、认识 DTMF 信号

1. 存储拨号音相关数据

（1）构造一个 4×4×3 的矩阵 DialNum（程序形式），在 DialNum (:,:,1)（程序形式）中按键盘布局存储拨号盘上每个数字和字符；在 DialNum (:,:,2)中相应位置上存储拨号盘上每个数

字或字符对应的 ASCII 码；在 DialNum (:,:,3)中相应位置上存储拨号盘上每个数字或字符对应的拨号音编号××。

下面的例子演示了拨号符号与 ASCII 码的相互对应操作关系。

设字符为第 4 行第 3 列，即拨号为“#”，如下三行语句分别显示了符号幅值、数据类型转换的功能：

```
charx='#'
numx=double(charx)
charx=char(numx)
```

（2）将 Dialwave（程序形式）、DialwaveDFT（程序形式）、DialNum（程序形式）和 Fs（程序形式）保存在 DialData.mat（程序形式）中。

MATLAB 软件中关于数据存储的函数为 save，可以通过 Help 文件学习函数的调用语法。

2．构造拨号音

设置采样频率 F_s=8kHz，按行逐个生成图 14.1 所示的 16 个按键对应的 DTMF 信号。

（1）每个按键音对应的信号按照式（14.1）生成，持续时间为 td（程序形式）=50ms，静音时间为 tm（程序形式）=50ms。生成的拨号音记为 tempDialwave（程序形式）。

（提示：静音即幅度为零的信号，可以将 50ms 的静音一次性补在按键对应波形的后边，也可以在相应波形的前、后各补 25ms）A 和 B 都取 1。

（2）将每个拨号音作为一个列数据存入矩阵 Dialwave 中。

（3）逐个通道（Dialwave 的每一列）试听每个拨号音。为了便于听觉上感受信号音，可以将 td 和 tm 暂时设为 2s。

3．从时域、频域看拨号音

（1）将窗口 Figure 1 分成 4 个×4 个子图，分别显示 16 个按键对应的时域波形，加注题图。

（2）选择合适的点数 N（程序形式）对 Dialwave 的每一列进行 DFT（或 FFT），将每个 DTMF 信号进行 N 点 DFT 的结果作为矩阵 DialwaveDFT 的一列进行存储。

（3）在 Figure 2 的 4 个×4 个子图中分别显示 DialwaveDFT 每一列的结果（注意：只显示范围为 0～Fs/2 的幅频特性图）。每个子图的题头显示图 14.1 所示对应按键内容。

以三个任务的功能实现代码在一个单独的.m 文件中编程实现。

二、透过 DTMF 信号识别拨号内容

下面的内容模拟交换机接收到 DTMF 信号后所进行的操作，要求另外编制程序实现。

1．装载拨号盘数据，模拟接收端的数据库

（1）载入 DialData.mat，以获取拨号盘对应的号码分布、频域分布变量和采样频率，以及 Dialwave、DialwaveDFT、N、DialNum 和 Fs。

MATLAB 软件中用于数据装载的函数为 load。

（2）在 Figure 1 的 4 个×4 个子图中分别显示 DialwaveDFT（注意：只显示范围为 0～Fs/2

的幅频特性图）。并用 DialNum(:,:,1)中的数据作为相应的图题。

2．产生输入号码串对应的 DTMF 信号以模拟接收到的信号

（1）从 Workspace 中读取数据 r（可以是单个或成串出现的拨号盘上的字符或数字），模拟接收到的拨号。

MATLAB 软件提供的用于数据输入的函数为 input，这里要求将输入的字符串以文本变量的形式返回，而不是以变量名或数值的形式返回，具体调用方法可以通过 Help 文件进行学习。

（2）根据输入的符号串 r 判读每个输入符号的 ASCII 码。

MATLAB 软件提供了丰富的数据类型转换函数，其中字符型变成双精度型的函数为 double，具体调用方法可以通过 Help 文件进行学习。

（3）根据符号的 ASCII 码调用 Dialwave 对应的列，并将这些信号串接在一起形成一行或一列信号，并记为 x（程序形式）。这时 x 将模拟电话交换机接收到了一连串的拨号音，若要进行号码转接或相关智能业务，需要对波形对应的号码和符号进行识别。

（4）对 x 听其音、观其形。

MATLAB 软件提供了用于实现矩阵拼接的函数 cat，具体调用方法可以通过 Help 文件进行学习。

3．透过频谱判读拨号

（1）将 x 截成长为 $100\times10^{-3}\times\mathrm{Fs}$ 的段。

（2）逐段进行 N 点的 DFT，并进行频谱显示（注意：只显示范围为 0～Fs/2 的幅频特性图）。

（3）将每段频谱图与 Figure 1 中的进行对比，从频谱上手动判读所拨号码。

4．自动判读拨号

（1）根据式（14.8）计算出每个 f_L 对应的 k 值，并分别记为 k_{11}、k_{12}、k_{13}、k_{14}。

（2）根据式（14.10）计算出每个 f_H 对应的 k 值，并分别记为 k_{21}、k_{22}、k_{23}、k_{24}。

（3）计算 $A_{ij}=|X(k_{1i})|+|X(k_{2j})|$，$i=1,2,3,4$，$j=1,2,3,4$。

（4）查找最大 A_{ij}，并确定其所在的行 i 和列 j，所拨号码必为图 14.1 所示第 i 行、第 j 列的符号。

【思考题】

（1）分析即使 f_L 或 f_H 没有对应整数的 k 值，通过计算其临近整数点上的幅度值仍能进行拨号符号判定的原因。

（2）在实际中，检测 DTMF 信号还有其他方法，通过查阅资料至少找出一种通用的检测方法，简要综述其工作原理。

【总结报告要求】

（1）在情境任务总结报告中，原理部分要简要描述 DTMF 信号的工作原理及用 DFT 检测 DTMF 信号的原理，书写情境任务时可适当进行归纳和总结，但至少要列出【情境任务及步骤】中相关内容的各级标题。

（2）程序清单除在报告中出现外，还必须以独立的.m文件形式单独提交。两个情境要分别编制程序，程序清单要求至少按程序块进行注释。

（3）效果图附于相应的情境任务下。

（4）在MATLAB软件的Help文件中查找函数goertzel，并将该函数的说明和应用举例翻译成中文写在情境任务总结报告中。

（5）简要回答【思考题】中的问题。

（6）报告中还可包括完成本案例的个人心得、对本案例设置的建议等。

【参考程序】

案例十五——信号带宽怎么测，中心频率怎么量

【案例设置目的】

通过测量高斯型频谱占用带宽、xdB 带宽和等效噪声带宽，理解相关概念，掌握几种带宽的测量方法；通过功率谱密度零点频率定义的带宽的概念，掌握其测量方法，理解带宽与数据速率之间的关系。

信号带宽是很重要的信号参数，如果已知信号带宽，则无论是对信号参数的分析测量，还是对信号的识别、解调，都会很有帮助（实现匹配滤波，提高信噪比），所以，信号带宽估计是信号参数测量的重要内容，也是通信侦察的关键环节。从通信对抗的角度看，为了更加有效地对敌方信号进行干扰，除需要知道信号的带宽外，还需要知道信号的中心频率。对于有些带通信号而言，其中心频率便是调制用的载波频率，也简称为载频。通过如下带宽的定义和载频常用估计方法的介绍，可以发现带宽和载频的估计多与功率谱密度的估计有关，因此我们先学习相关的基本概念，之后再完成相关参量的测量。

【相关理论基础】

本案例需要补充比较多的基础知识，比如能量信号与功率信号、谱密度、能量谱、功率谱和几种带宽的定义等。如果这方面基础很扎实，可直接跳转至基于 DFT 的信号带宽测量。

1．能量信号与功率信号

根据信号的能量和功率是否为有限的非零值，信号被分为能量信号、功率信号以及非能量非功率信号。

1）能量信号与功率信号的定义

设模拟的实信号 $x_a(t)$为周期信号，且其周期为 T_0，则该信号一个周期内的能量 E 定义为

$$E=\int_{-\frac{T_0}{2}}^{\frac{T_0}{2}} x_a^2(t)\mathrm{d}t \tag{15.1}$$

若 $x_a(t)$是非周期的实信号，则可以看成 $T_0\to\infty$的周期信号，此时信号的能量可以表示为

$$E=\lim_{T_0\to\infty}\int_{-\frac{T_0}{2}}^{\frac{T_0}{2}} x_a^2(t)\mathrm{d}t=\int_{-\infty}^{\infty} x_a^2(t)\mathrm{d}t \tag{15.2}$$

类似地，可以定义该信号在一个周期内的功率 P：

$$P=\frac{1}{T_0}\int_{-\frac{T_0}{2}}^{\frac{T_0}{2}} x_a^2(t)\mathrm{d}t \tag{15.3}$$

对于非周期信号，其功率定义为

$$P=\frac{1}{T_0}\lim_{T_0\to\infty}\int_{-\frac{T_0}{2}}^{\frac{T_0}{2}}x_a^2(t)\mathrm{d}t \tag{15.4}$$

从上述能量和功率的计算式来看，一般会出现两种情况：①$0<E<\infty$，$P=0$，即信号能量为非零的有限值，功率极限为 0；②$0<P<\infty$，$E=\infty$，即信号功率为非零的有限值，能量极限为无穷大。满足情况①的称为能量信号，如脉冲信号；满足情况②的称为功率信号，如正弦信号。一个信号可以既不是能量信号，也不是功率信号，但不可能既是能量信号，又是功率信号。

综上，按照信号的能量和功率分类，信号可以分为能量信号［持续时间有限的脉冲信号，$t\to\infty$时，$x_a(t)\to 0$］、功率信号（持续时间无限但幅度有限的信号，如幅值有限的周期信号和白噪声信号）和非能量非功率信号［$t\to\infty$时，$x_a(t)\to\infty$］。

2）频谱密度、能量谱密度和功率谱密度

（1）能量信号的频谱密度、能量谱密度和功率谱密度

① 频谱密度与能量谱密度

能量信号 $x_a(t)$肯定满足绝对可积条件，若还能满足具有有限个间断点、具有有限个极值点的条件，则其傅里叶变换是存在的，且有

$$X(\mathrm{e}^{\mathrm{j}\Omega})=\int_{-\infty}^{\infty}x_a(t)\mathrm{e}^{-\mathrm{j}\Omega t}\mathrm{d}t,\ \text{or},\ \mathrm{X}(\mathrm{e}^{\mathrm{j}f})=\int_{-\infty}^{\infty}x_a(t)\mathrm{e}^{-\mathrm{j}2\pi ft}\mathrm{d}t \tag{15.5}$$

$$x_a(t)=\frac{1}{2\pi}\int_{-\infty}^{\infty}X(\mathrm{e}^{\mathrm{j}\Omega})\mathrm{e}^{\mathrm{j}\Omega t}\mathrm{d}\Omega,\ \text{or},\ x_a(t)=\int_{-\infty}^{\infty}X(\mathrm{e}^{\mathrm{j}f})\mathrm{e}^{\mathrm{j}2\pi ft}\mathrm{d}f \tag{15.6}$$

根据 Parseval 定理可知，傅里叶变换前、后的能量守恒，即

$$E=\int_{-\infty}^{\infty}x_a^2(t)\mathrm{d}t=\frac{1}{2\pi}\int_{-\infty}^{\infty}\left|X(\mathrm{e}^{\mathrm{j}\Omega})\right|^2\mathrm{d}\Omega=\int_{-\infty}^{\infty}\left|X(\mathrm{e}^{\mathrm{j}f})\right|^2\mathrm{d}f \tag{15.7}$$

从广义上讲，信号的某种特征量随频率变化的关系称为频谱。其中 $X(\mathrm{e}^{\mathrm{j}f})$是信号 $x_a(t)$傅里叶变换的结果，通常为f的复函数，因此可以表示成幅度谱和相位谱的形式，其中幅度谱反映了信号幅度随频率分布的情况；相应地，相位谱反映了信号相位随频率分布的情况。很多场合也把 $X(\mathrm{e}^{\mathrm{j}f})$称作频谱密度，其中从幅度角度看，频谱密度的单位为幅度/Hz。由于$|X(\mathrm{e}^{\mathrm{j}f})|^2$ 对频率积分的结果为信号能量，因此称其为能量谱密度（Energy Spectrum Density），简称能量谱，单位是 J/Hz，可理解为单位频带内的能量，反映了信号能量随频率的分布情况。

② 功率谱密度的确定

第一，实际能量与相对能量。

设 $x_a(t)$是一个幅度为 A、持续时间为 T_p 的模拟电压信号。若以 F_s 为采样频率对该电压信号进行等间隔采样，采样间隔为 T（$T=1/F_s$），则能得到一个 $N=T_pF_s$ 个样点的序列 $x(n)$。按照模拟信号能量的计算公式可以算出该电压信号作用于一个 1Ω 的电阻时做的功，记为 E_a，按照离散信号能量计算公式，能计算出序列 $x(n)$的能量 E_d，两个能量计算表达式如下：

$$E_a=\int_0^{T_p}\left|x_a(t)\right|^2\mathrm{d}t=\int_0^{T_p}A^2\mathrm{d}t=A^2T_p \tag{15.8}$$

$$E_d=\sum_{n=1}^{T_pF_s}\left|x(n)\right|^2=\sum_{n=1}^{T_pF_s}A^2=A^2T_pF_s \tag{15.9}$$

不难看出两个能量之间的关系：

$$E_a = A^2 T_p = TA^2 T_p F_s = TE_d \tag{15.10}$$

也就是说，若不将序列 $x(n)$与采样频率 F_s或采样间隔 T 相结合，序列样点模的平方和得到的能量仅仅是相对能量，只有与 F_s或 T 相结合才能对应实际信号能量，而且 E_d与 E_a之间的关系不仅仅适用于 $x_a(t)$取常数的情况。

第二，平均功率与平均功率谱密度的确定。

若非周期模拟信号 $x_a(t)$满足 Dirichlet 条件，则其傅里叶变换(FT)存在，而且对其采样得到 N 点长的序列 $x(n)$的 DTFT 也存在，当然序列 $x(n)$的 N 点长 DFT 也存在，对于离散时间信号的 Parseval 定理为

$$\sum_{n=0}^{N-1}|x(n)|^2 = \frac{1}{2\pi}\int_{-\pi}^{\pi}\left|X_N(\mathrm{e}^{\mathrm{j}\omega})\right|^2 \mathrm{d}\omega = \frac{1}{N}\sum_{k=0}^{N-1}|X_N(k)|^2 \tag{15.11}$$

结合式（15.2）、式（15.4）、式（15.7）和式（15.10），可知信号 $x_a(t)$的平均功率可以这样计算：

$$P = \frac{E_a}{T_p} = \frac{TE_d}{T_p} = \frac{T}{T_p}\sum_{k=0}^{N-1}|x(n)|^2 = \frac{1}{N}\sum_{k=0}^{N-1}|x(n)|^2 = \frac{1}{N^2}\sum_{k=0}^{N-1}|X(k)|^2 \tag{15.12}$$

或者

$$P = \frac{1}{N}\sum_{k=0}^{N-1}|x(n)|^2 = \frac{1}{2\pi}\int_{-\pi}^{\pi}\frac{\left|X_N(\mathrm{e}^{\mathrm{j}\omega})\right|^2}{N}\mathrm{d}\omega = \frac{1}{2\pi}\int_{-\pi}^{\pi}P(\omega)\mathrm{d}\omega \tag{15.13}$$

其中，功率谱密度 $P(\omega)=|X_N(\mathrm{e}^{\mathrm{j}\omega})|^2/N$，可以看出，求出了序列的离散时间傅里叶变换，便不难求出能量谱密度$|X_N(\mathrm{e}^{\mathrm{j}\omega})|^2$和 $P(\omega)$。

式（15.12）中的$|X(k)|^2/N^2$为第 k 个频率间隔$\Delta F=F_s/N$ 内的功率。由于 k 在 0～N−1 的 N 个 $X(k)$对应 $X(\mathrm{e}^{\mathrm{j}f})$在一个周期内的离散采样点，因此此时的 k−$|X(k)|^2/N^2$ 图为双边功率谱。若要得到单边功率谱，k 只取从 0 开始的前 $N/2$ 个样点，而且 k 只取从 1 开始的前 $N/2-1$ 个样点的幅度$|X(k)|^2/N^2$要加倍。

值得注意的是，若 N 点长序列 $x(n)$的 DFT 的点数 N_{fft} 大于某个值，则式（15.12）中等式最右边一项中的 N^2 改为 NN_{fft}。其实这也不难理解，观察式（15.11），可以发现当 $N_{\mathrm{fft}}>N$ 时，由于序列 $x(n)$没有变，只是应 N_{fft} 点 DFT 的要求补了 $N_{\mathrm{fft}}-N$ 个零，因此等式链最左侧一项保持不变，但是最右侧一项 $X(k)$因频率采样点数增加，所以求和的项数增加为 N_{fft} 项，做算术平均时也应该除以 N_{fft}，故而式（15.12）中等式最右边一项中的 N^2 改为 NN_{fft}。或者也可以这样分析，将式（15.13）中的积分式化成如下的求和式：

$$\begin{aligned} P &= \frac{1}{2\pi}\int_{-\pi}^{\pi}\frac{\left|X_N(\mathrm{e}^{\mathrm{j}\omega})\right|^2}{N}\mathrm{d}\omega = \lim_{K\to\infty}\frac{1}{2\pi}\sum_{k=0}^{K}\frac{\left|X_N(\mathrm{e}^{\mathrm{j}k\Delta\omega})\right|^2}{N}\Delta\omega \\ &\xrightarrow{\Delta\omega=2\pi/K} = \lim_{K\to\infty}\frac{1}{K}\sum_{k=0}^{K-1}\frac{\left|X_N(\mathrm{e}^{\mathrm{j}k\times2\pi/K})\right|^2}{N} \end{aligned} \tag{15.14}$$

当 N_{fft} 足够大时，式（15.14）可改写为

$$P=\frac{1}{N_{\text{fft}}}\sum_{k=0}^{K-1}\frac{\left|X_N(\mathrm{e}^{\mathrm{j}k\times2\pi/K})\right|^2}{N}=\frac{1}{N_{\text{fft}}}\sum_{k=0}^{N_{\text{fft}}-1}\frac{\left|X_N(\mathrm{e}^{\mathrm{j}k\times2\pi/N_{\text{fft}}})\right|^2}{N}$$
$$=\frac{1}{N_{\text{fft}}}\sum_{k=0}^{N_{\text{fft}}-1}\frac{\left|X_N(k)\right|^2}{N}=\frac{1}{N_{\text{fft}}\times N}\sum_{k=0}^{N_{\text{fft}}-1}\left|X_N(k)\right|^2 \tag{15.15}$$

（2）功率信号的频谱密度和功率谱密度

考虑到功率信号主要是指幅度有限的周期信号和幅度有限的随机信号，在讨论其频谱密度时也分成两种情况。

① 周期信号

对于周期的功率信号 $x_a(t)$而言，其能量是无限的，但可以对其进行傅里叶级数展开：

$$x_a(t)=\mathrm{IDFS}[X_n]=\sum_{n=-\infty}^{\infty}X_n\mathrm{e}^{\mathrm{j}2\pi nf_0t} \tag{15.16}$$

$$X_n=\mathrm{DFS}[x_a(t)]=\frac{1}{T}\int_{-T/2}^{T/2}x_a(t)\mathrm{e}^{-\mathrm{j}2\pi nf_0t}\mathrm{d}t \tag{15.17}$$

式中，$f_0=1/T_0$，T_0 为 $x_a(t)$的周期。

从式（15.17）可以看出，周期的信号 $x_a(t)$是由以 f_0 为基波以及无穷多个谐波叠加而成的，基波以及无穷多个谐波的幅度信息蕴含在 X_n 中，因此 X_n 与 nf_0 的关系图便是周期功率信号的频谱图，只是该频谱图是离散的。与能量信号的频谱密度对应，周期功率信号频谱的单位是幅度。

② 非周期信号

由于功率信号具有无穷大的能量，所以按照能量 E 的公式（15.2），积分结果将无穷大。但是若将持续时间无穷长的非周期功率信号 $x_a(t)$截断为持续长度为 T_p 的信号，一般情况下便能得到能量信号，再利用能量信号的相关分析及极限处理，可得到相关结论。例如，把信号 $x(t)$截断成有限长度信号 $x_T(t)$，$-T_p/2<t<T_p/2$，这样 $x_T(t)$就是一个能量信号了。仿照能量信号的相关定义及性质，截断后的信号有如下关系：

$$E_T=\int_{-T_p/2}^{T_p/2}x_T^2(t)\mathrm{d}t=\int_{-\infty}^{\infty}\left|X_T(f)\right|^2\mathrm{d}f \tag{15.18}$$

式中，$X_T(f)=\int_{-T_p/2}^{T_p/2}x_T(t)\mathrm{e}^{-\mathrm{j}2\pi ft}\mathrm{d}t$。

有了信号的能量 E_T 和信号的持续时间 T_p，不难求出截断信号的平均功率：

$$P_T=\frac{1}{T_p}\int_{-T_p/2}^{T_p/2}x_T^2(t)\mathrm{d}t=\int_{-\infty}^{\infty}\frac{\left|X_T(f)\right|^2}{T_p}\mathrm{d}f \tag{15.19}$$

若令 $P(f)=|X_T(f)|^2/T_p$，可知对 $P(f)$在整个频率范围内求积分便得到信号的功率 P_T，因此将其称为功率谱密度（Power Spectrum Density，PSD），简称功率谱，与幅度谱、能量谱类似，它反映了信号功率随频率分布的情况，单位是 W/Hz。

③ 随机信号的功率谱密度

随机信号的能量一般都是无限的，但是功率有限，其能量无限也意味着非绝对可和，因此傅里叶变换不存在。随机信号因其随机特性，仅能在统计意义上进行研究，其功率谱估计常采用经典谱估计方法（周期图法、改进的周期图法、自相关法等）、现代谱估计的参数模型谱估计法（AR 模型法、MA 模型法、ARMA 模型法、Prony 模型法等），以及现代谱估计的非参数法谱估计（最小方差法、多分量 MUSIC 算法等）等来实现。下面将简要介绍几种经典谱估计方法，虽说相比于现代谱估计法的分辨率和误差不够好，但是这些方法物理概念明确，且可借助 FFT 算法，因此目前仍是较为常用的功率谱估计方法。

第一，周期图法。

Schuster 提出用序列离散时间傅里叶变换的幅度平方除以序列长度的方法作为对信号的功率谱密度的估计：

$$X_N(\mathrm{e}^{\mathrm{j}\omega}) = \sum_{n=0}^{N-1} x(n)\mathrm{e}^{-\mathrm{j}\omega n} \tag{15.20}$$

$$P(\omega) = \frac{1}{N}\left|X_N(\mathrm{e}^{\mathrm{j}\omega})\right|^2 \tag{15.21}$$

式中，N 表示估计功率谱密度时所用的序列样点个数；$X_N(\mathrm{e}^{\mathrm{j}\omega})$为序列 $x(n)$在 n 取 0～N-1 时的离散时间傅里叶变换。由于 $X_N(\mathrm{e}^{\mathrm{j}\omega})$具有周期特性，因此所得功率谱密度估计 $P(\omega)$也具有周期特性，因此称为周期图（Periodogram）。对比式（15.21）与式（15.13）可以看出，功率谱密度的定义是一致的。随着 DFT 快速算法 FFT 的提出，周期图法的功率谱密度估计的算法得到广泛应用，具体实现用如下表达式描述：

$$X_N(k) = \sum_{n=0}^{N-1} x(n)W_N^{kn} \tag{15.22}$$

$$P(k) = \frac{1}{N}\left|X_N(k)\right|^2 \tag{15.23}$$

第二，改进的周期图法。

周期图法蕴含了这样一条假设：认为随机序列是广义平稳且各态遍历的，可以用其一个样本 $x(n)$中的一段来估计该随机序列的功率谱。对于一般的随机序列，$P(\omega)$的取值随着截取长度 N 和截取样点值的大小不同而不同，因此周期图会出现随机起伏，而且是一种有偏估计。为了得到较为稳定的估计值，一些学者对其进行了改进，其中较为有影响的是 Bartlett 法和 Welch 法。两种方法都是对 N 点长序列 $x(n)$进行分段，之后对每段数据进行周期图法功率谱密度估计，最后对各段的功率谱密度估计求平均。两者的区别是，前者分段时无样点重叠，即各个分段互不重叠，而后者有重叠。两种方法在对序列分段的过程中还可以对段内数据进行加窗处理，即对段内各样点的幅度赋予不同的权重。两种算法的背后机理是，对于 L 个独立的随机变量，假设它们拥有相同均值 μ、方差 σ^2，那么对这 L 个独立的随机变量取平均，则均值保持不变，方差变为 σ^2/L，即两种方法都会降低估计方差，提高功率谱估计的稳定度。Bartlett 法可以看成 Welch 法的一个特例，Welch 法可以描述为如下表达式：

$$P(\omega) = \frac{1}{L}\sum_{i=1}^{L} P_i(\omega) \tag{15.24}$$

$$P_i(\omega) = \frac{1}{VM}\left|\sum_{n=0}^{M-1} x_i(n)w(n)\mathrm{e}^{-\mathrm{j}\omega n}\right|^2 \tag{15.25}$$

式中，L 表示观测到的数据分成的段数；$w(n)$代表所用的窗函数；$x_i(n)$代表截取的第 i 段数据；V 表示归一化因子，定义为

$$V=\frac{1}{M}\sum_{n=0}^{M-1}w^2(n) \tag{15.26}$$

Welch 法采用有重叠加窗的方式求功率谱，可以有效减小方差和偏差，一般情况下能近似满足一致估计的要求，因而得到广泛应用。但是根据 DFT 分析信号频谱分辨率的定义可知，分段求平均的改进的周期图法导致功率谱主瓣较宽，分辨率低，这是由对随机序列加窗截断所引起的 Gibbs 效应造成的。要提高分辨率需要加长总的观测数据 N，对于随机数据而言，较长数据序列的由噪声引起的随机性得到更为充分的体现，即较大的方差，事实上，当 N 无穷大时，方差为非零常数，也就是说周期图法无法实现功率谱的一致估计。

第三，BT 功率谱估计方法。

对于具有平稳随机特性的信号，利用其统计特性与时间无关的性质，用自相关函数等一些统计特性来研究信号的性质。1958 年，Blackman 和 Tukey 在“The measurement of power spectra from the point of view of communications engineering, Ⅰ, Ⅱ”一文中提出了由维纳相关法计算随机序列功率谱的方法，被称为 BT 法。因为由这种方法求出的功率谱是通过自相关函数间接得到的，所以称为间接法，求功率谱的步骤可概况为三步。

第一步：从无限长随机序列 $x(n)$中截取长度为 N 的有限长序列 $x_N(n)$。

第二步：由长序列 $x_N(n)$求 $2M-1$ 点的自相关函数序列替代序列自相关函数，即

$$R_{xx}(m)=\frac{1}{N-|m|}\sum_{n=0}^{N-|m|}x_N(n)x_N(n+m) \tag{15.27}$$

这里 $R_{xx}(m)$是双边序列，$m=-(N-1),\cdots,-1,0,1,\cdots,N-1$，但是根据自相关函数的偶对称性质，只要求出 $m=0,\cdots,M-1$ 的傅里叶变换，便能映射出另一半。

第三步：由相关函数的离散时间傅里叶变换求功率谱，即

$$P(\omega)=\left|\sum_{m=-(N-1)}^{N-1}w(m)R_{xx}(m)\mathrm{e}^{-\mathrm{j}\omega m}\right|^2 \tag{15.28}$$

式中，$w(m)$是平滑窗，宽度为 $2M+1$。在已知采样频率的情况下，$P(\omega)$可以写成 $P(f)$的形式，其中 $\omega=2\pi f/F_s$。

BT 功率谱估计方法基于著名控制理论专家 Wiener 在他的著作中首次精确定义的一个随机过程的自相关函数及功率谱密度，并把谱分析建立在了随机过程统计特征的基础上，即“功率谱密度是随机过程二阶统计量自相关函数的傅立叶变换”，这就是维纳-欣钦定理（Wiener-Khinchine Theorem）：

$$P(f)=\int_{-\infty}^{\infty}R(\tau)\mathrm{e}^{-\mathrm{j}2\pi f\tau}\mathrm{d}\tau \tag{15.29}$$

其中模拟实信号 $x_a(t)$的相关函数 $R(\tau)$定义为 $R(\tau)=E\left[x_a(t)x_a(t+\tau)\right]$。

需要注意的是，对于平稳随机过程来说，信号的自相关函数是功率谱密度的逆傅里叶变换；然而，对于非平稳随机过程，这个说法并不成立，因为对于非平稳随机过程，功率谱密度的逆傅里叶变换的结果是自相关函数在时域上的平均。

无论是周期图法、改进的周期图法还是 BT 功率谱估计方法，都以观测到的有限长随机序列 $x(n)$为分析对象，并默认随机序列 $x(n)$中除观测到的样点外其他样点的幅度都为 0，在多数情况下，这是不科学的。因此有学者研究从有限的观测数据的规律开始推测产生这些数据

的数学模型或未观测到的序列样点，之后再进行功率谱估计，这便是现代功率谱估计的思想，因篇幅所限，在此不进行展开讨论，感兴趣的读者可以从 Yule-Walker 方程开始学习利用回归方程模拟时间序列的思路，进而深入了解现代功率谱估计的方法。

综上所述，能量信号在频域常用能量谱来描述，而功率信号则常用功率谱来描述。严格地讲，能量信号和功率信号的定义都是建立在无穷大时间积分基础上的，对于发射机而言，其发射信号的幅度、时间总是有限的，因此在有限的时间内，发射机发射信号的能量和功率都是有限的，能量谱密度与功率谱密度 $P(f)$均是有定义的，且二者满足 $P(f)=|X(f)|^2/T_p$ 或用离散时间信号表示的 $P(\omega)=|X_N(e^{j\omega})|^2/N$。

2. 带宽的几种定义

根据应用场合的不同，带宽有不同的定义方法，常见的定义包括占用带宽、xdB 带宽、3dB 带宽、零点到零点的带宽和等效噪声带宽等，ITU-R SM.328 建议书专门对占用带宽和 xdB 带宽进行了定义。

1）占用带宽

ITU-R SM.328 建议书对占用带宽（Occupied Bandwidth）进行了如下定义：占用带宽是指这样一种带宽，在它的频率下限之下和频率上限之上所发射的平均功率各等于某一给定发射的总平均功率的百分数 $\beta/2$，占用带宽示意图如图 15.1 所示。在有些文献中，占用带宽也称为部分功率保留带宽。

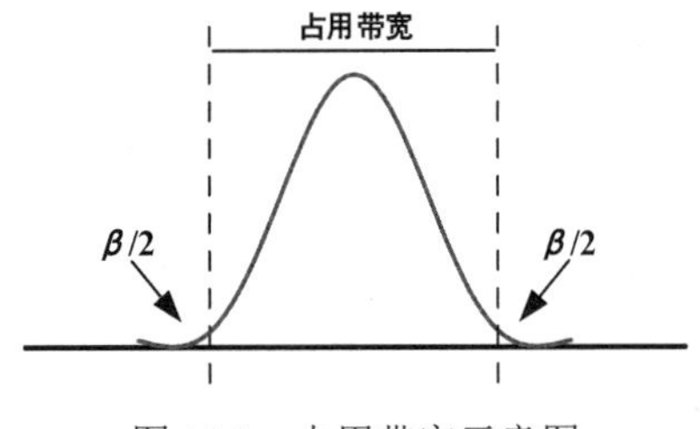

图 15.1 占用带宽示意图

通常取 $\beta/2=0.5\%$，用户也可以根据需要进行设置。在计算时，在整个频带内对功率谱密度 $P(f)$沿频率 f 进行积分，可以得到整个频带内的总功率 P，从频谱的两端向频谱中心累积各频率分量的功率，并确定累积功率达到 $\beta/2$ 时的上限频率（f_H）和下限频率（f_L），上、下限频率的差值便是占用带宽。

占用带宽是表征无线发射机的一个较为重要的参数。对于一般无线通信设备（发信机）来说，允许的占用带宽是确定的，不能超过其确定的带宽范围，也就是说不能占用其他通信设备的频谱资源。占用的带宽过大，会导致自身的信道功率超标，对其他通信设备造成干扰；反之，占用的带宽不够，信道功率就会过小，从而实现不了应用的通信功能。我们总是希望发信机的发射功率集中在规定的带宽里，而落入相邻信道的功率要尽可能小。

2）xdB 带宽

ITU-R SM.328 建议书中关于 xdB 带宽是这样定义的：超出其下限和上限的任何离散频谱成分或连续频谱功率密度至少比预先确定的 0dB 参考电平低 xdB 的一个频带宽度。0dB 参考电平通常为最高频谱线的电平。或者 xdB 带宽可以这样定义：设信号的功率谱密度 $P(f)$在 $f_{central}$ 处取得的最大值为 P_{max}，$P(f)$在 f_{cenral} 左、右两侧各下降 xdB 时的频率间隔。

x 取 3 时，即功率谱密度 $P(f)$在 f_{cenral} 左、右两侧各下降 3dB，或从瞬时功率看，最大瞬时功率下降一半时，f_{cenral} 左、右两侧的频率间隔称为 3dB 带宽，因此 3dB 带宽又称为半功率带宽（Half-power Bandwidth）。

在常规监测条件下，占用带宽测试比较复杂，而对于调幅、调频和常用数字解调等大多数信号方式，其发射频谱能量的主要部分（95%以上的能量）集中在 26dB 带宽之内，因此如果信号发射类别和调制参数完全已知，xdB 带宽可以用来代替估计占用带宽，因此在占用带宽测量功能中通常需要提供 xdB 带宽的测量功能。

现代监测/测量接收机是建立在数字信号处理技术基础上的，常用 xdB 或 β%两种方法确定被测信号的带宽。β%方法允许带宽测量独立于信号的调制，特别是在测量数字信号的带宽时，在无法获得其技术上的识别信息和低 S/N（信噪比）的情况下优势更加明显。而在无法满足精确测量占用带宽的条件或缺乏可进行测量设备时，可用 xdB 带宽测量方法估算占用带宽。

3）等效矩形或等效噪声带宽

这个概念最初的目的是从具有宽带噪声输入的放大器中快速计算输出噪声功率，这个概念也可以推广到信号带宽中。信号的等效噪声带宽是这样一个矩形的宽度，该矩形的面积与信号的总功率相同，矩形的高度是信号傅里叶变换幅度平方的最大值，对应的宽度即等效矩形带宽。

若 $P(f)$为信号的单边功率谱密度，根据等效噪声带宽的定义，可得到如下的等效带宽计算式：

$$B_{\text{eq}}=\frac{\int_0^{\infty}P(f)\mathrm{d}f}{P(f)_{\max}} \tag{15.30}$$

在接收机中，等效噪声带宽与灵敏度有着密切的关系。在 MATLAB 软件中可以通过调用函数 enbw 来实现计算。

4）用功率谱密度零点频率定义的带宽

如果信号的功率谱密度函数存在零点，则可以用功率谱密度函数取零点的位置定义信号带宽。该种带宽的定义分为基带信号和调制信号两种情况，若调制信号是由对应的基带信号得到的，则两者之间存在两倍关系。

（1）基带信号的带宽

基带信号的带宽 B 是功率谱密度从 0 频率开始到幅度降为零时的频率范围。生活中的许多信号往往含有直流分量以及较为丰富的低频分量，且所占频谱较宽，比如面对面聊天时的语音信号、游览时映入眼帘的风景，这些声音信号和光信号的频谱都是从 0Hz 开始的，覆盖很宽的频率范围，都称为基带信号，只不过它们是模拟基带信号；像计算机到打印机、显示器等外设的信号以及计算机网络中的信号则属于数字基带信号。基带信号可以直接传输，即传输过程不经过调制/解调或频谱的搬移，这样的传输模式称为基带传输。

下面以单极性、全占空比数字矩形基带信号为例说明基带信号的带宽。$x(t)$是一个脉冲幅度调制信号，其数学表达式如下：

$$x(t)=\sum_{n=-\infty}^{\infty}A_n g(t-nT) \tag{15.31}$$

式中，$\{A_n\}$是假设要发送的数据序列；$g(t)$是定义在$(0,T)$上的波形。

假设$\{A_n\}$是一个均值为0、方差为σ^2的独立变量构成的序列，$g(t)$的傅里叶变换是$G(e^{jf})$，那么信号$x(t)$的功率谱密度由式（15.32）给出：

$$P(f)=\frac{1}{T}\left|G(e^{jf})\right|^2\sigma^2 \tag{15.32}$$

$|G(e^{jf})|^2$即脉冲$g(t)$的能量谱或Wiener谱。有了序列$\{A_n\}$的性质，那么信号的功率谱密度与脉冲的能量谱的形状相同。

当$g(t)$为单极性、全占空比、单位幅度矩形时，其表达式为

$$g(t)=\begin{cases}1, & 0<t<T\\ 0, & \text{otherwise}\end{cases} \tag{15.33}$$

其傅里叶变换为

$$G(e^{jf})=\frac{\sin(\pi fT)}{\pi f} \tag{15.34}$$

可知能量谱$|G(e^{jf})|^2$：

$$\left|G(e^{jf})\right|^2=\left[\frac{\sin(\pi fT)}{\pi f}\right]^2=T^2\,\mathrm{sinc}^2(fT) \tag{15.35}$$

由于信号的功率谱密度与脉冲的能量谱的形状相同，由式（15.32）可知，功率谱密度在$f=0$处取得最大值$T\sigma^2$，在$f=n/T$处取值为0，其中n为非零整数。根据数字基带信号带宽的定义，由于$n=1$时为非负频率的第一个零点，距离频率0的距离为$1/T$ Hz，因此该信号的带宽$B=1/T$ Hz。

除矩形波形外，常用数字基带波形还有三角波、高斯脉冲和升余弦脉冲等。

（2）调制信号的带宽

调制信号的带宽B是载频f_c上、下功率谱密度两个最近零点之间的距离。基带信号通过调制和解调过程或在频谱的搬移之后进行传输，这样的传输模式称为通带传输或频带传输。比如广播信号，无论是调频信号还是调幅信号都是模拟调制信号，而BPSK、QPSK、2FSK、QAM等都是数字调制信号，以通带形式传输。信号既可以进行基带传输，又可以进行通带传输（频带传输），两种方式的选择取决于信道的形式。

下面以一个调制信号为例进行说明。设$x(t)$是一个脉冲幅度调制信号，其数学表达式同上，但是$g(t)$为调制后的脉冲。若$g(t)$是载频$f_c=1/T$、持续时间为T的调制后的脉冲信号：

$$g(t)=\begin{cases}\cos(2\pi f_c t), & 0<t<T\\ 0, & \text{elsewhere}\end{cases} \tag{15.36}$$

则可知能量谱$|G(e^{jf})|^2$为

$$\begin{aligned}\left|G(e^{jf})\right|^2&=\frac{1}{4}\left(\left\{\frac{\sin[\pi(f+f_c)T]}{\pi(f+f_c)}\right\}^2+\left\{\frac{\sin[\pi(f-f_c)T]}{\pi(f-f_c)}\right\}^2\right)\\&=\frac{T^2}{4}\left\{\mathrm{sinc}^2\left[(f+f_c)T\right]+\mathrm{sinc}^2\left[(f-f_c)T\right]\right\}\end{aligned} \tag{15.37}$$

由于信号的功率谱密度与脉冲的能量谱的形状相同，所以功率谱密度在$f=\pm f_c$处取得最大

值 $T\sigma^2/4$，在 $f\pm f_c=n/T$ 处取值为 0，其中 n 为非零整数。

根据调制信号带宽的定义，带宽应为载频 f_c 上、下功率谱密度两个最近零点之间的距离，即已调信号的带宽为 $B=2/T$。在非协作的通信侦察及频谱监测中，要估计数据速率，带宽与符号速率或符号周期的关系通常会被作为理论依据。

以上介绍了四种常用带宽的定义，在工程实践中可根据需要灵活选择。但是工程的甲方和乙方在讨论带宽之前，最好提前明确带宽的定义，以提高沟通效率和避免不必要的纠纷。

3．基于 DFT 的信号带宽测量

早期估计信号带宽主要通过人工观测来实现，即通过目测或借助频率标尺测量显示器上显示的一定幅度或功率下的信号中频频谱宽度。人工目测法不仅速度慢，而且精度也不高，受主观因素影响大。现代侦察接收设备广泛应用微机进行控制和信号处理，将计算机技术和数字信号处理技术结合起来，实现对信号频率等多种技术参数的测量，不但易于实现，而且测量精度高、自动化程度好、实时性强，所以，其应用也越来越广泛。

1）占用带宽的测量

用基于 FFT 的谱线功率累计法能实现占用带宽估计。设 $X(k)$是信号 $x(t)$对应离散时间信号 $x(n)$进行 N 点 DFT 的结果，根据占用带宽的定义可以按以下两种情况进行带宽计算。

（1）已测量出信号频谱的中心频率 f_0

已知信号频谱的中心频率 f_0 或中心频率对应的位置序号（N_0，$N_0\Delta F=f_0$），且信号频谱以 $f=f_0$ 为对称轴呈现左右对称，则从 f_0（N_0）开始分别向频谱的高端和低端，按照式（15.12）依次将各频谱分量的功率相加，当功率之和达到信号总功率的 99%时（假设 $\beta/2=0.5\%$），记下高端和低端的频率位置序号 N_{H} 和 N_{L}，则信号的带宽用式（15.38）进行计算：

$$B=(N_H-H_L)\Delta F \tag{15.38}$$

式中，ΔF 定义为$\Delta F=F_s/N$。不难理解ΔF 为相邻谱线的频率间隔，也即频率分辨率。

容易看出，这种情况要求信号的频谱具有左右对称特性，而且中心频率恰为频率分辨率的整倍数。

（2）未测量出信号频谱的中心频率 f_0

在未测量出信号频谱中心频率的情况下，需要分别从频谱的高端和低端向频谱的中心频谱方向，依次将各频谱分量的功率相加，当相加功率之和为总功率的 1%时（β 取值同上），分别计算出两端的两个频率位置序号 N'_{H} 和 N'_{L}，则信号带宽为

$$B=(N'_{\mathrm{H}}-N'_{\mathrm{L}}-2)\Delta F \tag{15.39}$$

如果信号的频谱不具有左右对称特性，则 N'_{H} 代表从最高频率($F_s/2$)向直流分量进行各频率分量相加达到 $\beta/2$ 时频率的标号，而 N'_{L} 则代表从直流分量向 $F_s/2$ 方向进行功率叠加达到 $\beta/2$ 时频率的标号。

从上述两种占用带宽的计算方法可以看出，用基于数字信号处理的带宽测量方法，相对于目测测量精度要高很多，测量精度与ΔF 有关，ΔF 越小测量精度越高，小的ΔF 需要更大的采样点数 N 或更长的信号记录时间；而且由于是软件实现，当 β 需要选择不同的值时，调整比较方便。

2）xdB 带宽的测量

根据 xdB 带宽的定义知，带宽测量需要知道信号的功率谱密度，由式（15.13）可知功率谱密度 $P(\omega)=|X_N(\mathrm{e}^{\mathrm{j}\omega})|^2/N$，即需要预先知道离散时间信号的 DTFT 结果 $X_N(\mathrm{e}^{\mathrm{j}\omega})$。设 $X_N(\mathrm{e}^{\mathrm{j}\omega})$在 $\omega=\omega_{\mathrm{central}}$ 时模值取得最大值，在频率低于 $\omega_{\mathrm{central}}$ 的 $\omega=\omega_{\mathrm{L}}$ 处的幅度比最大模值小 xdB，在频率高于 $\omega_{\mathrm{central}}$ 的 $\omega=\omega_{\mathrm{H}}$ 处的幅度比最大模值小 xdB，即

$$x\mathrm{dB}=10\lg\frac{P(\omega_{\mathrm{central}})}{P(\omega_{\mathrm{L}})}=10\lg\frac{\left|X_N(\mathrm{e}^{\mathrm{j}\omega_{\mathrm{central}}})\right|^2/N}{\left|X_N(\mathrm{e}^{\mathrm{j}\omega_{\mathrm{L}}})\right|^2/N}=10\lg\frac{\left|X_N(\mathrm{e}^{\mathrm{j}\omega_{\mathrm{central}}})\right|^2}{\left|X_N(\mathrm{e}^{\mathrm{j}\omega_{\mathrm{L}}})\right|^2}=20\lg\frac{\left|X_N(\mathrm{e}^{\mathrm{j}\omega_{\mathrm{central}}})\right|}{\left|X_N(\mathrm{e}^{\mathrm{j}\omega_{\mathrm{L}}})\right|}\tag{15.40}$$

也就是说，$\omega_{\mathrm{central}}$、$\omega_{\mathrm{L}}$ 两个频率处的功率谱密度用分贝（dB）表示二者的大小比例关系时，结果与序列的长度 N 无关，且功率谱密度 $P(\omega)$的比较转换为谱密度 $X_N(\mathrm{e}^{\mathrm{j}\omega})$的比较。$\omega_{\mathrm{central}}$、$\omega_{\mathrm{H}}$ 两个频率处的功率谱密度遵循同样的规律。

已知 ω_{H} 和 ω_{L}，此时便能求得信号的 xdB 带宽为$\Delta\omega=\omega_{\mathrm{H}}-\omega_{\mathrm{L}}$。若用信号的 DFT 结果 $X_N(k)$表示其 DTFT 结果 $X_N(\mathrm{e}^{\mathrm{j}\omega})$，且 ω_{H} 对应的 k 值记为 N_{H}，ω_{L} 对应的 k 值记为 N_{L}，则 xdB 带宽可用式（15.38）进行计算。

3）等效噪声带宽的测量

根据等效噪声带宽的定义知，带宽测量需要知道信号的功率谱密度，在信号时间离散化后，功率谱密度 $P(\omega)=|X_N(\mathrm{e}^{\mathrm{j}\omega})|^2/N$。设 $X_N(\mathrm{e}^{\mathrm{j}\omega})$在 $\omega=\omega_{\mathrm{central}}$ 时模值取得最大值，结合式（15.13）和式（15.30）可得

$$B_{\mathrm{eq}}=\frac{\int_0^{\infty}|P(f)|^2\,\mathrm{d}f}{|P(f)|_{\max}^2}=\frac{\frac{1}{2\pi}\int_{-\pi}^{\pi}\left|X_N(\mathrm{e}^{\mathrm{j}\omega})\right|^2/N\,\mathrm{d}\omega}{\left|X_N(\mathrm{e}^{\mathrm{j}\omega_{\mathrm{central}}})\right|^2/N}=\frac{\frac{1}{2\pi}\int_{-\pi}^{\pi}\left|X_N(\mathrm{e}^{\mathrm{j}\omega})\right|^2\mathrm{d}\omega}{\left|X_N(\mathrm{e}^{\mathrm{j}\omega_{\mathrm{central}}})\right|^2}\tag{15.41}$$

若用 $X_N(k)$表示 $X_N(\mathrm{e}^{\mathrm{j}\omega})$，并假设 $X_N(\mathrm{e}^{\mathrm{j}\omega})$模值最大处 $\omega_{\mathrm{central}}$ 对应 $X_N(k)$的频率序号为 N_0，此时将式（15.41）与式（15.11）结合可得

$$B_{\mathrm{eq}}=\frac{\int_0^{\infty}|P(f)|^2\,\mathrm{d}f}{|P(f)|_{\max}^2}=\frac{\frac{1}{2\pi}\int_{-\pi}^{\pi}\left|X_N(\mathrm{e}^{\mathrm{j}\omega})\right|^2\mathrm{d}\omega}{\left|X_N(\mathrm{e}^{\mathrm{j}\omega_{\mathrm{central}}})\right|^2}=\frac{\frac{1}{N}\sum_{k=0}^{N-1}\left|X_N(k)\right|^2}{\left|X_N(N_0)\right|^2}\tag{15.42}$$

4）功率谱密度零点频率定义带宽的测量

由式（15.13）可知功率谱密度 $P(\omega)=|X_N(\mathrm{e}^{\mathrm{j}\omega})|^2/N$，功率谱密度 $P(\omega)$的零点也是谱密度 $X_N(\mathrm{e}^{\mathrm{j}\omega})$的零点。

若用 $X_N(k)$表示 $X_N(\mathrm{e}^{\mathrm{j}\omega})$，并假设 $X_N(\mathrm{e}^{\mathrm{j}\omega})$模值最大处 $\omega_{\mathrm{central}}$ 对应 $X_N(k)$的频率序号为 N_0，N_0 左侧第一个零点的位置在 N_{L} 处，N_0 右侧第一个零点的位置在 N_{H} 处，则通带信号用功率谱密度零点频率定义带宽可用式（15.38）进行计算。对于基带信号，若直流分量处的幅度最大，原点右侧第一个零点的位置在 N_{H} 处，则令 $N_{\mathrm{L}}=0$，带宽仍然可用式（15.38）进行计算。

4．信号频率的测量

通信信号的频率测量通常是指信号载波频率（习惯上简称载频）的测量，因为精准的载波估计是相干解调的基础，也是电台指纹识别的重要依据。

测量载频的方法有很多。在合作通信模式下，收信方基本了解发信方的通信模式，只是

不确定部分通信参数的精确值，这时的载频提取或测量可以分为数据辅助类估计和非数据辅助类估计。其中数据辅助类估计主要利用信号中的导频或者训练序列完成载频的估计或提取。在非数据辅助类估计中，基于锁相环的载波提取是一种常见方法。无论是数据辅助类估计还是非数据辅助类估计，在合作通信模式的前提下，载频估计相对简单，也基本上用模拟的方法实现。在通信对抗或频谱监测等非合作情况下，收信方对发信方的通信模式不了解，或者了解很少，无法对载频提取的时机和方法进行针对性设计，仅能使用一些通用方法，此时的载频估计可分为时域方法和频域方法，时域方法又可细分成过零监测法和瞬时频率平均法等；频域方法可细分为频率中心法、频谱重心法、周期图法、循环谱估计法等。非合作模式下载频估计的时域方法对噪声比较敏感，频域方法的抗噪性能较好，而且频域的这些方法基本上都以功率谱估计为基础，本案例【相关基础理论】中已经就功率谱估计进行了介绍，这里仅重点介绍频率中心法和频谱重心法。

1）频率中心法

频率中心法即直接以信号带宽的中心频率点作为载频，在带宽估计的同时估计出载频，该方法计算简单但精度较低，通常作为频偏粗估计值。显然这种方法用于频谱具有对称性的信号较为合适。对于大多数单载波通信信号而言，其信号载频和中心频率是一致的，如 AM（Amplitude Modulation）信号、ASK（Amplitude Shift Keying）信号等，即信号本身含有载频，且其载频也是它们的中心频率；而像 DSB（Double Sideband）信号、宽带调频信号、BPSK（Binary Phase-Shift Keying）信号等，虽然信号本身并不包含载频（或载频很小），但信号的中心频率与产生这些信号所用的载频是相等的，这种情况也认为载频与中心频率是一致的。频率中心法测量步骤主要分成两步：

（1）对模拟信号进行数字化得到数字序列 $x(n)$，DFT 后得到信号的数字化频谱。

为克服信号随机性带来的频谱波动，需要对多段序列的频谱进行平均。

（2）计算信号频谱的中心频率 f_0。

f_0 的计算可以用不同的方法实现，下面介绍两种方法。

方法之一：计算信号带宽的中心频率。

频谱对称的信号带宽的中心频率和信号频谱的中心频率是相等或非常接近的，于是，可以用信号带宽的中心频率近似代替信号频谱的中心频率 f_0。

假设根据前述占用带宽或 xdB 带宽的定义计算出信号频带低端边界频率的位置序号 N_L 和高端边界频率的位置序号 N_H，信号带宽中心频率的位置序号则为 $N_0=0.5(N_L+N_H)$。已知数字化频谱相邻谱线的间隔为 $\Delta F=F_s/N$，则信号带宽的中心频率为

$$f_0 = N_0\Delta F = \frac{N_0}{N}F_s \tag{15.43}$$

上述分析属于理想情况下的分析，对于实际通信信号而言，相邻谱线的间隔或频率分辨率受序列点数及采样频率的影响，导致频率分辨率不够高，高、低端边界的序号 N_H 和 N_L 不能准确对准所需的频率，因此利用该方法只能粗略地估测信号带宽和中心频率。

方法之二：利用谱峰位置计算频谱的中心频率。

如 AM 信号、2ASK 信号、2PSK 信号、窄带调频信号等，其信号频谱只有一个尖峰，并且尖峰对应的频率就是频谱的中心频率。对于这一类信号，可先找出谱峰的位置序号 N_0，再按式（15.43）计算出 f_0。

对于 2FSK 信号，它有两个谱峰，对应的位置序号分别为 N_1 和 N_2，频谱中心频率对应的位置序号为 $N_0=0.5(N_1+N_2)$，之后再按式（15.43）求出 f_0。

如果信号频谱包含多个谱峰（一般为偶数个谱峰），频谱中心频率的计算可以参照 2FSK 信号的方法进行处理。

由于在频域中，载频分量的谱线非常明显，对它的判别方法简单而有效。因此，利用信号谱峰计算 f_0 的方法，其计算结果误差较小，实际应用比较多。但这种方法不适用于在理论上不存在谱峰的信号。

2）频谱重心法

针对频谱不对称的通信信号，中心频率不在频谱的中间，在数学上可以像求物体的重心一样求解频谱的重心。频谱重心法或频谱质心法的定义如下：

$$f_0=\frac{\sum_{k=1}^{N/2}k\left|X(k)\right|^2}{\sum_{k=1}^{N/2}\left|X(k)\right|^2}\frac{F_s}{N} \tag{15.44}$$

式中，f_0 为载频 f_c 的估计值；$X(k)$表示接收信号数字化的结果 $x(n)$的离散傅里叶变换；N 为 DFT 的点数。这种方法的优点是算法简单易于实现，但是易受噪声影响，低信噪比下载频估计精度不足，且对于具有谱对称特性的信号的效果较好，如 AM、DSB、FSK、PSK 等，对于不具有频谱对称性的信号如 LSB、USB、VSB 等，该方法的载频估计精度会出现很大偏差。

上述 AM 信号、DSB 信号、ASK 信号、BPSK 信号和宽带调频信号等的共同特点是，在理论上它们的频谱是对称的，因此载频与中心频率一致。但是，像 SSB（Single Sideband）信号，由于产生 SSB 信号的载频是不随 SSB 信号发射的，虽然其频谱不具有对称性，但是频谱的中心频率仍然是存在的，所以 SSB 的载频与中心频率是不一致的。在实际测量中，各种信号的中心频率易于测量，但是载频却不一定，比如 SSB 信号。

【情境任务及步骤】

本案例中共设置了两个情境：“高斯脉冲型频谱带宽测量”和“有零点型频谱带宽测量”。情境一设置的目的是以高斯脉冲型频谱为依托，通过测量占用带宽、xdB 带宽和等效噪声带宽，理解相关概念，掌握几种带宽的测量方法；情境二设置的目的是帮助读者理解功率谱密度零点频率定义的带宽的概念，掌握其测量方法，理解带宽与数据速率之间的关系。

一、高斯脉冲型频谱带宽测量

1. 初识高斯脉冲波形

1）从时域看高斯脉冲

调用 gausswin 函数，生成高斯脉冲信号。高斯脉冲信号的波形受窗长度参数 N 以及与标准偏差有关的参数 α 的影响。

（1）设窗长 N_1=51 保持不变，α 分别取 0.5、2.5、25 三个值，生成的高斯脉冲信号分别记为 g11、g12 和 g13（程序形式），并在同一图 Figure 1 中画出这三个脉冲信号，同时用 legend 函数添加图例进行脉冲标记，用 title 函数给图添加图题。

（2）设窗长 N_2=1001 保持不变，α 分别取 0.5、2.5、25 三个值，生成的高斯脉冲信号分别记为g21、g22和g23，并在Figure 2中画出这三个脉冲信号，同时用legend函数添加图例进行脉冲标记。

分别对比Figure 1和Figure 2中的三个波形，总结高斯脉冲信号的形状与参数N、α的关系。

2）从频域看高斯脉冲

用自编的fft程序，或调用MATLAB软件中自带的fft程序完成对信号的傅里叶变换。

（1）对g11、g12和g13进行1024点的傅里叶变换，结果分别记为G11、G12、G13（程序形式），在Figure 3中画出G11、G12、G13的频谱幅度，横坐标轴的显示范围为0～511。

（2）利用fftshift函数对G11、G12、G13进行移位处理，并在Figure 4中画出三个脉冲的频谱幅度，横坐标轴的显示范围同上。

（3）对g21、g22和g23（程序形式）进行1024点的傅里叶变换，结果分别记为G21、G22、G23（程序形式），在Figure 5中画出G21、G22、G23的频谱幅度，横坐标轴的显示范围同上。

（4）利用fftshift函数对G21、G22、G23进行移位处理，并在Figure 6中画出三个脉冲的幅度，横坐标轴的显示范围同上。

对比Figure 1与Figure 4、Figure 2与Figure 6，进一步完善你对于高斯脉冲信号的形状与参数N、α关系的理解，总结高斯脉冲时域和频域的特点。

2．对高斯脉冲型频谱带宽进行测量

1）生成基带高斯脉冲信号

（1）设α=25，N=12α+1，在这样的参数设置下生成高斯脉冲信号，结果记为g（程序形式）。

（2）对g做1024点的傅里叶变换，结果分别记为G（程序形式），在Figure 7中画出G的幅度图。此时假定信号采样频率F_s=N Hz，即高斯脉冲信号是在1s内采样得到的，在频谱图中要体现出采样频率的约束作用，也就是说横坐标轴的显示范围为0～(N−1)/2。

2）生成通带高斯脉冲信号

（1）用g对初始相位为零、单位幅度、频率为25Hz的载波信号进行双边带（DSB）调制，结果记为x1（程序形式）；DSB调制初始相位为零、单位幅度、频率为50Hz的载波信号，结果记为x2（程序形式）；DSB调制初始相位为零、单位幅度、频率为75Hz的载波信号，结果记为x3（程序形式）。在Figure 8中画出x1、x2和x3三个信号的幅度谱。

（2）对x1、x2和x3做1024点的傅里叶变换，结果分别记为X1、X2和X3（程序形式）。

（3）在Figure 9中画出X1、X2和X3三个信号的幅度谱，横坐标轴的显示范围同Figure 7。

对比Figure 9、Figure 7和Figure 4，你有何发现？结合Figure 8，如何理解幅度调制的作用？

3）占用带宽的测量

（1）在Figure 10中单独画出X3的幅度谱。

（2）按照式（15.12）计算信号X3的总功率。

（3）设定β=5%，按照占用带宽的定义分别从计算出的最低频率和最高频率两端计算出β/2功率对应的序号，分别记为N_L和N_H，并计算中心频率对应的序号N_0。

（4）输出定义该信号占用带宽下边界频率值、上边界频率值和中心频率值。

（5）用 line 函数在 Figure 10 中标注出 N_L+1、N_H-1 的对应频率和中心频率的位置，其中中心频率用式（15.43）进行计算。

（6）如果步骤（2）～（4）中用谱密度平方和代替功率的计算，试比较计算的结果是否相同。

4）xdB 带宽的测量

（1）$x=-3$；

（2）对 $X(k)$取绝对值或取模值，并找出最大模值及其位置，将最大模值记为 MaxABS（程序形式），位置记为 N_0。其中可以用 abs、max、find 等函数实现。

（3）用所有的$|X(k)|$除以 MaxABS 实现归一化，并对商值取对数，结果记为 LogXK（程序形式）。

（4）在 Figure 11 中，纵坐标轴以对数形式画出用最大模值对 X3 进行归一化的幅度谱。

（5）查找 LogXK 中幅度为 xdB 的频率点的位置，位于 N_0 左侧的记为 N_L，位于右侧的记为 N_H。

（6）输出定义该信号 xdB 带宽的下边界频率值、上边界频率值和中心频率值，以及带宽的值。

（7）用 line 函数在 Figure 11 中标注出 N_L、N_H 对应频率和中心频率的位置。

（8）将 x 改为−26，重复步骤（5）～（7），并将此时 N_L、N_H 对应的频率标注在 Figure 10 中。

5）等效噪声带宽的测量

（1）根据式（15.30），先要计算出信号 X3 的总功率 P，而后再除以功率谱密度的最大值，结果记为 B_{ENBW}。

对于离散时间信号 X3 而言，总功率可以根据式（15.15）进行计算，功率谱密度的最大值 $P(f)_{max}$ 可以用$|X_N(k)|^2/N$ 代替。

（2）在 Figure 12 中画出 X3 的功率谱密度图。

（3）在 Figure 12 中以 $P(f)_{max}$ 所在位置为矩形中心、$P(f)_{max}$ 为矩形的高、B_{ENBW} 为矩形的宽，矩形与功率谱密度中心对称轴重合，画出矩形。

二、有零点型频谱带宽测量

1．二进制基带信号带宽的测量

1）设置参数

设数据的波特率 RB（程序形式）为 100，每个数据脉冲采样的点数 Nsamp（程序形式）为 20，数据串的长度 ND=500（程序形式），0 和 1 均匀分布。

2）生成二进制数据串

二进制数据串或二进制码流长度为 ND，结果用 xd2（程序形式）表示。数据串中的数据可以用 rand、randi、randsrc 等函数生成，这里要求用 randsrc 函数生成，并指定 0 和 1 的概率相同。

3）生成基带信号

（1）二进制数据串通过内插的形式转换为基带信号，结果用 xxd2（程序形式）表示。

这里假设基带信号采用单极性全占空比的矩形表示二进制码流，高电平 1 表示数据“1”，低电平 0 表示数据“0”。用矩形脉冲实现数据内插时可以用函数 rectpulse 实现。

（2）画出基带信号波形

在 Figure 1 中画出基带信号波形，横坐标轴为时间，并通过 axis 函数只显示 10 位数据的基带数据波形。

4）分析基带信号频谱

（1）对基带信号 xxd2 进行 DFT，结果记为 XXD2（程序形式）。

（2）画出基带信号的频谱。

在 Figure 2 中画出基带信号的频谱，横坐标轴为频率，单位是 Hz，显示范围为-Fs/2～Fs/2，其中 Fs（程序形式）的数值根据波特率和单个数据脉冲内的采样点数自行确定。为更好地显示基带信号的频谱，可以使用 fftshift 函数。

（3）根据频谱图确定基带信号的带宽 B，并分析带宽 B 与 RB 的关系。

根据功率谱密度零点频率定义的带宽含义确定该基带信号的带宽，并分析带宽 B 与波特率 RB 之间的关系。

5）改变数据流中 0 和 1 的分布重新进行测量

将步骤（2）中生成二进制数据串中的 0 和 1 等概率分布改为非等概率分布，比如 1 的概率为 3/4，0 的概率改为 1/4，重复步骤（2）～（4），并观察由此带来的变化。

2．多进制基带信号带宽的测量

将“1. 二进制基带信号带宽的测量”中步骤（2）生成的二进制数据串，改为 M 进制数据串，这里假定 $M=4$，之后重复二进制基带信号带宽的测量中的步骤（2）～（5），重新进行模拟仿真实验。通过二进制基带信号和四进制基带信号的频谱图比较，总结与基带信号的带宽有关的因素。

【思考题】

（1）单边功率谱和双边功率谱有何区别？在高斯脉冲型频谱带宽测量情境的占用带宽测量中，若用单边谱功率密度进行测量，应如何才能实现？

（2）波特率和比特率有何关系？其中哪种速率影响信号的带宽？

（3）计算信号功率的方法有哪些？

（4）在基于 DFT 的带宽和中心频率的测量中，如何提高精度？

【总结报告要求】

（1）在情境任务总结报告中，原理部分要简要描述几种带宽的定义及测量方法，书写情境任务时可适当进行归纳和总结，但至少要列出【情境任务及步骤】中相关内容的各级标题。

（2）程序清单除在报告中出现外，还必须以独立的.m 文件形式单独提交。两个情境要分别编制程序，程序清单要求至少按程序块进行注释。

（3）效果图附于相应的情境任务下。

（4）归纳完成情境任务过程中运用的 MATLAB 软件中的新函数，总结在报告中。

（5）简要回答【思考题】中的问题。

（6）报告中还可包括完成本案例的个人心得、对本案例设置的建议等。

【参考程序】

案例十六——BPSK的误码率曲线是这样仿出来的

【案例设置目的】

通过实验了解脉冲成形的基本概念与方法；掌握信号带宽（第一零点之间的宽度）与数据速率之间的关系；掌握基带信号频谱与通带信号频谱之间的关系；理解描述信号与噪声关系的几种形式之间的联系；了解 BPSK 进行数据传输的机理及抗噪声性能，了解瀑布曲线的画法。

【相关基础理论】

1．**BPSK 的调制与解调**

在数字调制中，二进制数字基带信号使得载波的相位随之变化，便产生了二进制相移键控（2PSK）信号。2PSK 分为绝对相移的 BPSK 和相对相移的 DBPSK，两者的调制、解调原理基本相同，只是后者在调制载波前要进行差分编码。下面以 BPSK 为例介绍二进制相移键控的调制、解调原理。

BPSK 中通常以一个固定初相的未调载波为参考，比如已调信号与未调载波同相（相位相差 0°）表示二进制基带信号的 0 电平，反相（相位相差 180°）表示基带信号的 1 电平，因此 BPSK 信号可以表示为

$$s(t)=\cos\left[2\pi f_c t+\pi\sum_n d_n g(t-nT_b)\right] \tag{16.1}$$

式中，d_n 为单极性二进制数据，即 d_n=0 或 1；$g(t)$是脉冲宽度为 T_b、高度为 1 的矩形脉冲，T_b 与数据速率 R_b 的关系为 $T_b=1/R_b$；f_c 为载波的频率。

若二进制数据用双极性数据表示，式（16.1）也可以改写为

$$s(t)=\left[\sum_n a_n g(t-nT_b)\right]\cos(\Omega_c t) \tag{16.2}$$

式中，$\Omega_c=2\pi f_c$；a_n 为双极性数据，a_n 和 d_n 的关系可以描述为

$$a_n=1-2d_n 或 a_n=2d_n-1 \tag{16.3}$$

$\sum_n d_n g(t-nT_b)$ 或 $\sum_n a_n g(t-nT_b)$ 便是调制载波的基带数据波形。

BPSK 通常采用相干解调，即接收端恢复的载波与发送端所用载波同频、同相。假设传输信道没有噪声和衰减，则有

$$r(t)=s(t) \tag{16.4}$$

接收信号 $r(t)$与载波相乘可得

$$
\begin{aligned}
r(t)\cdot\cos(\Omega_c t) &= \left[\sum_n a_n g(t-nT_b)\right]\cos^2(\Omega_c t) \\
&= \left[\sum_n a_n g(t-nT_b)\right]\frac{1+\cos(2\Omega_c t)}{2} \\
&= \frac{1}{2}\left[\sum_n a_n g(t-nT_b)\right]+\frac{\cos(2\Omega_c t)}{2}\left[\sum_n a_n g(t-nT_b)\right]
\end{aligned}
\tag{16.5}
$$

由于基带数据的能量主要集中在低频段，而 f_c 一般都很大，因此通过一个低通滤波器就可以滤除式（16.5）最后一行的第二项，从而恢复出基带数据。

2．噪声描述

信号在加性高斯白噪声信道上传输时，可以用多种形式描述噪声的强弱，如 E_b/N_0（比特能量噪声功率谱密度比）、E_s/N_0（符号能量噪声功率谱密度比）、SNR（信号功率噪声功率比）等。这三种形式存在如下关系：

$$
E_s/N_0(\text{dB}) = E_b/N_0(\text{dB}) + 10\lg k \tag{16.6}
$$

式中，k 表示每个符号包含的比特数，对于 BPSK 信号而言，k=1，对于 8PSK 而言，k=3；E_s 和 E_b 分别是符号能量和比特能量，单位是焦耳；N_0 表示噪声功率谱密度大小，单位是 Watts/Hz。

当信道输入为复信号时，有

$$
\begin{aligned}
E_s/N_0(\text{dB}) &= 10\lg\frac{ST_{\text{sym}}}{N/B_n} \\
&= 10\lg\left(\frac{S}{N}T_{\text{sym}}B_n\right) \\
&= 10\lg\left(\frac{S}{N}T_{\text{sym}}F_s\right) \\
&= 10\lg\frac{T_{\text{sym}}}{T_{\text{samp}}} + 10\lg\frac{S}{N} \\
&= 10\lg(N_{\text{samp}}) + S/N(\text{dB})
\end{aligned}
\tag{16.7}
$$

式中，S 表示输入信号功率，单位为瓦；N 表示噪声功率，单位为瓦；T_{sym} 表示每个符号的持续时间；T_{samp} 表示采样间隔，$T_{\text{samp}}=1/F_s$（F_s 为采样频率）；N_{samp} 表示单个符号内采样点个数；B_n 表示噪声带宽，对于白噪声而言，占满整个频带，由于复信号频谱不关于纵坐标轴偶对称，采样时采样频率为信号带宽，而非带宽的两倍，因此 $B_n=F_s$。

当输入为实信号时，式（16.7）改写为

$$
E_s/N_0(\text{dB}) = 10\lg(0.5N_{\text{samp}}) + S/N(\text{dB}) \tag{16.8}
$$

这是因为对实信号而言，噪声的带宽为 $F_s/2$，或者说实噪声信号的功率谱密度为 $N_0/2$ Watts/Hz，而复噪声的功率谱密度为 N_0 Watts/Hz。

若已知信号功率 S、每个符号的持续时间 T_{sym} 和采样间隔 T_{samp}，给定 E_s/N_0(dB)下复噪声的功率可以表示为

$$
N = \frac{ST_{\text{sym}}}{T_{\text{samp}}10^{\frac{E_s/N_0(\text{dB})}{10}}} = \frac{SN_{\text{samp}}}{10^{\frac{E_s/N_0(\text{dB})}{10}}} \tag{16.9}
$$

实噪声的功率可以表示为

$$N = \frac{ST_{\text{sym}}}{T_{\text{samp}} 10^{\frac{E_s/N_0(\text{dB})}{10}}} = \frac{0.5SN_{\text{samp}}}{10^{\frac{E_s/N_0(\text{dB})}{10}}} \tag{16.10}$$

在加性高斯白噪声信道上，BPSK 信号的误比特率可用如下公式计算：

$$P_b = Q\left(\sqrt{\frac{2E_b}{N_0}}\right)$$

或者

$$P_b = \frac{1}{2}\text{erfc}\left(\sqrt{\frac{2E_b}{N_0}}\right) \tag{16.11}$$

式中，$\text{erfc}(x) = \frac{2}{\sqrt{\pi}}\int_x^{\infty} \text{e}^{-t^2}\text{d}t$。

【情境任务及步骤】

基于 BPSK 的原理、序列的基本运算方法和频谱分析的相关理论，设置了两个情境：“初识二进制数字基带信号”和“BPSK 的误码率仿真”。前者设置的目的是基于 BPSK 信号的生成原理创设数字信号处理在基带数据中的应用环境；后者设置的目的是使读者了解仿真的思想、掌握序列运算的应用。

一、初识二进制数字基带信号

1．生成单极性二进制数据

设数据速率 R_b=10bit/s，d_n 表示 5s 时间（tend=5s）产生的单极性二进制数据序列。

MATLAB 软件提供了二进制随机序列的生成函数 randi，具体调用方法可以通过 Help 文件进行学习。

2．生成双极性二进制数据

根据式（16.3）将单极性二进制数据序列 d_n 变换为双极性二进制数据序列 a_n。

这里要求通过序列运算将单极性二进制数据变换为双极性二进制数据。MATLAB 软件提供的函数 randsrc 可以直接生成双极性二进制随机序列，具体调用方法可以通过 Help 文件进行学习。

3．生成二进制基带信号

（1）对单极性二进制数据序列 d_n 进行脉冲成形或内插，将单个的数据样点变换成持续时间为 T_b 的矩形脉冲，数据序列变换为脉冲串，结果记为 d_t。

设采样频率为 F_s，则将在 T_b=1/R_b 时间内采的样点个数记为 N_{samp}，这里假设 N_{samp}=10，易知 F_s=$T_b N_{\text{samp}}$。若内插采用零阶保持器的原理实现，插值滤波器可设置为 gn=$R_{\text{Nsamp}}(n)$。

MATLAB 软件提供的内插函数为 upfirdn，具体调用方法可以通过 Help 文件进行学习。

（2）创建图形窗口 Figure 1，并将其自上而下分成两个子图，上面的子图用 stem 函数画出 d_n，下面的子图用 plot 函数画出 d_t。两子图横坐标轴均只显示 10 个 T_b 的数据。

（3）用同样的方法对双极性二进制数据序列 a_n 进行脉冲成形，结果记为 a_t，并在 Figure 2 中进行显示。

4．双极性二进制基带信号的频谱特性

（1）调用 fft 函数对脉冲成形后的基带信号 d_t 进行频谱分析，结果记为 DT（程序形式）。

（2）创建图形窗口 Figure 3，显示 DT 的幅频特性图。要求横坐标轴的显示范围为 $-F_s/2$～$F_s/2$，并加注图题。

（3）在 Figure 3 中确认主瓣和旁瓣的位置及宽度。通过改变 R_b 的取值重复执行程序，探寻主瓣宽度和 R_b 的关系，并写在情境任务总结报告中。

二、BPSK 的误码率仿真

1．BPSK 信号生成

（1）幅度取为 1，载频 $f_c=2R_b$，采样频率为 F_s，持续时间为 tend=5s，生成载波信号，并记为 c_t。

（2）将序列 d_t 和 c_t 进行序列乘法，得到已调信号 s_t。

2．已调信号频谱特征

（1）调用 fft 函数对 BPSK 信号 s_t 进行频谱分析，结果记为 ST（程序形式）。

（2）创建图形窗口 Figure 4，显示 ST 的幅频特性图。要求横坐标轴的显示范围为 0～$F_s/2$，并加注图题。

（3）对比 Figure 3 和 Figure 4，总结 BPSK 信号与基带信号的频谱关系，并写在情境任务总结报告中。

3．BPSK 误码率测试

通过按照信噪比加入高斯白噪声的方式，模拟 BPSK 信号通过高斯信道，并与 BPSK 的理论误码率进行对比。噪声相对强度等级测试点分别选取在 Eb_N0db=0,2,4,6,8,10（程序形式）处。

为仿真出上述各点的误码率，又避免运算量过大导致存储器溢出，将 tend 设置为 50000，并将上述所有计算 fft 函数和相关画图的部分注释掉（选中相应语句所在行，右键选择“comment”选项）。

1）确立比较基准

根据式（16.11）确定 BPSK 在 Eb_N0db 各点上的理论误码率 ber0（程序形式），并画出 ber0-Eb_N0db（程序形式）的瀑布曲线。

MATLAB 软件提供的函数为 berawgn 和 semilogy，可以通过 Help 文件学习函数的调用语法。

2）仿真 BPSK 误码性能

（1）计算 BPSK 信号功率 S。

计算出信号 st（程序形式）的能量 E，$S=E/(\text{tend}\times F_s)$。

（2）计算 Eb_N0db 对应的噪声功率。

根据式（16.10）算出各 Eb_N0db 取值情况下的噪声功率 N_i。

（3）生成对应噪声功率的高斯噪声。

调用 MATLAB 软件中的函数 randn，生成以 sqrt(Ni)（程序形式）为偏差或功率为 Ni（程序形式）的噪声 nt（程序形式）。相关函数的调用方法可以通过 Help 文件进行学习。

（4）对信号加噪。

用 rt（程序形式）模拟接收到的信号，rt=st+nt。

（5）解调信号恢复数据。

根据式（16.5）对 rt 进行解调。

① rt 与载波相乘的结果记为 yt（程序形式），低通滤波器由积分器担任。MATLAB 软件提供的函数为 intdump，可以通过 Help 文件学习函数的调用语法。调用函数 intdump 后的结果记为 ra（程序形式）。

② 按照 ra 取值的正负进行判决，取正值时判为 1，取负值时判为 0，判决后的序列记为 ran（程序形式）。

（6）计算误码率。

比较 ran 与 dn（程序形式）中不同元素的个数，即误比特数，计算误比特率，并存入 ber1（程序形式）中。

3）PK 理论值

将 Eb_N0db=0,2,4,6,8,10 所对应的误码率矩阵 ber1 与 ber0（程序形式）进行比较，并在图中显示。

要求两次的瀑布曲线画在一个图中，并使用不同颜色和线型表示。

【思考题】

（1）数字基带数据如何产生？

（2）若是对数据进行了信道编码，如卷积码，仿真误码率时应注意哪些问题？

（3）从 BPSK 信号如何判断基带信号的数据速率？

（4）仿真误码率曲线在曲线末端出现偏离的原因是什么？

【总结报告要求】

（1）在情境任务总结报告中，原理部分要简要描述 BPSK 的调制/解调原理、各种噪声强弱的描述关系，书写情境任务时可适当进行归纳和总结，但至少要列出【情境任务及步骤】中相关内容的各级标题。

（2）情境任务的程序清单除在报告中出现外，还必须以独立的.m 文件形式单独提交。两个情境要分别编制程序，程序清单要求至少按程序块进行注释。

（3）效果图附于相应的情境任务下。

（4）在 MATLAB 软件中的 Help 文件中查找函数 awgn，并将该函数的说明和应用举例翻译成中文写在情境任务总结报告中。

（5）简要回答【思考题】中的问题。

（6）报告中还可包括完成本案例的个人心得、对本案例设置的建议等。

【参考程序】

案例十七——复信号有如此妙用之希尔伯特变换

【案例设置目的】

通过实验了解解析信号的构造方法以及解析信号在时频分析、包络解调、单边带调制等场合的应用，理解实信号和复信号的频谱特性。

【相关基础理论】

自然界中的信号都是实的，但是当我们用其原生态的方式表示信号时，有时会遇到很大的麻烦。比如，实信号没有相位信息，所以无法根据实信号本身确定瞬时频率；再比如，根据傅里叶变换的性质，实信号的幅频特性是频率的偶函数，因此用对实信号进行傅里叶变换的方式确定的能量谱密度的中心始终处于零处，这是典型的佯谬。导致实信号特征在物理解释上困难的原因是其原生态的表示方式有时并不恰当。

希尔伯特变换使得实值信号有了解析信号（复信号）表示形式，且保留了时间信息，利用复信号的极坐标表示可以得出相角与时间的关系或频率与时间的关系，从而实现信号的时频分析。抛弃负的频率分量后使得信号的某些属性更好用，便于调制、解调技术实现，特别是诸如单边带调制等的实现。

1．解析信号及连续希尔伯特变换

设 $x(n)$为实信号，由 DTFT 定义和欧拉公式可知：

$$\begin{aligned} X(\mathrm{e}^{\mathrm{j}\omega}) &= \sum_{n=-\infty}^{\infty} x(n)\mathrm{e}^{-\mathrm{j}\omega n} = \sum_{n=-\infty}^{\infty} x(n)\left[\cos(\omega n) + \mathrm{j}\sin(\omega n)\right] \\ &= \sum_{n=-\infty}^{\infty} x(n)\cos(\omega n) + \mathrm{j}\sum_{n=-\infty}^{\infty} x(n)\sin(\omega n) \end{aligned} \tag{17.1}$$

若按照数字角频率 ω 的取值进行划分，$X(\mathrm{e}^{\mathrm{j}\omega})$可以划分成三段：

$$X(\mathrm{e}^{\mathrm{j}\omega}) = \begin{cases} \sum\limits_{n=-\infty}^{\infty} x(n), & \omega = 0 \\ \sum\limits_{n=-\infty}^{\infty} x(n)\cos(\omega n) + \mathrm{j}\sum\limits_{n=-\infty}^{\infty} x(n)\sin(\omega n), & \omega > 0 \\ \sum\limits_{n=-\infty}^{\infty} x(n)\cos(|\omega| n) - \mathrm{j}\sum\limits_{n=-\infty}^{\infty} x(n)\sin(|\omega| n), & \omega < 0 \end{cases} \tag{17.2}$$

仔细观察 ω 取大于 0 和小于 0 的部分，不难理解 $X(\mathrm{e}^{\mathrm{j}\omega})$在 ω 取大于 0 和小于 0 的两部分是共轭关系，因此模值相同，所以实序列 $x(n)$的频谱是关于 ω=0 偶对称的。从信息有效性的角度或频谱资源的效率看，对于呈现对称的图形，在已知对称的前提下，只保留对称轴左侧或右侧的任一部分，便能构造出整个对称图形的全貌，而无须两个都同时保留。

若对 $X(\mathrm{e}^{\mathrm{j}\omega})$的三段做如下处理：在 $\omega>0$ 时乘以$-$j，在 $\omega<0$ 时乘以 j，并将处理后的结果记为 $X'(\mathrm{e}^{\mathrm{j}\omega})$，$\omega$=0 时乘以 0，即

$$X'(\mathrm{e}^{\mathrm{j}\omega})=\begin{cases}0, & \omega=0\\ -\mathrm{j}\sum_{n=-\infty}^{\infty}x(n)\cos(\omega n)+\sum_{n=-\infty}^{\infty}x(n)\sin(\omega n), & \omega>0\\ \mathrm{j}\sum_{n=-\infty}^{\infty}x(n)\cos(|\omega|n)+\sum_{n=-\infty}^{\infty}x(n)\sin(|\omega|n), & \omega<0\end{cases} \tag{17.3}$$

将实序列 $x(n)$的 DTFT 结果 $X(\mathrm{e}^{\mathrm{j}\omega})$与 $X'(\mathrm{e}^{\mathrm{j}\omega})$进行如下的线性组合，不难发现组合的结果在 $\omega<0$ 时变成了 0，在 $\omega\geqslant 0$ 时 $X(\mathrm{e}^{\mathrm{j}\omega})$的幅度加倍。从图形的角度看，$|X(\mathrm{e}^{\mathrm{j}\omega})|$关于 $\omega=0$ 偶对称，而$|X(\mathrm{e}^{\mathrm{j}\omega})+\mathrm{j}X'(\mathrm{e}^{\mathrm{j}\omega})|$是非对称图形，非零部分或非负频率处的幅度是$|X(\mathrm{e}^{\mathrm{j}\omega})|$的两倍。

$$\begin{aligned}&X(\mathrm{e}^{\mathrm{j}\omega})+\mathrm{j}X'(\mathrm{e}^{\mathrm{j}\omega})\\&=\begin{cases}\sum_{n=-\infty}^{\infty}x(n), & \omega=0\\ \sum_{n=-\infty}^{\infty}x(n)\cos(\omega n)+\mathrm{j}\sum_{n=-\infty}^{\infty}x(n)\sin(\omega n), & \omega>0\\ \sum_{n=-\infty}^{\infty}x(n)\cos(|\omega|n)-\mathrm{j}\sum_{n=-\infty}^{\infty}x(n)\sin(|\omega|n), & \omega<0\end{cases}+\begin{cases}0, & \omega=0\\ \sum_{n=-\infty}^{\infty}x(n)\cos(\omega n)+\mathrm{j}\sum_{n=-\infty}^{\infty}x(n)\sin(\omega n), & \omega>0\\ -\sum_{n=-\infty}^{\infty}x(n)\cos(|\omega|n)+\mathrm{j}\sum_{n=-\infty}^{\infty}x(n)\sin(|\omega|n), & \omega<0\end{cases}\\&=\begin{cases}\sum_{n=-\infty}^{\infty}x(n), & \omega=0\\ 2\left[\sum_{n=-\infty}^{\infty}x(n)\cos(\omega n)+\mathrm{j}\sum_{n=-\infty}^{\infty}x(n)\sin(\omega n)\right], & \omega>0\\ 0, & \omega<0\end{cases}\end{aligned} \tag{17.4}$$

综上，对实序列 $x(n)$的 DTFT 结果 $X(\mathrm{e}^{\mathrm{j}\omega})$进行分段处理，之后将处理后的结果与 $X(\mathrm{e}^{\mathrm{j}\omega})$进行线性组合可以得到只包含 $X(\mathrm{e}^{\mathrm{j}\omega})$非负频率的结果（其中的 2 倍可以通过乘以 1/2 或增益控制变成幅度保持不变），从而提高频谱资源效率，这种思想便是希尔伯特变换（Hilbert Transform）的思想。希尔伯特变换的时域如何实现，下面将进行介绍。

设 $x_r(t)$是一个实信号，其傅里叶变换［连续时间傅里叶变换（CTFT）］为 $X_r(\mathrm{j}f)$，则可构造仅包含 $X(\mathrm{j}f)$非负频率分量的函数 $X_a(\mathrm{j}f)$

$$X_a(\mathrm{j}f)=\begin{cases}2X_r(\mathrm{j}f), & f>0\\ X_r(\mathrm{j}f), & f=0\\ 0, & f<0\end{cases}=X_r(\mathrm{j}f)+X_r(\mathrm{j}f)\mathrm{sgn}(f) \tag{17.5}$$

式中，$\mathrm{sgn}(f)$为符号函数，$f<0$ 时，$\mathrm{sgn}(f)=-1$，$f=0$ 时，$\mathrm{sgn}(f)=0$，$f>0$ 时，$\mathrm{sgn}(f)=1$。

只保留了 $X_r(\mathrm{j}f)$非负频率分量的 $X_a(\mathrm{j}f)$对应的时域信号与 $x_r(t)$有什么关系呢？将 $X_a(\mathrm{j}f)$进行傅里叶逆变换得到的时域信号记为 $x_a(t)$，即

$$\begin{aligned}x_a(t)&=\mathrm{FT}^{-1}\left[X_r(\mathrm{j}f)+X_r(\mathrm{j}f)\mathrm{sgn}(f)\right]\\&=\mathrm{FT}^{-1}\left[X_r(\mathrm{j}f)\right]+\mathrm{FT}^{-1}\left[X_r(\mathrm{j}f)\mathrm{sgn}(f)\right]\\&=\mathrm{FT}^{-1}\left[X_r(\mathrm{j}f)\right]+\mathrm{FT}^{-1}\left[X_r(\mathrm{j}f)\right]*\mathrm{FT}^{-1}\left[\mathrm{sgn}(f)\right]\end{aligned} \tag{17.6}$$

$$
\begin{aligned}
x_a(t) &= x_r(t) + \mathrm{j}\left[x_r(t) * \frac{1}{\pi t}\right] \\
&= x_r(t) + \mathrm{j}x_i(t)
\end{aligned} \tag{17.7}
$$

式中，符号“*”表示线性卷积。

由式（17.7）可以看出，$X_a(\mathrm{j}f)$对应的时域信号 $x_a(t)$是个复信号，且实部就是原来的实信号 $x_r(t)$，而虚部也与 $x_r(t)$密切相关。由于 $x_a(t)$的傅里叶变换仅包含了 $X_r(\mathrm{j}f)$非负频率分量，没有负频率分量，因此 $x_a(t)$称作 $x_r(t)$的解析信号。

若定义 $h_a(t)$为

$$h_a(t) - \delta(t) + \mathrm{j}h(t) \tag{17.8}$$

$$h(t) = \frac{1}{\pi t} \tag{17.9}$$

则解析信号 $x_a(t)$可以看成实信号 $x_a(t)$与 $h_a(t)$卷积的结果，其中式（17.7）中的 $x_i(t)$是实值信号 $x_r(t)$的希尔伯特变换结果。实值信号 $x_r(t)$ 希尔伯特变换定义如下：

$$
\begin{aligned}
x_i(t) &= \mathrm{HT}\left[x_r(t)\right] = \left[x_r(t) * \frac{1}{\pi t}\right] \\
&= \frac{1}{\pi}\int_{-\infty}^{\infty} \frac{x_r(\tau)}{t-\tau}\mathrm{d}\tau = \frac{1}{\pi}\int_{-\infty}^{\infty} x_r(\tau)h(t-\tau)\mathrm{d}\tau
\end{aligned} \tag{17.10}
$$

结合式（17.7）和式（17.8），构造实值信号对应解析信号的过程如图 17.1 所示。

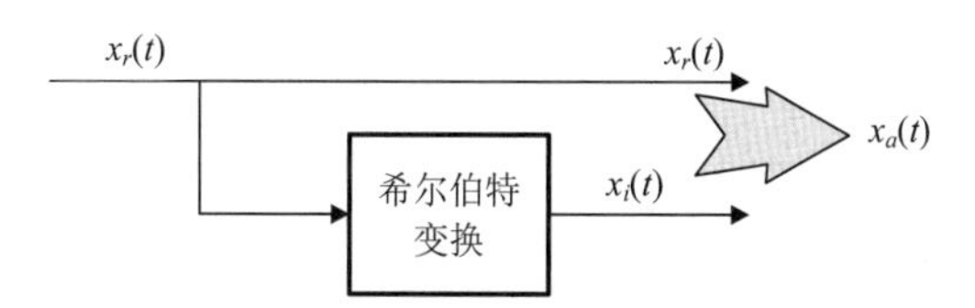

图 17.1 构造实值信号对应解析信号的过程

对式（17.9）求希尔伯特变换核函数或单位冲激响应的傅里叶变换得到传递函数，即

$$H(\mathrm{j}f) = -\mathrm{j}\operatorname{sgn}(f) = \begin{cases} -\mathrm{j}, & f > 0 \\ 0, & f = 0 \\ \mathrm{j}, & f > 0 \end{cases} \tag{17.11}$$

进而可知，解析信号 $x_a(t)$的实部 $x_r(t)$的傅里叶变换 $X_r(\mathrm{j}f)$与其虚部 $x_i(t)$的傅里叶变换 $X_i(\mathrm{j}f)$之间存在如下关系：

$$X_i(\mathrm{j}f) = X_r(\mathrm{j}f)H(\mathrm{j}f) = -\mathrm{j}\operatorname{sgn}(f)X_r(\mathrm{j}f) \tag{17.12}$$

从意义上讲，希尔伯特变换可以看成 90°的移相器。如实信号 $x_r(t)=\cos(2\pi ft)$，其希尔伯特变换的结果为 $x_i(t)=\sin(2\pi ft)$，相应的解析信号为 $x_a(t)=x_r(t)+\mathrm{j}x_i(t)=\cos(2\pi ft)+\mathrm{j}\sin(2\pi ft)=\mathrm{e}^{\mathrm{j}2\pi ft}$，信号的频谱由实信号的双边对称谱变成了复信号的单边谱，且仅有非负分量。

另外，从 $X_r(\mathrm{j}f)$到 $X_a(\mathrm{j}f)$的关系是可逆的，即

$$X_r(\mathrm{j}f)=\begin{cases}\dfrac{1}{2}X_a(\mathrm{j}f), & f>0\\ X_a(\mathrm{j}f), & f=0\\ \dfrac{1}{2}X_a(-\mathrm{j}f)^*, & f<0\end{cases}=\frac{1}{2}[X_a(\mathrm{j}f)+X_a(-\mathrm{j}f)^*] \tag{17.13}$$

式中，$X_a(-\mathrm{j}f)^*$表示$X_a(\mathrm{j}f)$的复共轭。

2．离散希尔伯特变换及其计算

离散希尔伯特核函数的传递函数定义为

$$H(\mathrm{e}^{\mathrm{j}\omega})=-\mathrm{j}\,\mathrm{sgn}(\omega)=\begin{cases}-\mathrm{j}，& 0<\omega<\pi\\ 0, & \omega=0\\ \mathrm{j}， & -\pi<\omega<0\end{cases} \tag{17.14}$$

计算其离散傅里叶反变换得

$$\begin{aligned}h(n)&=\frac{1}{2\pi}\int_{-\pi}^{\pi}H(\mathrm{j}\omega)\mathrm{e}^{\mathrm{j}\omega n}\mathrm{d}\omega\\ &=\begin{cases}\dfrac{2}{\pi}\dfrac{\sin^2(\pi n/2)}{n}, & n\neq 0\\ 0, & n=0\end{cases}\end{aligned} \tag{17.15}$$

希尔伯特变换核函数（单位脉冲响应）如图 17.2 所示。

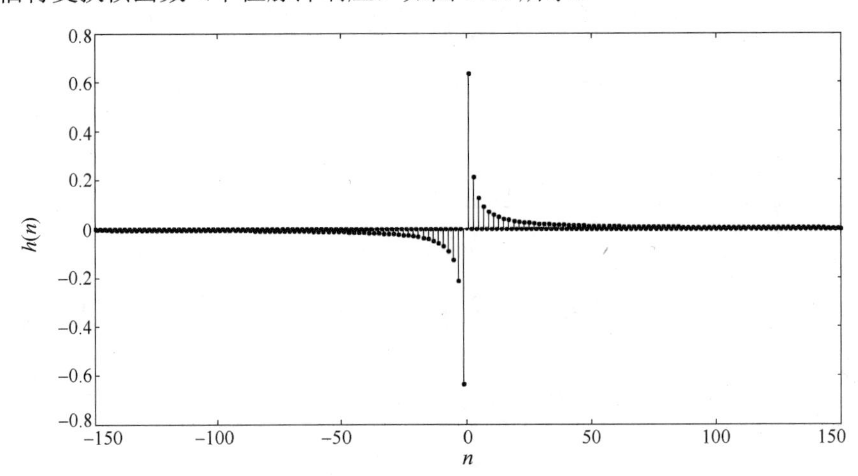

图 17.2　希尔伯特变换核函数（单位脉冲响应）

结合式（17.15）和图 17.2 容易看出，离散希尔伯特变换的单位采样响应 $h(n)$为无穷长序列，满足奇对称特性，而且 $h(n)$ 幅度的绝对值随着 n 对原点的远离而单调减小。

希尔伯特变换的原理很容易理解，但是希尔伯特变换的计算却并不简单，离散希尔伯特变换通常有两种计算方法：一种是基于 FIR 的方法；另一种是基于 FFT 的方法。基于 FIR 的方法充分利用了 $h(n)$的幅度随 n 的绝对值的增大而减小的特点，因此可以将 $h(n)$用一个 FIR 系统来近似，加之 $h(n)$具有奇对称的特点，因此可以使用具有线性相位 FIR 系统的结构高效实现。基于 FFT 的离散希尔伯特变换的计算则充分利用了解析信号的构造原理，先是计算实序列 $x_r(n)$的 FFT，接着将 FFT 结果中$-\pi<\omega<0$ 的分量置零，再进行 IFFT，最后取其虚部即可。上述两种方法，不管哪种都存在近似。

3．基于希尔伯特变换的信号瞬时幅度和瞬时频率分析

式（17.7）表明解析信号 $x_a(t)$由实部和虚部两部分组成，若将其表示为极坐标形式就可以得到信号的幅度和瞬时角度信息，即

$$x_a(t) = |A(t)| \mathrm{e}^{\mathrm{j}\theta(t)} \tag{17.16}$$

其中，瞬时幅度或极径$|A(t)|$和瞬时相位或角度$\theta(t)$分别定义为

$$|A(t)| = \sqrt{x_r^2(t) + x_i^2(t)} \tag{17.17}$$

$$\theta(t) = a\tan\left[\frac{x_i(t)}{x_r(t)}\right] \tag{17.18}$$

角度 $\theta(t)$相对时间的变化率，为解析信号的瞬时频率，即

$$f(t) = \frac{1}{2\pi}\frac{\mathrm{d}\theta(t)}{\mathrm{d}t} \tag{17.19}$$

解析信号 $x_a(t)$ 的频谱特性与实值信号 $x_r(t)$ 在正频率段的分布特性完全相同，在时域上比实值信号多了一维或一个自由度，因此对解析信号的分析比对实值信号本身的分析能获得更多的信息。解析信号 $x_a(t)$的瞬时幅度$|A(t)|$在有些场合也称为包络，直接反映了 $x_r(t)$的幅度变化情况；解析信号 $x_a(t)$的瞬时相位$\theta(t)$因希尔伯特变换得到一种特征，单位是弧度，其对于时间的导数——瞬时频率 $f(t)$的单位是 Hz。

【情境任务及步骤】

本案例中共设置了两个情境："基于希尔伯特变换的时频分析"与"AM 信号特征及解调"。第一个情境以希尔伯特性质为依托创设时频分析的应用环境；第二个情境则以 AM 为依托创设数字信号理论和技术的多重应用环境。

一、基于希尔伯特变换的时频分析

1．拆解希尔伯特变换

设序列 $x(n)=\{\underline{1},2,3,4,5\}$。

（1）按照 DTFT 的定义写出 $X(\mathrm{e}^{\mathrm{j}\omega})=\mathrm{DTFT}[x(n)]$。

（2）计算 $X(\mathrm{e}^{\mathrm{j}\omega})$的值。

ω 取$-\pi\sim\pi$，步进间隔为 $\pi/10$。

计算 $X(\mathrm{e}^{\mathrm{j}\omega})$各点的值时，可以调用函数 polyval。该函数的用法可以通过查阅 MATLAB 软件中的 Help 文件进行学习。

（3）计算 $X'(\mathrm{e}^{\mathrm{j}\omega})$的值。

按照式（17.3）计算出 $X(\mathrm{e}^{\mathrm{j}\omega})$各离散 ω 点对应的 $X'(\mathrm{e}^{\mathrm{j}\omega})$值。

（4）计算 $X_a(\mathrm{e}^{\mathrm{j}\omega})$。

按照式（17.4）计算出 $X_a(\mathrm{e}^{\mathrm{j}\omega})$在各离散点的值，其中 $X_a(\mathrm{e}^{\mathrm{j}\omega})=X(\mathrm{e}^{\mathrm{j}\omega})+\mathrm{j}X'(\mathrm{e}^{\mathrm{j}\omega})$。之后输出 $X_a(\mathrm{e}^{\mathrm{j}\omega})$和 $X(\mathrm{e}^{\mathrm{j}\omega})$在各离散点上的值，$\omega$ 取$-\pi\sim\pi$，步进间隔为 $\pi/10$，并将观察到的结果记录到总结报告中。

2．固定单频信号的时频分析

设 $x_{r1}(t)$为一单音（频）信号，$x_{r1}(t)=\cos(2\pi f_0 t)$，$f_0=10\text{Hz}$，试分析其瞬时频率。

（1）生成符合要求的固定频率单频信号。

采样频率 F_s 取 10 倍的 f_0，信号持续时间 t_d 定为 50s，生成单频信号记为 $x_{r1}(t)$。

（2）构造单频信号对应的解析信号。

调用 MATLAB 软件中的希尔伯特函数得到 $x_{r1}(t)$的解析信号 $x_{a1}(t)$。

希尔伯特函数的说明和调用语法可以通过 MATLAB 软件中的 Help 文件进行学习。

（3）计算解析信号的瞬时相位。

调用 MATLAB 软件中的函数 angle 计算解析信号 $x_{a1}(t)$的瞬时相位 $\theta_1(t)$。

函数 angle 的说明和调用语法可以通过 MATLAB 软件中的 Help 文件进行学习。

（4）计算瞬时频率。

调用 MATLAB 软件中的函数 diff 计算瞬时相位 $\theta_1(t)$对于时间 t 的导数，结果记为 $f_1(t)$。

函数 diff 的说明和调用语法可以通过 MATLAB 软件中的 Help 文件进行学习。值得注意的是，要考虑瞬时相位 $\theta_1(t)$求差分前是否需要用函数 unwrap 进行解卷绕。

（5）结果展示。

创建一个图形窗口，并将图形窗口一分为二。

在一个子图中显示 $x_{r1}(t)-t$ 的波形，要求显示 10 个周期的长度。

在另外一个子图中显示瞬时频率的波形 $f_1(t)-t$。

两个子图都要求加注图题和横坐标，并加网格线。

对比 $f_1(t)-t$ 与 f_0 的关系，并将结论写于情境任务总结报告。

3．Chirp（线性调频）信号的时频分析

设 $x_{r2}(t)$为一个 Chirp 信号，$x_{r2}(t)=\cos[2\pi(f_1+kft)t)], f_1=1\text{Hz}$，试分析其瞬时频率。

（1）生成符合要求的 Chirp 信号。

采样频率 F_s 取 100Hz，信号持续时间 t_d 定为 50s，$kf=(f_{\text{end}}-f_1)/t_d/2$，$f_{\text{end}}=10\text{Hz}$，生成的 Chirp 信号记为 $x_{r2}(t)$。

（2）构造 Chirp 信号对应的解析信号。

调用 MATLAB 软件中的希尔伯特函数得到 $x_{r2}(t)$的解析信号 $x_{a2}(t)$。

（3）计算解析信号的瞬时相位。

调用 MATLAB 软件中的函数 angle 计算解析信号 $x_{a2}(t)$的瞬时相位 $\theta_2(t)$。

（4）计算瞬时频率。

调用 MATLAB 软件中的函数 diff 计算瞬时相位 $\theta_2(t)$对于时间 t 的导数，结果记为 $f_2(t)$。

（5）结果展示。

创建一个图形窗口，并将图形窗口一分为二。

在一个图形子图中显示 $x_{r2}(t)-t$ 的波形，要求显示 0～10s 的长度。

在另外一个子图中显示 $f_2(t)-t$ 的波形。

两个子图都要求加注图题和横坐标，并加网格线。

观察 $f_2(t)-t$ 的变换情况，并写于情境任务总结报告。

二、AM 信号特征及解调

1．AM 信号的生成及其频谱特征

（1）生成 AM 信号。

设 AM 信号表示式为 $x_{r3}(t)=U_c[1+kmm(t)]\cos(2\pi f_c t)$，其中 $m(t)=\cos(2\pi 2t)$，f_c=10Hz，km=1/2，U_c=1。

采样频率 F_s 取 100Hz，信号持续时间 t 定为 50s，生成的 Chirp 信号记为 $x_{r3}(t)$。

（2）构造 AM 信号对应的解析信号。

调用 MATLAB 软件中的希尔伯特函数得到 $x_{r3}(t)$的解析信号 $x_{a3}(t)$。

（3）分析信号的频谱特性。

调用 MATLAB 软件中的函数 fft 计算 $m(t)$、$x_{r3}(t)$和 $x_{a3}(t)$的傅里叶变换，结果分别记为 MT、XR3T 和 XA3T（程序形式）。

（4）结果展示。

创建一个图形窗口，并将图形窗口一分为三。依次画出|MT|-f、|XR3T|-f 和|XA3T|-f 的波形，|·|表示求模值运算，f 取值为$-F_s/2$～$F_s/2$。

观察三个幅频特性图的特点，并写于情境任务总结报告。

2．AM 信号的解调

（1）计算 AM 信号的解析形式 $x_{a3}(t)$的包络。

计算的结果记为 Ev(t)。

（2）结果展示。

创建图形窗口并一分为二。

在一个子图中画出 $x_{r3}(t)-t$ 和 $U_c[1+kmm(t)]-t$ 的波形图，前者用实线，后者用虚线，并用两种不同的颜色表示。

在另一个子图中画出 $m(t)-t$、$Ev(t)-t$ 和$[Ev(t)/U_c-1)]/km-t$ 的波形图，分别用不同的颜色和线型表示。

两个子图都要求加注图题、横坐标、网格线，横坐标轴的显示范围是 0～10s。

仔细观察图中的三条曲线，并对观察的结果进行分析后写入情境任务总结报告。

【思考题】

（1）本案例中 AM 信号解调的原理是什么？

（2）基于希尔伯特变换如何实现单边带 AM？

（3）MATLAB 软件中的希尔伯特函数与【相关基础理论】中的希尔伯特变换的异同是什么？

【总结报告要求】

（1）在情境任务总结报告中，原理部分要简要描述希尔伯特变换的原理和解析信号的构造方法及特点，书写情境任务时可适当进行归纳和总结，但至少要列出【情境任务及步骤】中相关内容的各级标题。

（2）情境任务的程序清单除在报告中出现外，还必须以独立的.m 文件形式单独提交。两个情境要分别编制程序，程序清单要求至少按程序块进行注释。

（3）效果图附于相应的情境任务下。

（4）查阅资料概述基于希尔伯特变换的带通信号采样原理。

（5）简要回答【思考题】中的问题。

（6）报告中还可包括完成本案例的个人心得、对本案例设置的建议等。

【参考程序】

案例十八——短时傅里叶变换

【案例设置目的】

通过实验初步了解时频变换的基础知识和基本方法，建立信号分析的多维度概念，拓展学习视野，了解窗函数类型和窗宽度对时频分析结果的影响。

【相关基础理论】

无论是连续时间信号还是离散时间信号，经过傅里叶变换后得到的都是仅以频率为变量的函数，此时可以方便地知道该信号包含哪些频率成分，但是却不知道信号在哪些时刻是由哪些频率分量构成的。这就好比我们在分析一首简单的钢琴曲时，用传统的傅里叶变换只能分析出这首曲子是由不同的频率成分（音高）组成的，但是却分析不出哪个时刻发出哪个音，每个音又持续了（多长时间）多少节拍；再比如，在分析地震波时如何测得在哪些位置出现了特定频率的反射波，在图像判读时如何提取目标的轮廓等。要提取信号在不同时间点上的频率特性，传统的傅里叶变换已无能为力，只能转向时频分析工具。时频分析工具目前已有多种可供选择：短时傅里叶变换、Wigner-Ville 分布、希尔伯特-黄变换等，有些学者也将小波变换作为时频分析工具，这些方法各有千秋，下面仅讨论短时傅里叶变换的原理与应用。

短时傅里叶变换（Short Time Fourier Transform，STFT）在传统傅里叶变换的基础上引入分析时间区间或时刻的方法，建立了频谱与时间的关系，从而实现了对信号的时频分析。

1．信号的短时傅里叶变换

1）连续信号的短时傅里叶正变换

设给定信号 $x(t)\in L^2(R)$，其短时傅里叶变换的定义为

$$\mathrm{STFT}_x(t,\Omega)=\int x(\tau)g(\tau-t)\mathrm{e}^{-\mathrm{j}\Omega\tau}\mathrm{d}\tau \tag{18.1}$$

式中，$g(t)$为窗函数，仅在有限的时间范围内取非零值，如汉明窗、三角窗等，因此称为短时傅里叶变换。

从定义看出，信号 $x(t)$的短时傅里叶变换是先用窗函数对信号进行截取，然后再对截取信号进行 CTFT（Continuous Time Fourier Transform），通过不断地移动窗函数的中心位置，即可得到不同时刻的傅里叶变换。短时傅里叶变换示意图如图 18.1 所示。

既然短时傅里叶变换是先对信号加窗再进行傅里叶变换，那么同一信号的短时傅里叶变换与窗函数类型和窗宽度就都有关系了。

2）离散信号的短时傅里叶变换

对式（18.1）中 $x(t)$与 $g(t)$以 T 为采样间隔进行离散化分别得到 $x(n)$和 $g(n)$，模拟角频率变换为数字角频率$\omega=\Omega T$，积分运算变为求和运算，进而得到短时傅里叶变换的离散形式，即

$$\mathrm{STFT}_x(n,\omega)=\sum_{m=-\infty}^{\infty}x(m)g(m-n)\mathrm{e}^{-\mathrm{j}\omega m} \tag{18.2}$$

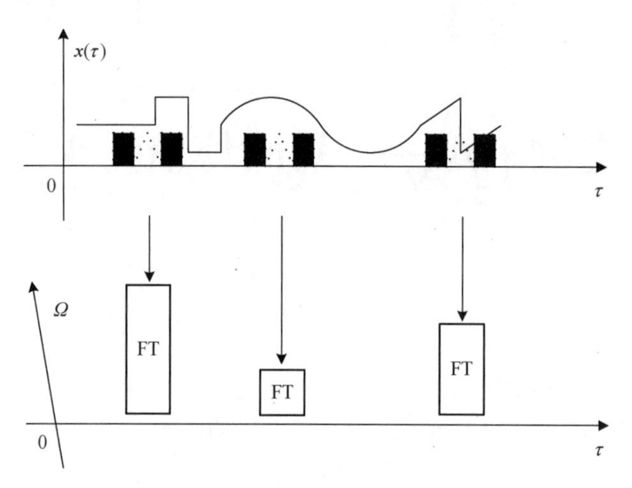

图 18.1　短时傅里叶变换示意图

为了使短时傅里叶变换能用计算机进行计算，类似于 DFT，窗口每移动一次都只计算 $\omega_k=2\pi k/M$ 点上的离散值，即

$$\mathrm{STFT}_x(n,k)=\sum_{m=0}^{M-1}x(m)g(m-nN)W_M^{mk},\quad k=0,1,\cdots,M-1 \tag{18.3}$$

其中，N 的大小决定了窗函数沿时间轴移动的间距，N 越小，n 的取值越多，得到的时频曲线越密。

2．信号的短时傅里叶反变换

1）连续信号的短时傅里叶反变换

连续信号的短时傅里叶反变换有多种形式，下面重点介绍三种。

在短时傅里叶变换中，无论窗函数 $g(t)$取什么样的形状，也不论取非零值的时间长度为多少，都要求：

$$\int_{-\infty}^{\infty}g(t)\mathrm{d}t=1 \tag{18.4}$$

（1）反变换形式 I

用短时傅里叶变换的一维反变换表示，即对短时傅里叶变换的定义式两边求反变换，存在

$$\begin{aligned}\frac{1}{2\pi}\int_{-\infty}^{\infty}\mathrm{STFT}_x(t,\Omega)\mathrm{e}^{\mathrm{j}\Omega\mu}\mathrm{d}\Omega&=\frac{1}{2\pi}\iint x(\tau)g(\tau-t)\mathrm{e}^{-\mathrm{j}(\tau-\mu)\Omega}\mathrm{d}\tau\mathrm{d}\Omega\\&=\int x(\tau)g(\tau-t)\delta(\tau-\mu)\mathrm{d}\tau=x(\mu)g(\mu-t)\end{aligned}$$

令 $u=t$，则

$$x(t)=\frac{1}{2\pi g(0)}\int\mathrm{STFT}_x(t,\Omega)\mathrm{e}^{\mathrm{j}\Omega t}\mathrm{d}\Omega \tag{18.5}$$

（2）反变换形式 II

用短时傅里叶变换的二维反变换表示，即

$$x(\tau)=\frac{1}{2\pi}\int_{-\infty}^{\infty}\int_{-\infty}^{\infty}\mathrm{STFT}_x(t,\Omega)g(\tau-t)\mathrm{e}^{\mathrm{j}\Omega\tau}\mathrm{d}t\mathrm{d}\Omega \tag{18.6}$$

（3）反变换形式III

用 $g(t)$的对偶函数 $\mathring{h}(t)$表示，即

$$x(\tau)=\frac{1}{2\pi}\int_{-\infty}^{\infty}\int_{-\infty}^{\infty}\mathrm{STFT}_x(t,\Omega)h(\tau-t)\mathrm{e}^{\mathrm{j}\Omega\tau}\mathrm{d}t\mathrm{d}\Omega \tag{18.7}$$

短时傅里叶变换的反变换的三种表示形式是统一的，在一维反变换表示中假定了 $u=t$，此时也就包含了时间 t 的变化过程。

2）离散信号的短时傅里叶反变换

$$x(n)=\frac{1}{M}\sum_{m}\sum_{k=0}^{M-1}\mathrm{STFT}_x(m,k)W_M^{-nk} \tag{18.8}$$

m 的求和范围取决于数据的长度及窗函数移动的步长 N。

与 DFT 一样，对于离散信号的短时傅里叶变换，可以借用 FFT 高效实现。

【情境任务及步骤】

为探究短时傅里叶变换的含义以及不同窗型、窗长的影响，本案例中设置了两个情境：“频率跳变信号的时频分析”和“Chirp 信号的时频分析”。第一个情境涉及的是信号处理在有明确间断点信号时频分析中的应用；第二个情境涉及的是信号处理在频率渐变信号时频分析中的应用。

一、频率跳变信号的时频分析

设信号 $x(t)$是由如下的 4 段单频正弦信号依次拼接而成的，容易理解 $x(t)$每隔一段时间就会有一个频率跳变。设采样频率为 400Hz，试用短时傅里叶变换在时、频域印证信号的组成。

$$x(t)=\begin{cases}\cos(2\pi\times 10t), & 0\mathrm{s}\leqslant t<5\mathrm{s}\\ \cos(2\pi\times 20t), & 5\mathrm{s}\leqslant t<10\mathrm{s}\\ \cos(2\pi\times 40t), & 10\mathrm{s}\leqslant t<15\mathrm{s}\\ \cos(2\pi\times 100t), & 15\mathrm{s}\leqslant t<20\mathrm{s}\end{cases} \tag{18.9}$$

1．频率跳变信号的生成

F_s=400Hz，按照式（18.9）生成分段单频信号，结果记为 $x(t)$，并显示 $x(t)$−t 的波形。

创建图形窗口，显示 $x(t)$−t 的波形，并通过调用函数 axis 局部显示 $4.5\mathrm{s}\leqslant t\leqslant 5.5\mathrm{s}$、$9.5\mathrm{s}\leqslant t\leqslant 10.5\mathrm{s}$ 和 $14.5\mathrm{s}\leqslant t\leqslant 15.5\mathrm{s}$ 范围的波形，以便观察频率跳变点的位置和波形变化。

有兴趣的话可以试听一下信号 $x(t)$的声效。

2．时频分析初步

1）设定相关参数

设定窗型为汉明窗，窗函数长度 wn0（程序形式）=60，可调用函数 hamming 生成 wn0 点的窗 wind0（程序形式）。

设置 FFT 的点数 Nfft（程序形式）为 2 的整幂次，且不小于 wn0。针对 wn0 此时的取值，Nfft 设置为 64。

设置窗函数的移动间隔 N=20 点。

时频分析结果存储矩阵为 TFXT（程序形式），该矩阵的行数为 Nfft，列数 CNum（程序形式）根据窗函数移动步进确定。

2）边截取（加窗）边进行频谱分析

编制循环实现如下功能。

（1）时域信号加窗截取。

第 i 次加窗截取的结果为 $x(t)$的第 i 段与 wind0 相乘的结果，比如可用类似如下语句：

tempxt=xt((i-1)*N+1: i*N).*wind0（程序形式）

（2）局部信号频谱分析并存储。

对 tempxt 进行 Nfft 点 FFT，并将结果存入 TFXT。

3）时频分析结果显示

（1）调用函数 meshgrid 为三维画图生成 x 方向和 y 方向的坐标矩阵。

（2）三维显示时频分析结果，要求如下：

创建新的图形窗口，并自上而下分成两个子图。

调用函数 mesh 在上子图中画出 TFXT 的幅度图。

调用函数 contour 在下子图中画出 TFXT 的幅度图。

对照式（18.9）分析上述幅度图中阶跃点的位置是否正确，并记入情境任务总结报告。

3．研究窗函数类型、窗函数长度对短时傅里叶变换的影响

将上述“设定相关参数”环节的窗函数分别改为 hann、blackman、rectwin，其他参数不变，重新执行“边截取（加窗）边进行频谱分析”环节，并将每次时频分析的结果保存在 TFXThan、TFXTbla、TFXTrec（程序形式）中，用汉明窗时的结果保存为 TFXTham（程序形式）。

创建新的图形窗口，并分成两行两列 4 个子图，分别显示四种窗函数下的幅度高度图。

对照式（18.9）分析各种窗函数下时频分析阶跃点的位置的清晰度或准确度，并记入情境任务总结报告。

4．研究窗函数长度对短时傅里叶变换的影响

将前述“时频分析初步”中“设定相关参数”内的窗函数改为 hamming、hann、blackman、rectwin 中的任意一种，wn0 的值分别设置为 30、60、100 和 200，重新执行“边截取（加窗）边进行频谱分析”环节，并将每次时频分析的结果保存在 TFXT30、TFXT60、TFXT100 和 TFXT200（程序形式）中。

创建新的图形窗口，并分成两行两列 4 个子图，分别显示四种窗函数下的幅度高度图（采用画等高线图的函数 contour）。

对照式（18.9）分析同窗函数、不同窗宽度情况下时频分析阶跃点的位置的清晰度或准确度，并记入情境任务总结报告。

二、Chirp 信号的时频分析

设信号 $x(t)$是一个 Chirp 信号，具体定义为

$$x(t) = \cos(2\pi \times 5t^2), \quad 0\text{s} \leqslant t < 5\text{s} \tag{18.10}$$

试仿照情境一在不同的窗函数、不同窗长度、不同窗口移动步进下用短时傅里叶变换在时、频域印证信号的组成，窗函数、窗长度和窗口移动步进的选择均不少于 3 种。

【思考题】

（1）通过查阅资料，了解信号时宽和带宽的含义和测不准原理是什么？

（2）在做短时傅里叶变换时，窗口的长度和类型对于时频分析有哪些影响？

（3）短时傅里叶变换的优缺点是什么？

【总结报告要求】

（1）在情境任务总结报告中，原理部分要简要描述短时傅里叶变换的原理，书写情境任务时可适当进行归纳和总结，但至少要列出【情境任务及步骤】中相关内容的各级标题。

（2）情境任务的程序清单除在报告中出现外，还必须以独立的.m 文件形式单独提交。两个情境要分别编制程序，程序清单要求至少按程序块进行注释。

（3）效果图附于相应的情境任务下，要求效果图有必要的图注和标题。

（4）简要回答【思考题】中的问题。

（5）报告中还可包括完成本案例的个人心得、对本案例设置的建议等。

【参考程序】

下篇——顺我者昌（滤波器）

本篇中案例设计的主旨是通过幅频特性图、相频特性图、滤波声音效果和视觉效果辅助读者对滤波器的指标、设计和功能建立直观认知，掌握数字滤波器的指标设定、类型选择、具体设计实现和性能测试。另外，通过实验让读者亲身感受滤波器不同结构的运行速度、量化带来的影响。

本篇中案例情境任务的内容设计涵盖了波形失真因素分析、FIR 滤波器常用的窗函数设计法和频率采样设计法、基于原型模拟滤波器的滤波器设计（三种四类模拟滤波器设计、基于频带变换的模拟非低通滤波器设计、模拟滤波器映射为数字滤波器常用的两种方法）、FIR 滤波器和 IIR 滤波器的比较、数字滤波器的结构与实现等内容。数字滤波器的设计与实现是数字信号处理理论中最有特色的一个专题，往往也是最没时间进行系统讲授的一个专题，因此本篇中案例情境任务更多的是从忠实滤波器经典的设计原理和步骤出发，解析滤波器的设计算法和思路，以 step-by-step 的模式设计滤波器、衡量滤波器、应用滤波器、优化滤波器，揭示 MATLAB 软件中相关函数背后的密码。另外，为了促使读者对数字滤波器建立系统的概念，附录 A 对数字滤波器设计进行了小结。

在 MATLAB 软件使用方面，本篇中案例的内容设计旨在通过完成一系列任务，进一步提高读者的程序编写能力和调试水平。

建议尽量完成该篇所有案例。若条件所限，可以最先略过模拟非低通滤波器设计。

案例十九——波形失真不一定那么可怕

【案例设置目的】

通过实验理解致使波形失真的因素，并在视觉和听觉上感受波形失真的实际影响，由此为IIR 滤波器和 FIR 滤波器的选择奠定直观基础，掌握线性相位系统和非线性相位系统的概念。

【相关基础理论】

1．信道的描述

信息传递的过程可以等效为承载信息的信号通过一个信道，由于信道的特性不一定是理想的，即便没有噪声，若信道是带限的或信道具有选择性衰落等，也会使通过其中的信号波形失真。比如人的语音在空气中传播，空气这个信道在将语音这种振动或波传向远方的过程中，也会随距离的增加而使该振动减弱，这是一个单纯的信号衰减的例子。这里信号波形产生失真是指信号的频谱结构发生了改变，比如各频谱分量幅度相对比例发生改变或出现新的频率成分。

设线性时不变离散信道的单位脉冲响应用$h(n)$表示，对其进行 DTFT 得到频率响应$H(\mathrm{e}^{\mathrm{j}\omega})$：

$$\begin{aligned}H(\mathrm{e}^{\mathrm{j}\omega}) &= \mathrm{DTFT}[h(n)]=\sum_{n=-\infty}^{\infty} h(n)\mathrm{e}^{-\mathrm{j}\omega n}\\ &=\sum_{n=-\infty}^{\infty} h(n)\left[\cos(\omega n)-\mathrm{j}\sin(\omega n)\right]\\ &=\left|H(\mathrm{e}^{\mathrm{j}\omega})\right|\mathrm{e}^{\mathrm{j}\arg[H(\mathrm{e}^{\mathrm{j}\omega})]}\end{aligned} \tag{19.1}$$

式中，$|H(\mathrm{e}^{\mathrm{j}\omega})|$为系统的幅频响应；$\arg[H(\mathrm{e}^{\mathrm{j}\omega})]$为相频响应。

当$h(n)$满足偶对称时，即$h(n)=h(-n)$，式（19.1）可以改写为

$$\begin{aligned}H(\mathrm{e}^{\mathrm{j}\omega}) &= \sum_{n=-\infty}^{\infty} h(n)\left[\cos(\omega n)-\mathrm{j}\sin(\omega n)\right]\\ &= h(0)+\sum_{n=-\infty}^{-1} h(n)\left[\cos(\omega n)-\mathrm{j}\sin(\omega n)\right]+\sum_{n=1}^{\infty} h(n)\left[\cos(\omega n)-\mathrm{j}\sin(\omega n)\right]\\ &= h(0)+\sum_{n=1}^{\infty} h(-n)\left[\cos(-\omega n)-\mathrm{j}\sin(-\omega n)\right]+\sum_{n=1}^{\infty} h(n)\left[\cos(\omega n)-\mathrm{j}\sin(\omega n)\right]\\ &= h(0)+2\sum_{n=1}^{\infty} h(n)\cos(\omega n)\\ &= \sum_{n=0}^{\infty} a(n)\cos(\omega n)\end{aligned} \tag{19.2}$$

式中，$a(0)=h(0)$；$a(n)=2h(n)$；$n=1,2,\cdots$。

当$h(n)$满足奇对称时，即$h(n)=-h(-n)$，式（19.1）可以改写为

$$
\begin{aligned}
H(\mathrm{e}^{\mathrm{j}\omega}) &= \sum_{n=-\infty}^{\infty} h(n)\left[\cos(\omega n)-\mathrm{j}\sin(\omega n)\right] \\
&= h(0)+\sum_{n=-\infty}^{-1} h(n)\left[\cos(\omega n)-\mathrm{j}\sin(\omega n)\right]+\sum_{n=1}^{\infty} h(n)\left[\cos(\omega n)-\mathrm{j}\sin(\omega n)\right] \\
&= h(0)-\sum_{n=1}^{\infty} h(-n)\left[\cos(-\omega n)-\mathrm{j}\sin(-\omega n)\right]+\sum_{n=1}^{\infty} h(n)\left[\cos(\omega n)-\mathrm{j}\sin(\omega n)\right] \\
&= h(0)-2\mathrm{j}\sum_{n=1}^{\infty} h(n)\sin(\omega n) \\
&= -2\mathrm{j}\sum_{n=0}^{\infty} h(n)\sin(\omega n)
\end{aligned}
\tag{19.3}
$$

对于有限长单位脉冲响应的因果离散时间系统而言，$h(n)$满足对称特性时，数学上描述为$h(n)=\pm h(N-n-1)$，其中 N 表示有限长单位脉冲响应序列的长度。此时，上述频率响应可以进行如下细分和改写。

对于拥有奇数点长、偶对称单位脉冲响应的因果离散时间系统而言，其频率响应可以改写为

$$
H(\mathrm{e}^{\mathrm{j}\omega}) = \mathrm{e}^{-\mathrm{j}\frac{N-1}{2}\omega}\sum_{n=0}^{(N-1)/2} a(n)\cos(\omega n),\quad a(0)=h\left(\frac{N-1}{2}\right),\quad a(n)=2h\left(\frac{N-1}{2}-n\right) \tag{19.4}
$$

对于拥有偶数点长、偶对称单位脉冲响应的因果离散时间系统而言，其频率响应可以改写为

$$
H(\mathrm{e}^{\mathrm{j}\omega}) = \mathrm{e}^{-\mathrm{j}\frac{N-1}{2}\omega}\sum_{n=1}^{N/2} b(n)\cos\left[\omega\left(n-\frac{1}{2}\right)n\right],\quad b(n)=2h\left(\frac{N}{2}-n\right),\quad n=1,2,\cdots,\frac{N}{2} \tag{19.5}
$$

对于拥有奇数点长、奇对称单位脉冲响应的因果离散时间系统而言，其频率响应可以改写为

$$
H(\mathrm{e}^{\mathrm{j}\omega}) = \mathrm{e}^{\mathrm{j}\left(\frac{\pi}{2}-\frac{N-1}{2}\omega\right)}\sum_{n=0}^{(N-1)/2} c(n)\sin(\omega n),\quad c(n)=2h\left(\frac{N-1}{2}-n\right) \tag{19.6}
$$

对于拥有偶数点长、奇对称单位脉冲响应的因果离散时间系统而言，其频率响应可以改写为

$$
H(\mathrm{e}^{\mathrm{j}\omega}) = \mathrm{e}^{\mathrm{j}\left(\frac{\pi}{2}-\frac{N-1}{2}\omega\right)}\sum_{n=1}^{N/2} d(n)\sin\left[\omega\left(n-\frac{1}{2}\right)n\right],\quad d(n)=2h\left(\frac{N}{2}-n\right),\quad n=1,2,\cdots,\frac{N}{2} \tag{19.7}
$$

综上可以看出，只要是系统的单位脉冲响应满足对称特性，无论有限长单位脉冲响应的长度是奇数点还是偶数点，其频率响应都可以表示为$H(\mathrm{e}^{\mathrm{j}\omega})=H(\omega)\mathrm{e}^{\mathrm{j}\theta(\omega)}$的形式，其中 $H(\omega)$为ω的实函数，称为幅度特性函数，$\theta(\omega)=-\alpha\omega+\beta$，称为相位特性函数，其中 $\alpha=(N-1)/2$，$\beta=0$ 或 $\pi/2$。对比式（19.1）可知，$|H(\mathrm{e}^{\mathrm{j}\omega})|=|H(\omega)|$，两者都决定了对通过其中信号的各频率分量的衰减程度；$\theta(\omega)$决定了对通过其中信号的各频率分量的延迟情况，$H(\omega)$取正值时，$\arg[H(\mathrm{e}^{\mathrm{j}\omega})]$与 $\theta(\omega)$相等，取负值时需要叠加 π 弧度进行修正。

系统的单位脉冲响应满足对称特性时，$\theta(\omega)=-\alpha\omega+\beta$，其中$\alpha$和$\beta$为常数，即相频响应为$\omega$的线性函数，这样的系统称为线性相位系统，否则称为非线性相位系统。对于线性相位系统

而言，当β为 0 时，称该系统具有第一类线性相位，也称为严格线性相位系统；当β是不为 0 的常数时，称该系统具有第二类线性相位。

当系统单位脉冲响应不满足奇对称或偶对称时，其频率响应不再能描述为式（19.2）～式（19.7）的样子，没有实函数 $H(\omega)$，也没有斜率一致的相位特性函数$\theta(\omega)$。

2．信道对信号的影响

设通过恒参信道（线性时不变）的离散时间信号为$x(n)$，且其 DTFT 为$X(\mathrm{e}^{\mathrm{j}\omega})$；信道的输出为$y(n)$，对应的 DTFT 结果记为$Y(\mathrm{e}^{\mathrm{j}\omega})$，则信道的输出与输入及信道特性的关系在频域和时域分别描述为

$$Y(\mathrm{e}^{\mathrm{j}\omega})=X(\mathrm{e}^{\mathrm{j}\omega})H(\mathrm{e}^{\mathrm{j}\omega}) \tag{19.8}$$

$$y(n)=x(n)*h(n) \tag{19.9}$$

有一分段线性相位系统，即系统在不同频率区间的相位特性函数是线性的，但斜率不同，下面我们来研究该系统对通过其中的信号的影响。

1）系统对单频信号的影响

设$x_1(n)$是频率为ω_1的单频信号，如$x_1(n)=\cos(\omega_1 n)$，系统的幅度特性函数和相位特性函数在频率ω_1处的取值分别为$H(\omega_1)=h_1$，$\theta(\omega_1)=-\alpha_1\omega_1$，根据式（19.8）和式（19.9）及傅里叶变换的性质可得信道对应的输出为

$$y_1(n)=\mathrm{IDTFT}[Y_1(\mathrm{e}^{\mathrm{j}\omega})]=\mathrm{IDTFT}[X_1(\mathrm{e}^{\mathrm{j}\omega})h_1\mathrm{e}^{-\mathrm{j}\alpha_1\omega_1}]=h_1x_1(n-\alpha_1) \tag{19.10}$$

即频率为ω_1的单频信号通过上述系统时，输出信号和输入信号相比幅度衰减 $1/h_1$ 并延迟α_1个样点。当 h_1 为非零常数 K 时，$x_1(n)$仅延迟α_1个样点，幅度被放大 K 倍；当 h_1 为 0 时，$x_k(n)$将被完全抑制掉。

2）系统对复合频率信号的影响

若该信道的输入为两个不同频率单频信号的线性叠加，即$x(n)=ax_1(n)+bx_2(n)$，其中 a 和 b 为任意常数，$x_1(n)$的频率为ω_1，$x_2(n)$的频率为ω_2，利用傅里叶变换的线性性质可以推导出信道的输出为

$$y(n)=h_1x_1(n-\alpha_1)+h_2x_2(n-\alpha_2) \tag{19.11}$$

式中，h_1 和 h_2 为 $H(\omega)$在两个频率处的取值；α_1和α_2为$\theta(\omega)$在两个频率处的斜率。若 h_1 和 h_2 相等，则说明该信道对两个频率的信号进行了同样的衰减；若α_1和α_2相同，则说明两个信号经过了相同的延迟，$y(n)$相对于 $x(n)$而言仅仅滞后了α_1或α_2个样点，幅度上只差比例因子 h_1 或 h_2。由于这种情况下的输入信号、输出信号的波形仅有时间上的延迟和幅度上的放大或缩小，除此之外没有其他区别，所以没有波形失真。相反，当 h_1 和 h_2 不相等或者α_1和α_2不相同时，两个频率的信号将受到不同程度的衰减或不同的延迟，必然会引起波形失真。该结论可以推广到由多个单频信号组成的复合信号。

【情境任务及步骤】

为探究波形无失真的条件以及波形失真带来的影响，本案例中共设置三个情境，分别是“探寻增益和延迟对波形失真的影响”、“方波信号通过特定系统”和“声音信号通过特定系统”。第一个情境实际上按照前述理论研究波形失真的原因。第二个情境研究方波信号（多频信号）

通过线性相位系统和非线性相位系统的应用，便于从视觉上直接感受两种系统对同一信号的不同影响。第三个情境研究更为实际的声音信号经过线性相位系统和非线性相位系统处理的应用，便于在视觉上和听觉上感受最终结果，尤其是在听觉上能感受到波形失真的呈现形式。

一、探寻增益和延迟对波形失真的影响

1．产生两个单频信号

这里要求生成两个单位幅度、初始相位为 0 的单频信号，其中$\omega_1=2\pi/50$，$n=0:300$，生成序列 $x_1(n)=\sin(\omega_1 n)$；$\omega_2=2\pi/30$，$n=0:300$，生成序列 $x_2(n)=\sin(\omega_2 n)$。

2．显示单频信号和复合信号的波形

为便于后续比较，建议在一个图形窗口的三个子图中完成显示。创建图形窗口 Figure 1，将其分成三个子图，并自上而下分别画出 $x_1(n)-n$、$x_2(n)-n$、$x_1(n)+x_2(n)-n$ 的波形。

三个子图的横坐标轴的显示范围均设置为 0～600，纵坐标轴的显示范围均设置为–2～2，并用 grid 函数在图中添加网格线，用 title 函数添加图注。

3．通过坐标起点变化构造同步移位效果

利用序列的移位运算实现移位，并在 Figure 2 窗口中自上而下分别画出 $x_1(n-200)-n$、$x_2(n-200)-n$ 和 $x_1(n-200)+x_2(n-200)-n$ 的波形。三个子图的横/纵坐标轴设置、网格线要求同 Figure 1。对比 Figure 1 和 Figure 2 最下方的子图，目测波形的异同，并将结果记入总结报告。

4．通过坐标起点变化构造异步移位效果

利用序列的移位运算实现移位，并在图中显示。首先在 Figure 3 窗口中，自上而下在第一个和第二个子图中分别画出 $x_1(n-100)-n$、$x_2(n-200)-n$ 的波形。

在第三个子图中画出 $x_1(n-100)+x_2(n-200)-n$ 的波形，此时需要根据理论知识确定 $x_1(n-100)+x_2(n-200)$的非零值区间。三个子图的横/纵坐标轴设置、网格线要求同 Figure 1。对比 Figure 1 和 Figure 3 最下方的子图，目测波形的异同，并将结果记入总结报告。

5．变增益、异步移位看失真

利用序列的移位运算、乘法运算和加法运算完成相应操作，并在图中显示。首先在 Figure 4 窗口中，自上而下在第一个和第二个子图中分别画出 $x_1(n)+x_2(n)-n$、$0.9x_1(n)+0.4x_2(n)-n$ 的波形。

计算 $0.9x_1(n-100)+0.4x_2(n-200)$，并在第三个子图中画出该序列。三个子图的横/纵坐标轴设置、网格线要求同 Figure 1。将 Figure 4 的第三个子图与 Figure 1 最下方的子图进行一一对比，目测波形的异同，并将结果记入总结报告。

结合式（19.10）和式（19.11）综合分析在任务 3～5 中观察到的现象，总结引起波形失真的因素，并记入总结报告。

二、方波信号通过特定系统

该情境介绍了频率分量丰富的方波信号的产生方法，并以产生的方波信号为研究对象研究相位的影响，这里设置了方波信号通过幅度平坦的线性相位系统和非线性相位系统的任务，便于通过视觉感受从直观上建立线性相位系统、非线性相位系统的概念并深刻理解其影响。

方波信号如图 19.1 所示，对于周期为 T 的方波信号而言，其傅里叶级数展开式为

$$x(t)=\frac{4}{\pi}\left[\sin(\Omega t)+\frac{1}{3}\sin(3\Omega t)+\frac{1}{5}\sin(5\Omega t)+\cdots+\frac{1}{n}\sin(n\Omega t)+\cdots\right],\quad \Omega=\frac{2\pi}{T},\quad n\text{是奇数} \tag{19.12}$$

由式（19.12）看出，图 19.1 所示的方波信号是由频率为Ω的基波信号及无穷多个奇次谐波分量按照式（19.12）中的系数加权叠加而成的。

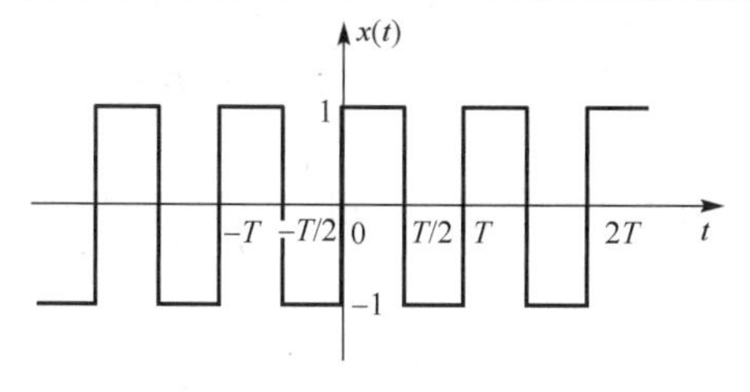

图 19.1　方波信号

1．周期方波生成及显示

1）取 100 项进行近似

设方波周期 T=1/2s，逼近 $x(t)$时取式（19.12）中的前 NIT=100 项，采样频率 F_s=10(2NIT−1)/T，生成信号的持续时间取为 5s。

创建图形窗口 Figure 1，自上而下分成三个子图，并在第一个子图中画出 $x(t)-t$ 的波形。

2）取 120 项进行近似

将谐波次数提高至取前 120 项，重新生成方波信号，在 Figure 2 中画出 $x(t)-t$ 的波形。

将 Figure 2 与 Figure 1 进行比较，分析是否有必要继续增加谐波次数。将分析结果记入总结报告。后续任务，均限定取前 100 项。

2．延迟处理前准备

调用 fft 函数计算 $x(t)$的 N 点 DFT［在计算机内 $x(t)$实际为离散时间序列］，结果记为 X。这里 N 为 2 的整幂次，且不小于 $x(t)$的序列长度。

3．对方波信号进行相位线性滞后

生成 $x_1(t)$，其中 $x_1(t)$由式（19.13）定义：

$$x_1(t)=\text{IDFT}\left[Xe^{-j\frac{2\pi}{N}\times 1000\times k}\right],\quad k=0,1,\cdots,N-1 \tag{19.13}$$

即 $x_1(t)$=IDFT[$Xe^{-j\alpha\omega}$]，α=1000。IDFT 的计算可以直接调用函数 ifft 实现。

创建图形窗口 Figure 3，并将其自上而下划分为三个子图，在最上方的子图中画出 $x(t)-t$ 的波形，在第二个子图中画出 $x_1(t)-t$ 的波形。

4．对方波信号进行相位非线性滞后

生成 $x_2(t)$并在 Figure 3 的第三个子图中画出 $x_2(t)-t$ 的波形。其中 $x_2(t)$ 由式（19.14）定义：

$$x_2(t)=\text{IDFT}\left[Xe^{-j\frac{2\pi}{N}\times k\times 50\times\frac{2\pi}{N}\times k}\right],\quad k=0,1,\cdots,N-1 \tag{19.14}$$

即 $x_2(t)$=IDFT[$X\mathrm{e}^{-\mathrm{j}\alpha\omega}$]，$\alpha$=50$\omega$。

从频率分量延迟的角度分析 $x_1(t)$和 $x_2(t)$是如何从 $x(t)$得到的；上述两种滞后的影响在波形上是如何体现的。将分析结果记入总结报告。

三、声音信号通过特定系统

为从听觉上认识波形失真的影响，该情境设置了对声音信号幅度进行钳位和使其通过线性相位系统和非线性相位系统的任务，通过听觉感受从直观上建立线性相位系统、非线性相位系统的概念。

1．读取声音数据、视听音效

若想通过对话框的形式在文件夹中选择一个音频文件，可以借助函数 unigetfile 获取音频文件的路径名和文件名。

（1）读取该文件中的数据 y 和采样频率 F_s。可以通过调用函数 wavread 或 audioread 实现。

（2）创建窗口 Figure 1，并用函数 plot 绘制 y 的波形。若 y 代表的是立体声声音，则分上下两个子图进行显示，上面的子图代表左声道。

（3）用函数 sound 进行播放，听其声效。

2．暴力使之失真——钳位操作

（1）选定待处理的声音数据，建议声音的持续时间不超过 5s。若是立体声的声音，则选取 y 的第一列数据（对于立体声声音而言，y 有两列，第一列数据对应左声道），并记为 y_1。

（2）确定 y_1 的最大值，并记为 maxy_1，可以借助函数 max 实现。

（3）对 y_1 进行钳位操作。

① 选取比例因子 factory=0.9。

② 查找 y_1 中幅度大于 factory・maxy_1 的样点，可以借助 find 函数来实现。

③ 将满足上述条件的样点幅度设置为 factory・maxy_1，并将此时的数据记为 y_{11}。

④ 创建窗口 Figure 2，并自上而下在两个子图中分别画出 y_1 和 y_{11} 的波形，观察波形的变化。

⑤ 相继播放 y_1 和 y_{11} 的音效，从听觉上感受波形变化（波形失真）带来的影响。

⑥ 进一步减小 factory 的值，重复前面的过程，并记录在听觉上出现明显感觉时 factory 的取值。

3．延迟处理前的准备

计算 y_1 的 N 点 DFT，记为 Y_1，其中 N 为 2 的整幂次，且不小于 y_1 的点数。

4．对声音信号进行相位线性滞后

（1）计算 y_{12}，其中 y_{12} 由式（19.15）定义：

$$y_{12} = \mathrm{IDFT}\left[Y_1\mathrm{e}^{-\mathrm{j}\frac{2\pi}{N}\times 1000\times k}\right],\quad k = 0,1,\cdots,N-1 \tag{19.15}$$

即 y_{12}=IDFT[$Y_1\mathrm{e}^{-\mathrm{j}\alpha\omega}$]，$\alpha$=1000。

（2）创建窗口 Figure 3，并将窗口自上而下分成三个子图，在第一个子图中画出 y_1 的波形，在第二个子图中画出 y_{12} 的波形。

（3）相继播放 y_1 和 y_{12} 的音效，从听觉上感受波形变化带来的影响，并将感受到的异同点记入总结报告。

5．对声音信号进行相位非线性滞后

（1）计算 y_{13}，其中 y_{13} 由式（19.16）定义：

$$y_{13} = \mathrm{IDFT}\left[Y_1 \mathrm{e}^{-\mathrm{j}\frac{2\pi}{N}\times k\times 50\times\frac{2\pi}{N}\times k} \right], \quad k = 0,1,\cdots,N-1 \tag{19.16}$$

即 $y_{13}=\mathrm{IDFT}[Y_1\mathrm{e}^{-\mathrm{j}\alpha\omega}]$，$\alpha=50\omega$。

（2）在 Figure 3 的第三个子图中画出 y_{13} 的波形。

（3）相继播放 y_1 和 y_{13} 的音效，从听觉上感受波形失真带来的影响。

提示：编制完本情境的程序脚本文件后，调试时建议在 sound 语句前设置断点，以确保声音的对比效果。

从波形和听觉效果上，对比任务 4 和任务 5 对声音所带来的影响，并将结论记入总结报告。

【思考题】

（1）结合本案例分析导致线性时不变系统产生波形失真的因素有哪些？波形无失真的条件是什么？

（2）线性相位系统和非线性相位系统对经过其处理的信号的影响体现在哪里？

（3）了解哪些场合对波形失真有严格要求，至少列出 3 种场合。

【总结报告要求】

（1）在情境任务总结报告中，原理部分要简要描述系统幅频响应、相频响应对所处理信号的影响及波形无失真的条件，书写情境任务时可适当进行归纳和总结，但至少要列出【情境任务及步骤】中相关内容的各级标题。

（2）情境任务的程序清单除在报告中出现外，还必须以独立的.m 文件形式单独提交。各情境要分别编制程序，程序清单要求至少按程序块进行注释。

（3）效果图附于相应的情境任务下。

（4）简要回答【思考题】中的问题。

（5）报告中还可包括完成本案例的个人心得、对本案例设置的建议等。

【参考程序】

案例二十——加窗截出 FIR 滤波器

【案例设置目的】

通过严格按照窗函数法的步骤设计 FIR 低通、高通、带通和带阻滤波器，并验证其效果，掌握 FIR 滤波器窗函数法的设计思想和方法，进一步理解各类型滤波器的功效；理解 FIR 滤波器阶数与过渡带带宽之间的关系；理解延迟、计算量与滤波器阶数的关系。

【相关基础理论】

1．窗函数设计思想

窗函数法是 FIR 滤波器较为常用的一种设计方法。FIR 滤波器相比 IIR 滤波器的最大特点是易于实现线性相位。窗函数法设计 FIR 滤波器的思路是从目标滤波器的理想模型出发，通过加窗或截取的方法得到满足设计指标的滤波器，是一种直接逼近方式，逼近程度取决于窗的长度和窗函数的类型。

理想低通、高通、带通和带阻滤波器的频率响应均可以用 $H(\mathrm{e}^{\mathrm{j}\omega})=\left|H(\mathrm{e}^{\mathrm{j}\omega})\right|\mathrm{e}^{\mathrm{j}\arg[H(\mathrm{e}^{\mathrm{j}\omega})]}$ 来表示，四种理想滤波器的幅频特性图如图 20.1 所示。

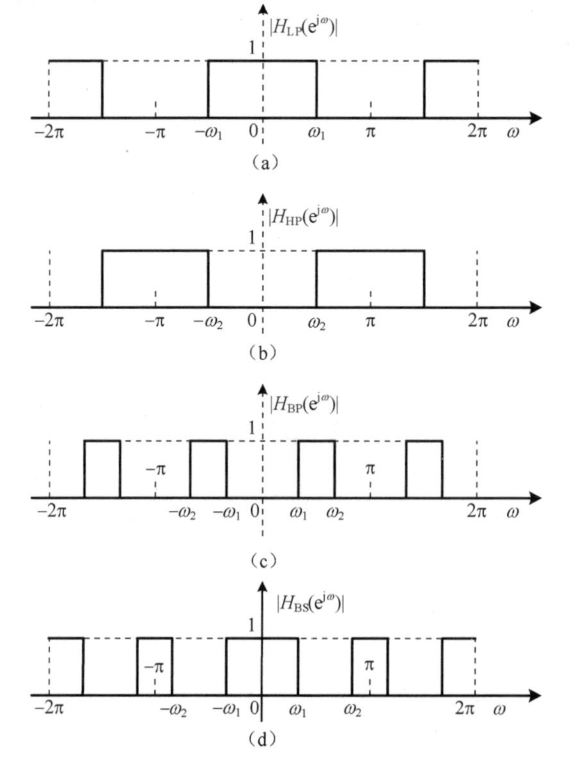

图 20.1　四种理想滤波器的幅频特性图

对于线性相位的理想滤波器而言，其频率响应通常用 $H(e^{j\omega})=H(\omega)e^{j\theta(\omega)}$表示，其中 $H(\omega)$为ω的实函数，$\theta(\omega)$为ω的线性函数。

假设上述所有理想滤波器的相频响应均满足第一类线性相位条件，即$\theta(\omega)=-\alpha\omega$，其中$\alpha$为常数。利用傅里叶反变换，可以求得理想滤波器的单位脉冲响应。

理想低通滤波器的单位脉冲响应为

$$h_{d\mathrm{LP}}(n)=\frac{1}{2\pi}\int_{-\pi}^{\pi}H_{\mathrm{LP}}(e^{j\omega})e^{j\omega n}d\omega=\frac{1}{2\pi}\int_{-\omega_1}^{\omega_1}e^{-j\omega\alpha}e^{j\omega n}d\omega=\frac{\sin[\omega_1(n-\alpha)]}{\pi(n-\alpha)} \tag{20.1}$$

理想高通滤波器的单位脉冲响应为

$$h_{d\mathrm{HP}}(n)=\frac{1}{2\pi}\int_{-\pi}^{-\omega_2}e^{-j\omega\alpha}e^{j\omega n}d\omega+\frac{1}{2\pi}\int_{\omega_2}^{\pi}e^{-j\omega\alpha}e^{j\omega n}d\omega=\delta(n-\alpha)-\frac{\sin[\omega_2(n-\alpha)]}{\pi(n-\alpha)} \tag{20.2}$$

理想带通滤波器的单位脉冲响应为

$$h_{d\mathrm{BP}}(n)=\frac{1}{2\pi}\int_{-\omega_2}^{-\omega_1}e^{-j\omega\alpha}e^{j\omega n}d\omega+\frac{1}{2\pi}\int_{\omega_1}^{\omega_2}e^{-j\omega\alpha}e^{j\omega n}d\omega=\frac{\sin[\omega_2(n-\alpha)]-\sin[\omega_1(n-\alpha)]}{\pi(n-\alpha)} \tag{20.3}$$

理想带阻滤波器的单位脉冲响应为

$$\begin{aligned}h_{d\mathrm{BS}}(n)&=\frac{1}{2\pi}\int_{-\pi}^{-\omega_2}e^{-j\omega\alpha}e^{j\omega n}d\omega+\frac{1}{2\pi}\int_{-\omega_1}^{\omega_1}e^{-j\omega\alpha}e^{j\omega n}d\omega+\frac{1}{2\pi}\int_{\omega_2}^{\pi}e^{-j\omega\alpha}e^{j\omega n}d\omega\\&=\delta(n-\alpha)+\frac{\sin[\omega_1(n-\alpha)]-\sin[\omega_2(n-\alpha)]}{\pi(n-\alpha)}\end{aligned} \tag{20.4}$$

从式（20.1）～式（20.4）可以看出，第一类线性相位理想滤波器的单位脉冲响应都是无穷长的实数序列，即具有无限脉冲响应，且呈偶对称特性，幅度绝对值最大值出现在对称中心 $n=\alpha$处或最接近α的两个样点上，偏离对称中心越远，相对幅度越小。四种理想滤波器单位脉冲响应包络如图 20.2 所示，其中$\omega_1=\pi/8$，$\omega_2=3\pi/8$，$\alpha=100$，n 取 0～200（为更加明显地显示样点值的极性变化，图 20.2 所示的是序列的包络而并非离散样点值，且最大幅度都归一化为 1）。

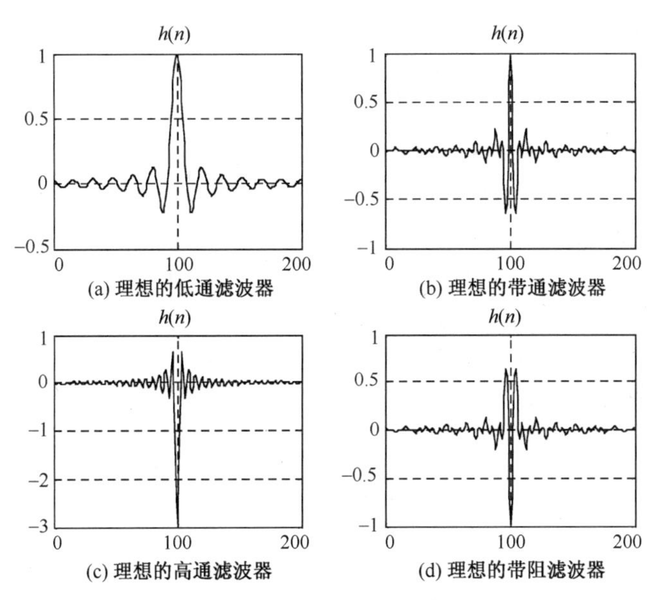

图 20.2　四种理想滤波器单位脉冲响应包络

根据序列离散时间傅里叶变换的定义，绝对可和的序列$x(n)$与$X(\mathrm{e}^{\mathrm{j}\omega})$存在如下关系：

$$X(\mathrm{e}^{\mathrm{j}\omega}) = \sum_{n=-\infty}^{\infty} x(n)\mathrm{e}^{-\mathrm{j}n\omega} \tag{20.5}$$

式中，$X(\mathrm{e}^{\mathrm{j}\omega})$可以看成复序列$\mathrm{e}^{-\mathrm{j}n\omega}$的线性加权和；加权系数$x(n)$的取值大小决定着相应复谐波分量$\mathrm{e}^{-\mathrm{j}n\omega}$在序列谱中的权重。

对于线性相位理想滤波器的单位脉冲响应而言，幅度绝对值较大的样点都集中在对称中心附近，这些样点将对滤波器的频率响应起到主要作用。如果只允许选择有限个样点作为一个系统的单位脉冲响应，那么在对称中心周围对称地选择有限个样点得到的序列对应的频率响应与理想滤波器的频率响应更为近似，而且允许选取的点数越多越相近，这是窗函数法设计FIR滤波器的重要基础。

2．窗函数法设计FIR滤波器的方法与步骤

用窗函数截取理想滤波器单位脉冲响应的过程在数学上描述为

$$h(n) = h_d(n)w(n) \tag{20.6}$$

式中，$h_d(n)$是理想滤波器的单位脉冲响应，可以是式（20.1）～式（20.4）中的任何一个；$w(n)$是窗函数，中心在α处。常用的几种窗函数幅频特性参数如表20.1所示。

表20.1　常用的几种窗函数幅频特性参数

窗函数类型	旁瓣峰值/dB	过渡带带宽 B		阻带最小衰减/dB
		近似值	精确值	
矩形窗	−13	$4\pi/N$	$1.8\pi/N$	−21
三角窗	−25	$8\pi/N$	$6.1\pi/N$	−25
汉宁窗	−31	$8\pi/N$	$6.2\pi/N$	−44
汉明窗	−41	$8\pi/N$	$6.6\pi/N$	−53
布莱克曼窗	−57	$12\pi/N$	$11\pi/N$	−74
凯塞窗（β=7.865）	−57		$10\pi/N$	−80

用窗函数法设计FIR滤波器的步骤概括如下。

WFDStep1：根据技术指标要求确定窗函数$w(n)$的N个样点值。

（1）确定窗函数类型。

首先根据在阻带频率ω_{st}处衰减不小于α_{st}的要求对照表20.1确定可选用的窗函数类型；再从中根据过渡带尽可能窄的原则确定具体的窗函数类型。

（2）确定窗函数的宽度N。

窗函数选择遵循这样一个原则，在阻带最小衰减指标满足要求的情况下，选择过渡带窄（有精确值的按精确值计，没有精确值的按照近似值计）的作为窗函数。

过渡带带宽根据$\Delta\omega=|\omega_{st}-\omega_p|$计算，根据各类型窗函数的窗长与过渡带带宽的关系可以确定窗长N。N和$\Delta\omega$的关系为

$$A\pi/N=\Delta\omega$$

或者写为

$$N=\frac{A\pi}{\Delta\omega} \tag{20.7}$$

A对于特定窗而言为常数，对照表20.1，矩形窗的A=1.8，布莱克曼窗的A=11。

若给定的滤波器边界频率指标是f_{st}、f_p，单位是 Hz，采样频率为F_s，则式（20.7）可改写为

$$N=\frac{A\pi}{2\pi\left|f_{st}-f_p\right|/F_s}=\frac{A\pi}{2\pi\Delta f/F_s}=\frac{A}{\Delta f/(F_s/2)} \tag{20.8}$$

对于低通滤波器和高通滤波器，滤波器阶数可以直接用式（20.7）或式（20.8）进行计算。而对于带通和带阻滤波器，都有两个过渡带，为保证设计出的滤波器在两个过渡带都满足指标要求，在确定滤波器窗长N时，必须以较窄的过渡带作为$\Delta\omega$。当计算出的N为非整数时，需要进行向上取整运算。

（3）将N值代入选定窗函数的表达式，确定$w(n)$的N个样点值。

MATLAB 软件提供了常用窗函数N个样点值的确定函数，函数名字及调用格式如下：

```
wn= rectwin (N)        %列矢量 wn 中返回长度为 N 的矩形窗函数
wn=bartlett(N)         %列矢量 wn 中返回长度为 N 的三角窗函数
wn=hanning(N)          %列矢量 wn 中返回长度为 N 的汉宁窗函数
wn=hamming(N)          %列矢量 wn 中返回长度为 N 的汉明窗函数
wn=blackman(N)         %列矢量 wn 中返回长度为 N 的布莱克曼窗函数
wn=kaiser(N，beta)     %列矢量 wn 中返回长度为 N 的凯塞窗函数
```

WFDStep2：确定理想滤波器类型（低通、高通、带通、带阻）、理想频率响应$H(e^{j\omega})$及单位脉冲响应$h_d(n)$的具体表达式。

理想滤波器的截止频率近似位于过渡带的中心，即

$$\omega_c=\frac{\omega_p+\omega_{st}}{2} \tag{20.9}$$

在线性相位函数$\theta(\omega)=-\alpha\omega$表达式中，$\alpha=(N-1)/2$。

低通滤波器和高通滤波器都只有一个截止频率，而带通滤波器和带阻滤波器则有两个。

WFDStep3：对理想滤波器单位脉冲响应加窗截取得到待设计滤波器的单位脉冲响应，$h(n)=h_d(n)w(n)$。

WFDStep4：对$h(n)$进行傅里叶变换得到$H(e^{j\omega})$，以验证其通带、阻带衰减和过渡带带宽指标是否满足指标要求。若过渡带带宽不满足要求，应选取较大的N；若阻带衰减不够，重新选取窗函数，之后重复步骤 WFDStep2～WFDStep4，直至达到性能指标要求。

【情境任务及步骤】

为更直观地体验滤波器的作用，基于窗函数法思想，本案例中共设置了四个情境：“准备原声信号”、“窗函数法设计 FIR 选频滤波器”、“过渡带的选择伤不起”和“FIR 滤波器延迟和计算量分析”。第一个情境的任务包括读取原声信号和分析其频谱分布；第二个情境研究 FIR 滤波器窗函数法设计实践和对声音信号不同频段的选取应用。第三个情境用于研究 FIR 滤波器相对过渡带带宽与滤波器阶数的关系。第四个情境用于揭示延迟、计算量与滤波器阶数的关系。

一、准备原声信号

（1）读取 Windows 系统的启动声音文件（扩展名为.wav），并进行试听。要求数据存放在矩阵$\boldsymbol{y}$中，采样频率存放在F_s中，并查看F_s的值及$\boldsymbol{y}$的维数。MATLAB 软件提供的函数为

wavread、sound(wavplay)和 size。Windows 系统的启动声音文件可以复制到保存程序的路径下，也可以借助 uigetfile 函数进行读取。

（2）用 fft 函数分析左声道声音 y(:,1)（程序形式）的频谱，画出幅频特性图，并根据幅频特性图确定信号的能量主要集中的频率范围。

二、窗函数法设计 FIR 选频滤波器

1．所谓的低频听起来到底是什么样的

1）*以 F_s 为采样频率设计低通滤波器*

设低通滤波器的指标：通带截止频率 f_p 为 1000Hz，阻带截止频率 f_{st} 为 1500Hz，通带最大衰减为 1dB，阻带最小衰减为 45dB。

（1）确定窗函数 $w(n)$。

确定窗函数 $w(n)$的各样点值，即按步执行步骤 WFDStep1 的全过程：

① 根据阻带衰减指标确定窗函数类型。

② 根据给定边界频率指标确定低通滤波器的过渡带带宽 $\Delta\omega$（数字角频率），再根据式（20.7）或式（20.8）确定所选窗的长度 N。

③ 根据长度 N 和所选窗函数类型确定所加窗函数 $w(n)$的各样点值。

（2）根据式（20.9）确定理想低通滤波器单位脉冲响应表达式（20.1）中的参数ω_1、α，以及 $h_d(n)$。

（3）确定低通滤波器的单位脉冲响应序列。

① 根据步骤 WFDStep3 计算加窗后的单位脉冲响应序列，并记为 hLPn1（程序形式）。

② 调用 MATLAB 软件中的函数 fir1，以 $N-1$ 、ω_1/π 和相应的窗函数为输入参数，确定单位脉冲响应序列，并记为 hLPn2（程序形式）。

③ 同框比较两种设计方法得到的滤波器单位脉冲响应。

在同一个图形窗口中显示 hLPn1、hLPn2 两个序列，要求分别选用不同的颜色显示。对比同性能指标要求下两种方法生成的低通滤波器单位脉冲响应序列的异同，并记入总结报告。

（4）指标验证。

① 对得到的系统单位脉冲响应进行幅频响应分析。

调用函数 freqz，以 hLPn1 和 1 为参数分析系统的幅频响应，输出参数为 H 和 ω。

② 画出幅频特性图。

A．调用函数 abs 计算 H 的模值，记为 AH（程序形式）。

B．调用函数 max 计算 AH 的最大值，记为 maxAH（程序形式）。

C．以 maxAH 为单位对 AH 进行归一化。

D．将数字归一化频率变换为物理频率 $f=\omega/\pi\times F_s/2$。

E．画出 20lg(AH/maxAH)与 f 的曲线，f 的显示范围为 0～$F_s/2$。

③ 根据给定的滤波器指标画出比较基准线。

调用函数 line，画出直线$(0,-\alpha_p)\to(f_p,-\alpha_p)$、$(0,-\alpha_{st})\to(f_{st},-\alpha_{st})$、$(f_p,-\alpha_{st})\to(f_p,-\alpha_p)$、$(f_{st},-\alpha_{st})\to(f_{st},-\alpha_p)$。

通过幅频特性图及比较基准线验证所设计滤波器的指标是否符合要求。

2）用所设计的低通滤波器对一个声道的信号进行滤波

调用函数 conv 计算 hLPn（程序形式）和 y(:,1)（程序形式）的卷积，结果记为 yLP（程序形式）。

3）调用 sound 函数试听 yLP 的声效

调用 MATLAB 软件中的 sound 函数试听 yLP 的声效。

4）分析 yLP 的频谱，并画出其频谱图

对 yLP 的频谱进行分析，并画出其频谱图。

5）改变边界频率，体验何处为低频

（1）f_p 设置为 800Hz，f_{st} 设为 1000Hz，重复步骤 1）～4）。

（2）f_p 设置为 400Hz，f_{st} 设为 600Hz，重复步骤 1）～4）。

（3）f_p 设置为 2500Hz，f_{st} 设为 3000Hz，重复步骤 1）～4）。

从低通滤波后的声效体会低通选频的影响，并将听觉的感受记入总结报告。

2．所谓的高频听起来到底是什么样的

（1）以 F_s 为采样频率设计高通滤波器，并用 hHPn（程序形式）表示得到的滤波器的单位脉冲响应。

设高通滤波器的指标：通带截止频率 f_p 为 3000Hz，阻带截止频率 f_{st} 为 2500Hz，通带最大衰减为 1dB，阻带最小衰减为 50dB。

设计步骤与上述设计低通滤波器的几乎完全相同，但有如下几个细微差别：

① 滤波器的长度 N 必须保证为奇数。

② $h_d(n)$由式（20.2）确定。

③ 在调用函数 fir1 时，滤波器类型 ftype（程序形式）要指定为 high（程序形式）。

④ 指标验证时比较基准线应体现高通特性。

（2）用所设计的高通滤波器对其中一个声道信号进行滤波。

调用函数 conv 计算 hHPn 和 y(:,1)（程序形式）的卷积，结果记为 yHP（程序形式）。

（3）用 sound 函数试听 yHP 的声效。

（4）分析 yHP 的频谱。

（5）改变边界频率，体验何处为高频。

① f_p 设置为 1800Hz，f_{st} 设为 1500Hz，重复步骤（1）～（4）。

② f_p 设置为 1000Hz，f_{st} 设为 800Hz，重复步骤（1）～（4）。

③ f_p 设置为 800Hz，f_{st} 设为 300Hz，重复步骤（1）～（4）。

从高通滤波后的声效体会高通选频的影响，并将听觉的感受记入总结报告。

3．信号中间频率听起来到底是什么样的

（1）以 F_s 为采样频率设计带通滤波器，并用 hBPn（程序形式）表示得到的滤波器的单位脉冲响应。

设通带截止频率 f_{p1} 和 f_{p2} 分别为 800Hz 和 1500Hz，阻带截止频率 f_{st1} 和 f_{st2} 分别为 500Hz 和 2000Hz，通带最大衰减为 1dB，阻带最小衰减为 50dB。

带通滤波器的设计步骤与上述设计低通滤波器的总体一样，几个细微差别如下：

① 过渡带有两个，确定单位脉冲响应序列长度 N 时必须选择窄的过渡带，以保证两边指标均能满足要求。

② $h_d(n)$由式（20.3）确定。

③ 在调用函数 fir1 时，滤波器类型 ftype（程序形式）要指定为 bandpass（程序形式）。

④ 指标验证时比较基准线应体现带通特性。

（2）用所设计的带通滤波器对其中一个声道信号进行滤波。

调用函数 conv 计算 hBPn 和 y(:,1)（程序形式）的卷积，结果记为 yBP（程序形式）。

（3）用 sound 函数试听 yBP 的声效。

（4）分析 yBP 的频谱。

（5）改变边界频率体验何为选频。

除了要求最小的阻带截止频率低于最小的通带截止频率、最大的阻带截止频率高于最大的通带截止频率，可以任意选择通带截止频率和阻带截止频率，并重复步骤（1）～（4）。

从带通滤波后的声效体会带通选频的影响，并将听觉的感受记入总结报告。

4．信号去掉中间频率听起来到底是什么样的

（1）以 F_s 为采样频率设计带阻滤波器，并用 hBSn（程序形式）表示得到的滤波器的单位脉冲响应。

设阻带截止频率分别为 800Hz 和 1500Hz，通带截止频率分别为 500Hz 和 2000Hz，通带最大衰减为 1dB，阻带最小衰减为 50dB。

带阻滤波器的设计步骤与上述设计低通滤波器的总体一样，几个细微差别如下：

① 带阻滤波器的过渡带有两个，确定单位脉冲响应序列长度 N 时必须选择窄的过渡带，以保证两边指标均能满足要求，且长度 N 必须为奇数。

② $h_d(n)$由式（20.4）确定。

③ 在调用函数 fir1 时，滤波器类型 ftype（程序形式）要指定为 stop（程序形式）。

④ 指标验证时比较基准线应体现带阻特性。

（2）用所设计的带阻滤波器对其中一个声道信号进行滤波。

调用函数 conv 计算 hBSn 和 y(:,1)（程序形式）的卷积，结果记为 yBS（程序形式）。

（3）用 sound 函数试听 yBS 的声效。

（4）分析 yBS 的频谱。

（5）改变边界频率体验何为选频。

除了要求最小的通带截止频率低于最小的阻带截止频率、最大的通带截止频率高于最大的阻带截止频率，可以任意选择通带截止频率和阻带截止频率，并重复步骤（1）～（4）。

从带阻滤波后的声效体会带阻选频的影响，并将听觉的感受记入总结报告。

三、过渡带的选择伤不起

从式（20.8）可以看出，滤波器的阶数 $N-1$ 与比值$\Delta f/(F_s/2)$成反比，若定义相对过渡带带宽为

$$\Delta f_r = \frac{\Delta f}{F_s / 2} \tag{20.10}$$

式（20.8）可改写为

$$N = \frac{A}{\Delta f / (F_s / 2)} = \frac{A}{\Delta f_r} \tag{20.11}$$

式（20.11）表明滤波器的阶数 $N-1$ 与相对过渡带带宽 Δf_r 成反比。

如表 20.1 所示，在窗函数选定的情况下，A 是一个相应的定值常数。若要使滤波器的相对带宽越窄，则滤波器的阶数 N 必然越大。这意味着，若希望滤波器的阶数越小，则对相对带宽的约束放得越松。虽然降低采样频率（改变滤波器的采样频率，信号的频率也要同步改，涉及变频率采样或重采样问题，在此不进行深入讨论）也是一种选择，但受到奈奎斯特定理的约束，F_s 也不能降得太低。简而言之，如果滤波器指标是由读者自己提出的，切记不能太任性，比如过渡带尽可能窄、通带衰减尽量小、阻带衰减足够大等。

下面借助 MATLAB 软件中的 FDATool 工具设计滤波器，演示相对带宽与滤波器阶数的关系。

1）准备用 FDATool 工具进行滤波器的设计与分析

（1）在 MATLAB 命令窗口中输入 fdatool 命令，并按回车键。

（2）在“Filter Design & Analysis Tool”界面的“Response Type”选区中选中“Lowpass”单选按钮；在“Design Method”选区中选中“FIR”单选按钮，并在其右侧下拉菜单中选择“Window”选项。

（3）只查看界面中的各字段默认数值，但不做任何改动。

2）固定通带、阻带边界频率，总结滤波器阶数 N 随采样频率 F_s 的变化关系

“Fpass”设置为 200，“Fstop”设置为 300。

（1）F_s 设置为 1000Hz，单击图形界面下方的“Design Filter”按钮，设计滤波器，记录图形界面左上方“Current Filter Information”选区中的“Order”对应的数值。

（2）F_s 设置为 10000Hz，设计滤波器，并记下“Current Filter Information”选区中的“Order”对应的数值。

（3）F_s 设置为 100000Hz，设计滤波器，并记下“Current Filter Information”选区中的“Order”对应的数值。

比较三种 F_s 下的滤波器阶数，并将这三种情况列表记入总结报告。

3）过渡带不变，总结滤波器阶数 N 随采样频率 F_s、过渡带的变化关系

F_s 设置为 1000Hz。

（1）Fpass=200，Fstop=300，设计滤波器，并记下“Current Filter Information”选区中的“Order”对应的数值。

（2）Fpass=250，Fstop=350，设计滤波器，并记下“Current Filter Information”选区中的“Order”对应的数值。

（3）Fpass=150，Fstop=250，设计滤波器，并记下“Current Filter Information”选区中的“Order”对应的数值。

比较在 F_s 为 1000Hz 条件下，三种不同通带、阻带边界频率下的滤波器阶数，并将这三种情况列表记入总结报告。

F_s 分别取为 10000Hz、100000Hz，再次测试三种不同通带、阻带边界频率下的滤波器阶数，并将这三种情况列表记入总结报告。

四、FIR 滤波器延迟和计算量分析

严苛的滤波器指标要求不单单是使滤波器阶数 N 增加这么简单，还会直接导致信号被延迟的时间增加、实现复杂度加大等一系列问题。

对于具有线性相位 $\theta(\omega)=-\alpha\omega$ 的 FIR 滤波器，对通过其中的每个频率分量信号都延迟 α 个样点，其中 $\alpha=(N-1)/2$。设采样频率为 F_s，则具有线性相位 $\theta(\omega)=-\alpha\omega$ 的 FIR 滤波器对通过其中的信号的延迟，可具体表示为

$$\tau_d = \alpha / F_s = \frac{N-1}{2F_s} \tag{20.12}$$

线性时不变滤波系统对输入信号的处理，可以表示为系统单位脉冲响应 $h(n)$ 与输入序列 $x(n)$ 的线性卷积

$$y(n) = \sum_{m=0}^{N-1} h(m)x(n-m) \tag{20.13}$$

按照式（20.13）得到 $y(n)$ 的每个样点需要 N 次乘法、$N-1$ 次加法，可见 N 越大，计算复杂度越高。

设信号 $x(t)$ 的持续时间为 1s，其最高频率为 400Hz。F_s 分别取为 1000Hz、10000Hz 和 100000Hz，得到的时域离散序列分别记为 $x_1(n)$、$x_2(n)$ 和 $x_3(n)$。若用 FDATool 工具设计 FIR 低通滤波器，滤波器指标要求通过“【情境任务及步骤】→‘过渡带的选择伤不起’→固定通带、阻带边界频率，总结滤波器阶数 N 随采样频率 F_s 的变化关系”步骤，得到的滤波器单位脉冲响应分别记为 $h_1(n)$、$h_2(n)$ 和 $h_3(n)$。

（1）试按照式（20.12）分析三种 F_s 下的延迟。

（2）计算三种采样频率下得到的三个序列的长度。

（3）根据式（20.13）计算三种采样频率下得到完整输出需要的乘法次数和加法次数（按逐点计算考虑），并列表比较。

【思考题】

（1）分析在时域对系统单位脉冲响应 $h(n)$ 进行的加窗截断处理在频域有何体现。

（2）用窗函数法设计 FIR 滤波器时，理想滤波器的边界频率是如何控制的？

（3）从相频响应的角度分析，FIR 滤波器对输入信号响应的延迟与什么因素有关。

（4）从处理的声音效果看，低通滤波器、高通滤波器、带通滤波器、带阻滤波器的作用分别是什么？

【总结报告要求】

（1）书写情境任务总结报告，原理部分要简要描述窗函数法设计 FIR 滤波器的原理步骤，书写情境任务时可适当进行归纳和总结，但至少要列出【情境任务及步骤】中相关内容的各级标题。

（2）情境任务的程序清单除在报告中出现外，还必须以独立的.m 文件形式单独提交。各情境要分别编制程序，程序清单要求至少按程序块进行注释。

（3）效果图附于相应的情境任务下。

（4）在 MATLAB 软件中的 Help 文件中查找 fir1 函数，将调用语法和函数描述部分及下

面这段话翻译到总结报告中。

Fir1 always uses an even filter order for the highpass and bandstop configurations. This is because for odd orders, the frequency response at the Nyquist frequency is 0, which is inappropriate for high-pass and bandstop filters. If you specify an odd-valued n, fir1 increments it by 1.

（5）简要回答【思考题】中的问题。

（6）报告中还可包括完成本案例的个人心得、对本案例设置的建议等。

【参考程序】

案例二十一——频率采样采出 FIR 滤波器

【案例设置目的】

通过严格按照频率采样步骤设计 FIR 滤波器，深刻理解频率采样法的设计思想及设计方法，理解添加过渡点对滤波器指标的影响。

【相关基础理论】

若所希望得到的滤波器或目标滤波器的频率响应 $H(\mathrm{e}^{\mathrm{j}\omega})$是可以预先得到的，那么对 $H(\mathrm{e}^{\mathrm{j}\omega})$进行离散傅里叶反变换即可得到目标滤波器的单位脉冲响应 $h(n)$。但是在多数情况下求解 $H(\mathrm{e}^{\mathrm{j}\omega})$的傅里叶反变换并不容易。此时若对 $H(\mathrm{e}^{\mathrm{j}\omega})$在$\omega$取 0～2π 的范围内进行 N 个等间隔采样，且第一个采样点在ω=0 处，得到的频域离散采样记为 $H(k)$。如果采样过程没有出现失真，则对 $H(k)$进行 IDFT 可得到目标滤波器的单位脉冲响应 $h(n)$，从而完成 FIR 滤波器设计，这即频率采样法设计 FIR 滤波器的思想。

除理想滤波器外，其他滤波器的频率响应 $H(\mathrm{e}^{\mathrm{j}\omega})$若没有解析表达形式，要描述其在每一处的取值也是非常复杂的。虽然理想滤波器频率响应 $H(\mathrm{e}^{\mathrm{j}\omega})$的描述非常简单，但其单位脉冲响应 $h(n)$是无穷长序列。尽管这样，频率采样法设计 FIR 滤波器还是常常从目标滤波器的理想化状态开始，毕竟理想化滤波器解决了目标滤波器频率响应描述从无到有的问题。

设所希望得到的滤波器的理想频率响应为 $H_d(\mathrm{e}^{\mathrm{j}\omega})$，在$\omega$取 0～2π 的范围内对 $H_d(\mathrm{e}^{\mathrm{j}\omega})$等间隔采样 N 个点，且第一个采样点在ω=0 处，得到的频域离散采样记为 $H(k)$，即

$$H(k)=H_d(\mathrm{e}^{\mathrm{j}2k\pi/N}),\quad k=0,1,\cdots,N-1 \tag{21.1}$$

根据频域离散采样点 $H(k)$可以确定待设计滤波器的系统函数 $H(z)$或频率响应 $H(\mathrm{e}^{\mathrm{j}\omega})$，即

$$H(z)=\frac{1-z^{-N}}{N}\sum_{k=0}^{N-1}\frac{H(k)}{1-W_N^{-k}z^{-1}} \tag{21.2}$$

$$H(\mathrm{e}^{\mathrm{j}\omega})=\frac{1-\mathrm{e}^{-\mathrm{j}N\omega}}{N}\sum_{k=0}^{N-1}\frac{H(k)}{1-W_N^{-k}\mathrm{e}^{-\mathrm{j}\omega}} \tag{21.3}$$

根据时域采样及恢复理论可知，这样得到的 $H(\mathrm{e}^{\mathrm{j}\omega})$至少在 N 个采样点上与 $H_d(\mathrm{e}^{\mathrm{j}\omega})$是完全一致的，即

$$H(\mathrm{e}^{\mathrm{j}2k\pi/N})=H_d(\mathrm{e}^{\mathrm{j}2k\pi/N}),\quad k=0,1,\cdots,N-1 \tag{21.4}$$

$H(\mathrm{e}^{\mathrm{j}\omega})$在其他点上是否与 $H_d(\mathrm{e}^{\mathrm{j}\omega})$一致，要取决于对 $H_d(\mathrm{e}^{\mathrm{j}\omega})$进行频率采样得到 $H(k)$的过程是否满足频率采样定理。如果 $H_d(\mathrm{e}^{\mathrm{j}\omega})$对应的单位脉冲响应 $h_d(n)$是无穷长序列，或者说序列长度至少大于采样点数 N，则频域采样必然产生失真，且采样的点数越少失真越大，$H(\mathrm{e}^{\mathrm{j}\omega})$在采样点以外的其他点上与 $H_d(\mathrm{e}^{\mathrm{j}\omega})$的一致性也就越差，或者说 $H(\mathrm{e}^{\mathrm{j}\omega})$ 对 $H_d(\mathrm{e}^{\mathrm{j}\omega})$ 的逼近度越差。

为简单而有效地提高 $H(\mathrm{e}^{\mathrm{j}\omega})$对 $H_d(\mathrm{e}^{\mathrm{j}\omega})$的逼近程度，最常用的方法是在 $H_d(\mathrm{e}^{\mathrm{j}\omega})$不连续点附近添加幅度过渡的采样点，这样虽然加宽了过滤带，但缓和了边界频率附近样点幅度的跃变

程度，因而将有效地减少起伏振荡，提高阻带的最小衰减。过渡带采样点的个数 m 与阻带衰减α_{st}的经验数据如表 21.1 所示。

表 21.1 过渡带采样点的个数 m 与阻带衰减α_{st}的经验数据

m	1	2	3
α_{st}	44～54dB	65～75dB	85～95dB

若增加的过渡点个数为 m，则过渡带带宽近似为 $2(m+1)\pi/N$。通常滤波器设计指标中会直接或间接地给出对过渡带带宽 B_t 的要求，通过增加过渡点的方式产生的过渡带也应符合指标要求，即

$$(m+1)2\pi/N \leqslant B_t$$

或

$$N \geqslant (m+1)2\pi/B_t \tag{21.5}$$

当需要设计满足线性相位的 FIR 滤波器时，还必须注意采样值 $H(k)$的幅度和相位一定要遵循线性相位滤波器四种不同的约束关系。对于两类四种情况的线性相位 FIR 滤波器而言，其频率响应都具有如下形式：

$$H(e^{j\omega}) = H_g(\omega)e^{j\theta(\omega)} \tag{21.6}$$

式中，$H_g(\omega)$是幅频特性函数，是ω的函数；$\theta(\omega)=-\alpha\omega+\beta$，$\alpha=(N-1)/2$，$\beta$ 等于$-\pi/2$ 或 0。

对 $H(e^{j\omega})$在$[0,2\pi)$之间进行 N 个等间隔采样，且第一个采样点在$\omega=0$ 处，则有

$$H(k) = H(e^{j\omega})\Big|_{\omega=2k\pi/N} = H_g(k)e^{j\theta(k)} \tag{21.7}$$

式中，$H_g(k)$是 $H_g(\omega)$的 N 个离散采样值；$\theta(k)$是$\theta(\omega)$的 N 个离散采样值。

对于第一类线性相位 FIR 滤波器，其单位脉冲响应 $h(n)$满足偶对称特性，即 $h(n)=h(N-n-1)$，对应的相频特性函数和幅频特性函数应满足：

$$\theta(\omega) = -\frac{N-1}{2}\omega \tag{21.8}$$

$$H_g(\omega) = H_g(2\pi-\omega),\quad N\text{为奇数} \tag{21.9}$$

$$H_g(\omega) = -H_g(2\pi-\omega),\quad N\text{为偶数} \tag{21.10}$$

此时，对相频特性函数和幅频特性函数采样得到的离散采样值应满足：

$$\theta(k) = -\frac{N-1}{2}\frac{2\pi}{N}k = -\frac{N-1}{N}k\pi \tag{21.11}$$

$$H_g(k) = H_g(N-k),\quad N\text{为奇数} \tag{21.12}$$

$$H_g(k) = -H_g(N-k),\quad N\text{为偶数} \tag{21.13}$$

对于第二类线性相位 FIR 滤波器，$h(n)$满足奇对称特性，即 $h(n)=-h(N-n-1)$，对应的相频特性函数和幅频特性函数应满足：

$$\theta(\omega) = -\frac{\pi}{2}-\frac{N-1}{2}\omega \tag{21.14}$$

$$H_g(\omega)=-H_g(2\pi-\omega),\quad N为奇数 \tag{21.15}$$

$$H_g(\omega)=H_g(2\pi-\omega),\quad N为偶数 \tag{21.16}$$

相频特性函数和幅频特性函数对应的离散采样值应满足：

$$\theta(k)=-\frac{\pi}{2}-\frac{N-1}{N}k\pi \tag{21.17}$$

$$H_g(k)=-H_g(N-k),\quad N为奇数 \tag{21.18}$$

$$H_g(k)=H_g(N-k),\quad N为偶数 \tag{21.19}$$

综上，频率采样法设计线性相位 FIR 滤波器的步骤归纳如下。

SFDStep1：根据阻带最小衰减α_{st}，参照表 21.1 所示的经验数据，确定需增加的过渡带采样点个数 m。

SFDStep2：由过渡带带宽 B_t 根据式（21.5）确定频域采样点个数 N（滤波器的长度）。

SFDStep3：构造希望逼近的第一类线性相位 FIR 滤波器的频率响应函数

$$H_d(\mathrm{e}^{\mathrm{j}\omega})=H_d(\omega)\mathrm{e}^{-\mathrm{j}\omega(N-1)/2} \tag{21.20}$$

式中，$H_d(\omega)$在通带内取常数 1，在阻带内取常数 0。

SFDStep4：对 $H_d(\mathrm{e}^{\mathrm{j}\omega})$进行频域采样，得

$$H(k)=H_d(\mathrm{e}^{\mathrm{j}\omega})\Big|_{\omega=\frac{2\pi}{N}k}=H_d(k)\mathrm{e}^{-\mathrm{j}\frac{N-1}{N}\pi k},\quad k=0,1,\cdots,N-1 \tag{21.21}$$

$$H_d(k)=H_d(\omega)\big|_{\omega=\frac{2\pi k}{N}}=H_d\left(\frac{2\pi k}{N}\right),\quad k=0,1,\cdots,N-1 \tag{21.22}$$

并依据经验或累试的方法设置过渡带内样点的值，即修改式（21.22）中落入过渡带内的值。

SFDStep5：对 $H(k)$进行 N点 IDFT，得到第一类线性相位 FIR 滤波器的单位脉冲响应

$$h(n)=\mathrm{IDFT}[H(k)]=\frac{1}{N}\sum_{k=0}^{N-1}H(k)W_N^{-kn},\quad n=0,1,\cdots,N-1 \tag{21.23}$$

SFDStep6：检验设计结果。计算 $h(n)$的离散时间傅里叶变换，并验证其幅频响应是否满足阻带衰减指标。若不满足，则调整过渡带采样值，重复步骤 SFDStep5，直到满足指标。

【情境任务及步骤】

依据频率采样法设计线性相位 FIR 滤波器的思路，本案例中共设置了两个情境：“纯频率采样设计 FIR 滤波器”和“在频率采样基础上增加过渡点设计 FIR 滤波器”。第一个情境研究单纯频率采样设计滤波器的效果；第二个情境研究在频率采样基础上对过渡带内样点进行修正设计滤波器的效果。

在采用频率采样法设计线性相位 FIR 滤波器时，通常将理想低通滤波器的幅频特性函数定义为

$$H_g(\omega)=1,\quad 0\leqslant\omega\leqslant\pi/4 或 7\pi/4\leqslant\omega\leqslant2\pi \tag{21.24}$$

一、纯频率采样设计 FIR 滤波器

以逼近理想低通滤波器为例，用纯频率采样设计 FIR 滤波器。

（1）取 N=15，写出$\theta(\omega)$在 N=15 时的具体表达式，由式（21.6）和式（21.24），确定 $H(e^{j\omega})$，并逐点确定 $H_g(\omega)$和$\theta(\omega)$在$\omega=2k\pi/N$ 处的值，k=0, 1, …, 14，得到 $H_g(k)$及$\theta(k)$。

（2）根据式（21.7）确定滤波器频率响应的离散采样值 $H_1(k)$。

（3）根据式（21.23）确定滤波器的单位脉冲响应 $h_1(n)$。

（4）验证设计结果。

① 调用 freqz 函数确定 $h_1(n)$ 的频率响应 $H_1(e^{j\omega})$。

② 创建图形窗口 Figurc 1，在同一幅图中用不同颜色的线分别画出 $H_1(e^{j\omega})$ 的幅频响应和式（21.24）所示的 $H_g(\omega)$。

二、在频率采样基础上增加过渡点设计 FIR 滤波器

1．在频率采样基础上增加 1 个过渡点再设计

（1）复制情境一中已确定的 $H_g(k)$及$\theta(k)$。

（2）只修改 $H_g(k)$而$\theta(k)$不变。

根据式（21.12）、式（21.13）、式（21.15）或式（21.16）选择 $H_g(4)$ 及与其对称的样点，，并将 $H_g(4)$及与其对称的采样点的值由 0 改为 0.85。

（3）$\theta(k)$ 和修改后的 $H_g(k)$ 根据式（21.17）组合得到 $H_2(k)$。

（4）根据式（21.23）确定滤波器的单位脉冲响应 $h_2(n)$。

（5）验证设计结果。

调用 freqz 函数在图形窗口 Figure 1 中，以 hold on 的方式作图表示 $h_2(n)$ 的频率响应 $H_2(e^{j\omega})$的幅频响应。

（6）将 $H_g(4)$及其对称点的值由 0.85 改为 0.25，重复上述过程，并在 Figure 1 中显示 $h_3(n)$ 的频率响应 $H_3(e^{j\omega})$的幅频响应。

仔细对比 Figure 1 中四条幅频特性曲线，总结有无过渡点、过渡点值变化前后幅频特性曲线的变化情况，并记入总结报告。

2．过渡点增加到 2 个后再设计

过渡点设置为 2 个，合理设置过渡点的幅度值，作图表示对应的频率响应曲线，并与 0 个过渡点、1 个过渡点的曲线进行比较。

根据实验结果总结频率采样法设计 FIR 滤波器的特点、过渡点的作用等。

【思考题】

（1）通过实验结果分析过渡点的设置对阻带衰减的影响是什么。

（2）在频率域对 $h(n)$ 对应的系统频率响应 $H(e^{j\omega})$ 进行 N 点采样，得到的时域序列 $h_N(n)$ 与 $h(n)$ 有何关系？

【总结报告要求】

（1）在情境任务总结报告中，原理部分要简要描述频率采样法设计 FIR 滤波器的原理步骤，书写情境任务时可适当进行归纳和总结，但至少要列出【情境任务及步骤】中相关内容

的各级标题。

（2）情境任务的程序清单除在报告中出现外，还必须以独立的.m 文件形式单独提交。各情境要分别编制程序，程序清单要求至少按程序块进行注释。

（3）效果图附于相应的情境任务下。

（4）在 MATLAB 软件中的 Help 文件中查找 fsamp2 函数，并翻译函数描述部分。

（5）简要回答【思考题】中的问题。

（6）报告中还可包括完成本案例的个人心得、对本案例设置的建议等。

【参考程序】

案例二十二——Butterworth 模拟滤波器设计

【案例设置目的】

通过 step-by-step 模式设计 Butterworth 模拟滤波器，掌握该类模拟滤波器的设计方法与步骤，理解 Butterworth 滤波的通带、阻带特性以及指标富余度的概念，掌握借助 MATLAB 软件中的函数设计 Butterworth 模拟低通滤波器的方法步骤，理解 MATLAB 软件中的相关函数的算法基础。

【相关基础理论】

Butterworth 模拟低通滤波器的幅频响应在通带和阻带下均是单调下降的，过渡带带宽直接受制于滤波器的阶数 N。

Butterworth 模拟低通滤波器是以平方幅度函数定义的：

$$\left|H_a(\mathrm{j}\Omega)\right|^2=\frac{1}{1+\left(\Omega/\Omega_c\right)^{2N}} \tag{22.1}$$

式中，N 为模拟滤波器的阶数；Ω_c 为半功率点频率，或 3dB 截止频率。若将Ω_c看成进行归一化的单位，且将Ω/Ω_c记为λ，即$\lambda=\Omega/\Omega_c$，则式（22.1）可改写为

$$\left|H(\mathrm{j}\lambda)\right|^2=\frac{1}{1+\lambda^{2N}} \tag{22.2}$$

式（22.2）对应的函数曲线如图 22.1 所示。

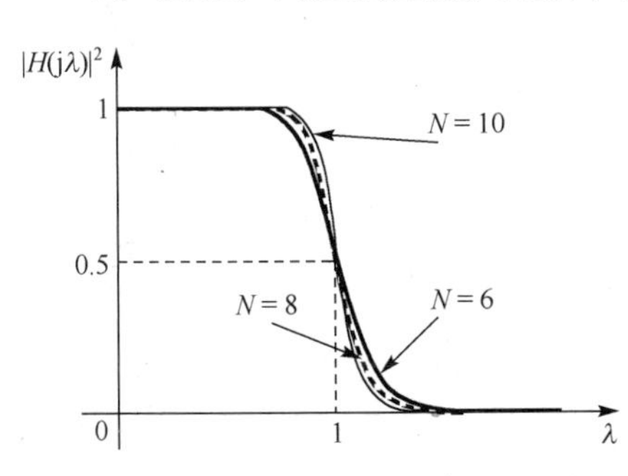

图 22.1　式（22.2）对应的函数曲线

由图 22.1 可以看出，Butterworth 模拟低通滤波器平方幅度函数的值随着λ的增加是单调下降的。对于阻带而言，当λ某个取值处的衰减满足指标要求时，其后边的幅度值肯定会衰减更大，因此设计出的滤波器常会有指标出现富余量的情况。

由式（22.1）可以推导出平方幅度函数对应的稳定系统的传递函数，即

$$H_a(s)=\frac{C}{D_N(s)}=\frac{\Omega_c^N}{s^N+\sum_{l=0}^{N-1}d_l s^l}=\Omega_c^N\Big/\prod_{l=1}^{N}(s-p_l) \tag{22.3}$$

式中，$D_N(s)$称为 N 阶 Butterworth 多项式；极点 p_l 由式（22.4）给出：

$$p_l=\Omega_c \mathrm{e}^{\mathrm{j}[\pi(N+2l-1)/2N]},\quad l=1,2,\cdots,N \tag{22.4}$$

归一化的 Butterworth 传递函数的形式为

$$H(\mathrm{j}\lambda)=\frac{1}{\prod_{l=1}^{N}(\lambda-\lambda_l)} \tag{22.5}$$

其中，

$$\lambda_l=\mathrm{e}^{\mathrm{j}\pi\left(\frac{1}{2}+\frac{2l-1}{2N}\right)},\quad l=1,2,\cdots,N \tag{22.6}$$

综合式（22.3）、式（22.4）可知，Butterworth 模拟低通滤波器传递函数中有两个待确定量，分别是 N 和Ω_c。

将低通滤波器的边界频率指标（通带边界频率Ω_p和阻带边界频率Ω_s）代入式（22.1），并计算相对于最大幅度 1 的衰减可得

$$\begin{cases} t\alpha_p=10\lg\dfrac{1}{|H_a(\mathrm{j}\Omega_p)|^2}=10\lg\left[1+\left(\Omega_p/\Omega_c\right)^{2N}\right] \\ t\alpha_s=10\lg\dfrac{1}{|H_a(\mathrm{j}\Omega_s)|^2}=10\lg\left[1+\left(\Omega_s/\Omega_c\right)^{2N}\right] \end{cases} \tag{22.7}$$

对于低通滤波器而言，按照幅度衰减指标要求，通带边界频率Ω_p处相对于最大幅度的实际衰减 $t\alpha_p$ 不能超过给定指标α_p，阻带边界频率Ω_s处相对于最大幅度的实际衰减 $t\alpha_s$ 不能小于给定指标α_s，即

$$\begin{cases} 10\lg\left[1+\left(\Omega_p/\Omega_c\right)^{2N}\right]\leqslant\alpha_p \\ 10\lg\left[1+\left(\Omega_s/\Omega_c\right)^{2N}\right]\geqslant\alpha_s \end{cases} \tag{22.8}$$

设Ω_p经Ω_c归一化后记为λ_p，Ω_s经Ω_c归一化后记为λ_s，并设$\gamma=\Omega_s/\Omega_p$，整理式（22.8）可得

$$\begin{cases} 1+\lambda_p^{2N}\leqslant 10^{\alpha_p/10} \\ 1+\gamma^{2N}\lambda_p^{2N}\geqslant 10^{\alpha_s/10} \end{cases} \tag{22.9}$$

或者写成

$$\begin{cases} \lambda_p^{2N}\leqslant 10^{\alpha_p/10}-1 \\ \gamma^{2N}\lambda_p^{2N}\geqslant 10^{\alpha_s/10}-1 \end{cases} \tag{22.10}$$

式中，参数α_p和α_s是滤波器指标中直接给定的，参数γ可以通过$\gamma=\Omega_s/\Omega_p$求得，因此待求解参数是λ_p和 N，实际待求参数为Ω_c和 N。解式（22.10）的不等式组，可以先求参数 N，也可以先求参数λ_p，下面介绍先求参数 N 的解法。一般情况下，α_s 远大于 3dB，这时有 $l_s=l_p\gamma=\Omega_s/\Omega_p\geqslant 1$；若 $a_p\leqslant 3\mathrm{dB}$，有 $\lambda_p=\Omega_p/\Omega_c\leqslant 1$。在此前提下，式（22.10）中两个不等式都是 N 越大越容易满足，使两个不等式都成立的最小 N 满足：

$$\left(\frac{1}{\gamma}\right)^N=\sqrt{\frac{10^{\alpha_p/10}-1}{10^{\alpha_s/10}-1}} \tag{22.11}$$

令 $k=\sqrt{\dfrac{10^{\alpha_p/10}-1}{10^{\alpha_s/10}-1}}$，并代入式（22.11）可得

$$N=-\frac{\lg k}{\lg\gamma} \tag{22.12}$$

若已知Ω_p、α_p、Ω_s和α_s，便可由式（22.12）求出滤波器的阶数 N。求出的 N 可能有小数部分，这时需取大于或等于 N 的最小整数。

确定参数 N 后，继而可以得到参数λ_p或λ_s，进而可求得 3dB 截止频率Ω_c，Ω_c有两种计算方法，分别为

$$\Omega_c=\Omega_p\big/(10^{\alpha_p/10}-1)^{1/(2N)} \tag{22.13}$$

$$\Omega_c=\Omega_s\big/(10^{\alpha_s/10}-1)^{1/(2N)} \tag{22.14}$$

两种方法计算出来的结果在多数情况下会不一致，但任意一种结果都是满足指标要求的。

综上所述，Butterworth 模拟低通滤波器的设计步骤如下。

ABDStep1：确定滤波器阶数 N 和 3dB 截止频率Ω_c。

根据给定滤波器指标要求Ω_p、α_p、Ω_s和α_s，由式（22.12）求出 N，由式（22.13）或式（22.14）求出Ω_c。

ABDStep2：确定归一化传递函数 $H(\mathrm{j}\lambda)$。

由式（22.6）求出 N 个极点，代入式（22.5）得到归一化传递函数 $H(\mathrm{j}\lambda)$。

ABDStep3：确定传递函数 $H_a(s)$。

利用 $\mathrm{j}\lambda=\mathrm{j}\Omega/\Omega_c=s/\Omega_c$ 对 $H(\mathrm{j}\lambda)$进行去归一化，得到传递函数 $H_a(s)$。或由式（22.3）和式（22.4）写出 Butterworth 模拟低通滤波器的传递函数 $H_a(s)$。

【情境任务及步骤】

根据 Butterworth 滤波器的定义和设计步骤，本案例仅设置了一个情境，帮助读者通过探究方式掌握 Butterworth 滤波器的概念和设计方法步骤，理解 MATLAB 软件中相关函数所使用的算法。该情境下有两个任务：一个是设计实现；另一个是指标验证。

试设计一个 Butterworth 模拟低通滤波器，其通带范围为 0～40Hz，通带允许最大衰减为 1dB（α_p=1dB），150Hz 以上为阻带，阻带允许最小衰减为 60dB（α_s=60dB）。

一、按照指标要求设计 Butterworth 模拟低通滤波器

1．按照步骤 ABDStep1 确定 Butterworth 模拟低通滤波器的阶数 N 和 3dB 截止频率Ω_c

通过自编程序和调用 MATLAB 软件中的函数两种方式确定滤波器的参数，从而印证 MATLAB 软件所使用的算法。通过Ω_c的两种不同确定方法，理解指标富余度的概念。

1）滤波器参数确定

（1）根据式（22.12）～式（22.14）编制程序确定滤波器的阶数与半功率点截止频率，所得阶数记为 N_1，两种方法所得的半功率点截止频率分别记为Ω_{pc}和Ω_{sc}。

（2）调用 MATLAB 软件中的函数 buttord 确定 Butterworth 模拟低通滤波器的阶数和半功率点截止频率，结果分别记为 N_2 和Ω_{c3}，注意输入参数和选项要求。

（3）比较 N_1 与 N_2，Ω_{pc}、Ω_{sc}和Ω_{c3}，验证 MATLAB 软件中的函数 buttord 使用哪个公式确定半功率点截止频率，并将结论记入总结报告。

2）指标富余量验证

（1）滤波器阶数取为 N_1，将 Ω_{pc} 和 Ω_{sc} 分别代入式（22.7）计算 $t\alpha_p$，结果分别记为 $t\alpha_{p1}$ 和 $t\alpha_{p2}$；将 N_1、Ω_{pc} 和 Ω_{sc} 代入式（22.7）计算 $t\alpha_s$，结果分别记为 $t\alpha_{s1}$ 和 $t\alpha_{s2}$。

（2）将 $t\alpha_{p1}$、$t\alpha_{p2}$ 与 α_p 对比，将 $t\alpha_{s1}$、$t\alpha_{s2}$ 与 α_s 对比，并将结果记入总结报告。

2．确定 Butterworth 模拟低通滤波器的归一化传递函数 $H(\mathrm{j}\lambda)$

采用直接调用 MATLAB 软件中的函数和自编程序的方式确定归一化传递函数的分子多项式和分母多项式的系数。

1）借助 MATLAB 软件中的函数自动完成

（1）调用 MATLAB 软件中的函数 buttap 确定归一化传递函数 $H(\mathrm{j}\lambda)$ 的零极点；调用函数 zp2tf 直接获得 $H(\mathrm{j}\lambda)$ 的分子、分母多项式的系数矩阵，分别记为 b1 和 a1（程序形式）。确定零极点后也可以通过调用函数 poly 依据式（22.5）确定归一化传递函数 $H(\mathrm{j}\lambda)$ 的分子、分母多项式的系数矩阵。

（2）调用 MATLAB 软件中的函数 butter，边界频率 Wn（程序形式）设为 1，确定 Butterworth 模拟低通滤波器归一化传递函数 $H(\mathrm{j}\lambda)$的分子、分母多项式的系数矩阵，分别记为 b2 和 a2（程序形式）。

比较 b1 与 b2、a1 与 a2，并将对比结果记入总结报告。

2）按照步骤 ABDStep1 纯手工确定

有兴趣的读者可以按照式（22.6）进行极点确定，依据式（22.5）手动确定归一化传递函数 $H(\mathrm{j}\lambda)$，并与上述结果进行比较。

3．确定 Butterworth 模拟低通滤波器的传递函数 $H_a(s)$

确定传递函数 $H_a(s)$，即对归一化传递函数 $H(\mathrm{j}\lambda)$去归一化，可以按照步骤 ABDStep3 的方法纯手工进行，也可以借助 MATLAB 软件中的函数完成，下面介绍后者。

重复任务 2 中的步骤，只是有两点区别：

（1）步骤（1）中的 zp2tf 或 poly 函数所使用的极点均需乘以 Ω_{c1}。

（2）步骤（2）中调用的函数 butter，边界频率 Wn=Ω_{c1}。

两种方法所得 $H_a(s)$的分母多项式系数分别记为 as3 和 as4（程序形式），分子多项式系数分别记为 bs3 和 bs4（程序形式），并计算 $\mathrm{as3}-\mathrm{as4}$，透过差值分析两种方法的异同，并将对比结果记入总结报告。

由归一化传递函数 $H(\mathrm{j}\lambda)$ 转化为去归一化的传递函数 $H_a(s)$，在 MATLAB 环境下，更简单的方法是调用 lp2lp 函数。

二、验证设计的滤波器的幅频特性

1．进行频域分析

调用 MATLAB 软件中的函数 freqs 分析 bs3 和 as3 决定的系统的频率响应 H1（程序形式）、bs4 和 as4 决定的系统的频率响应 H2（程序形式），分析的频率范围为 0～300Hz，步进为 10Hz。

2．确定幅频响应

调用函数 abs 计算 H1 的幅频响应 AH1（程序形式）、H2 的幅频响应 AH2（程序形式），调用函数 max 计算 AH1 的最大值 maxAH1（程序形式）、AH2 的最大值 maxAH2（程序形式）。

3．画出归一化对数比例幅频特性图

用 maxAH1 对 AH1 进行归一化处理，并画出 20lg(AH1/maxAH1) 和 f 的关系曲线，即纵坐标轴显示对数形式。在同一幅图中用红色虚线显示 20lg(AH2/maxAH2) 和 f 的关系曲线。

4．画出比较基准线

调用 line 函数在图上分别画出(−1,0)→(−1,250)、(−60,0)→(−60,250)、(40,−60)→(40,0)、(200,−60)→(200,0)四条比较基准线，比较设计出的滤波器指标的富余量，并将对比结果记入总结报告。

Wn 取 Ω_{c2} 重新得到 $H_a(s)$，并进行幅频响应分析，且与上述结果比较，理解指标富余度的概念。

【思考题】

（1）Butterworth 模拟低通滤波器的阶数与哪些指标有关？

（2）如何理解指标富余度？

（3）通过实验结果对比总结 Butterworth 模拟低通滤波器的通带、阻带特点，分析调用 MATLAB 软件中的函数 butter 确定滤波器阶数和半功率点截止频率的理论依据。

（4）若因种种原因无法使用 MATLAB 软件，是否还能设计出符合指标要求的 Butterworth 模拟低通滤波器？

【总结报告要求】

（1）在情境任务总结报告中，原理部分要简要描述 Butterworth 模拟低通滤波器的设计步骤，书写情境任务时可适当进行归纳和总结，但至少要列出【情境任务及步骤】中相关内容的各级标题。

（2）情境任务的程序清单除在报告中出现外，还必须以独立的.m 文件形式单独提交。各情境要分别编制程序，程序清单要求至少按程序块进行注释。

（3）效果图附于相应的情境任务下。

（4）在 MATLAB 软件中的 Help 文件中查找与 Butterworth 模拟低通滤波器设计相关的函数，并翻译函数描述部分。

（5）简要回答【思考题】中的问题。

（6）报告中还可包括完成本案例的个人心得、对本案例设置的建议等。

【参考程序】

案例二十三——Chebyshev 模拟滤波器设计

【案例设置目的】

通过 step-by-step 模式设计 Chebyshev 模拟滤波器，掌握该类模拟滤波器的设计方法与步骤，理解 Chebyshev Ⅰ型和 ChebyshevⅡ型模拟滤波器幅频特性的特点，理解 MATLAB 软件中相关 Chebyshev 模拟滤波器设计的算法原理。

【相关基础理论】

相对于 Butterworth 模拟滤波器单调变化的幅度特性而言，Chebyshev 模拟滤波器实现了通带和阻带特性的单独控制。Chebyshev 模拟滤波器有两种类型，分别是 Chebyshev Ⅰ型和Ⅱ型。Chebyshev Ⅰ型模拟低通滤波器的幅频特性曲线在通带内是等波纹波动的、在阻带内是单调下降的；ChebyshevⅡ型模拟低通滤波器的幅频特性曲线在通带内是单调下降的、在阻带内是等波纹波动的。Chebyshev Ⅰ型模拟滤波器在通带内与理想模拟滤波器的幅度绝对误差尽可能小，而阻带内最大限度地平坦。ChebyshevⅡ型模拟滤波器的幅频特性曲线与 Chebyshev Ⅰ型的恰恰相反。

Chebyshev Ⅰ型模拟低通滤波器的平方幅度函数定义为

$$\left|H(\mathrm{j}\Omega)\right|^2=\frac{1}{1+\varepsilon^2T_N^2(\Omega/\Omega_p)} \tag{23.1}$$

Chebyshev Ⅰ型模拟低通滤波器的频率归一化因子为通带边界频率Ω_p，令归一化后的频率表示为$\lambda=\Omega/\Omega_p$，式（23.1）可改写为

$$\left|H(\mathrm{j}\lambda)\right|^2=\frac{1}{1+\varepsilon^2T_N^2(\lambda)} \tag{23.2}$$

其中

$$T_N(\lambda)=\begin{cases}\cos(N\arccos\lambda), & |\lambda|\leqslant 1\\ \cosh(N\operatorname{arccosh}\lambda), & |\lambda|>1\end{cases} \tag{23.3}$$

$T_N(x)$ 称为 Chebyshev 多项式，具有分段函数的形式。在$|x|\leqslant 1$的范围内 $T_N(x)$ 按照余弦规律波动；在$|x|>1$的范围内，$T_N(x)$按照双曲余弦规律单调增加。Chebyshev Ⅰ型模拟滤波器通过 Chebyshev 多项式实现了通带和阻带衰减的单独控制，在$|x|\leqslant 1$范围内呈现等波纹波动特性，在$|x|>1$范围内呈现快速单调衰减特性。这种通带、阻带分段控制的方式对于降低模拟滤波器阶数有很重要的意义。

ChebyshevⅡ型模拟滤波器的平方幅度函数定义为

$$\left|H(\mathrm{j}\Omega)\right|^2=\frac{1}{1+\varepsilon^2T_N^2(\Omega_{st}/\Omega_p)/T_N^2(\Omega_{st}/\Omega)} \tag{23.4}$$

ChebyshevⅡ型模拟滤波器的频率归一化因子为阻带边界频率Ω_{st}，归一化后传递函数表示为

$$|H(\mathrm{j}\lambda)|^2=\frac{1}{1+\varepsilon^2T_N^2(\lambda_p)/T_N^2(\lambda)} \tag{23.5}$$

式（23.2）和式（23.5）对应的函数曲线如图 23.1 所示。

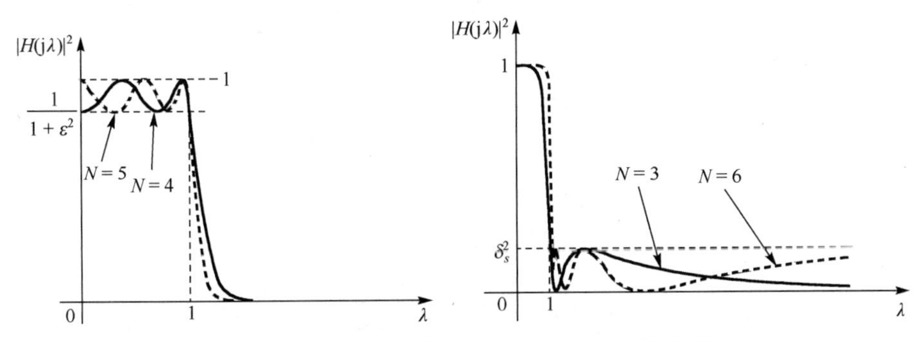

图 23.1　式（23.2）和式（23.5）对应的函数曲线

对于 Chebyshev Ⅰ型模拟滤波器而言，Chebyshev 多项式的特点决定了在$|x|=1$处$T_N(x)\equiv 1$，将该性质用于式（23.1）可得

$$10\lg\frac{1}{|H(\mathrm{j}\Omega_p)|^2}=10\lg\left[1+\varepsilon^2T_N^2\left(\frac{\Omega}{\Omega_p}\right)\right]=10\lg[1+\varepsilon^2]=\alpha_p \tag{23.6}$$

式（23.6）表明，归一化的 Chebyshev Ⅰ型模拟滤波器在$|\lambda|=1$处的衰减代表了通带内的最大波动。

对于 Chebyshev Ⅱ型模拟滤波器，根据式（23.4）有

$$10\lg\frac{1}{|H(\mathrm{j}\Omega_p)|^2}=10\lg\left[1+\varepsilon^2T_N^2\left(\frac{\Omega_{st}}{\Omega_p}\right)\Big/T_N^2\left(\frac{\Omega_{st}}{\Omega_p}\right)\right]=10\lg[1+\varepsilon^2]=\alpha_p \tag{23.7}$$

综上所述，在通带截止频率Ω_p处，无论是 Chebyshev Ⅰ型模拟滤波器还是 Chebyshev Ⅱ型模拟滤波器，归一化传递函数的幅度值$|H(\mathrm{j}\lambda_p)|$仅与参数ε有关，而与阶数 N 无关。结合式（23.6）和式（23.7）可知，通带最大衰减α_p与波纹参数ε的关系为

$$\varepsilon=\sqrt{10^{\alpha_p/10}-1} \tag{23.8}$$

Chebyshev Ⅰ型模拟滤波器和 Chebyshev Ⅱ型模拟滤波器在阻带截止频率Ω_{st}处的衰减为

$$\alpha_{st}=10\lg\frac{1}{|H(\mathrm{j}\Omega_{st})|^2}=10\lg\left[1+\varepsilon^2T_N^2\left(\frac{\Omega_{st}}{\Omega_p}\right)\right] \tag{23.9}$$

在已确定波纹参数ε的情况下，利用给定的滤波器参数可确定 Chebyshev Ⅰ型模拟滤波器和Ⅱ型模拟滤波器的阶数 N，即

$$N=\left\lceil\frac{\operatorname{arc\,cosh}\left[\sqrt{(10^{0.1\alpha_{st}}-1)/\varepsilon^2}\right]}{\operatorname{arc\,cosh}\left(\frac{\Omega_{st}}{\Omega_p}\right)}\right\rceil=\left\lceil\frac{\cosh\left[\sqrt{(10^{0.1\alpha_{st}}-1)/(10^{0.1\alpha_p}-1)}\right]}{\operatorname{arc\,cosh}\left(\frac{\Omega_{st}}{\Omega_p}\right)}\right\rceil \tag{23.10}$$

有了波纹参数ε和阶数 N 这两个参数，再辅以滤波器的边界频率指标，就可以用公式表示出 Chebyshev 模拟滤波器的归一化传递函数 $H(\mathrm{j}\lambda)$和传递函数 $H_a(s)$。

由式（23.2）知，Chebyshev I 型模拟滤波器的归一化传递函数 $H(\mathrm{j}\lambda)$本质上是λ的 N 阶多项式，分解后可以得到全极点形式：

$$H(\mathrm{j}\lambda)=\frac{K}{\prod_{k=1}^{N}(\lambda-\lambda_k)} \tag{23.11}$$

归一化极点λ_k可表示为

$$\lambda_k=\sigma_k+\mathrm{j}\Omega_k,\quad k=1,2,\cdots,N$$

其中，

$$\sigma_k=-\xi\sin\left[\frac{(2k-1)\pi}{2N}\right],\quad \Omega_k=\zeta\cos\left[\frac{(2k-1)\pi}{2N}\right] \tag{23.12}$$

$$\xi=\frac{\gamma^2-1}{2\gamma},\quad \zeta=\frac{\gamma^2+1}{2\gamma},\quad \gamma=\left(\frac{1+\sqrt{1+\varepsilon^2}}{\varepsilon}\right)^{1/N} \tag{23.13}$$

$H(\mathrm{j}\lambda)$去归一化后得到传递函数 $H_a(s)$

$$H_a(s)=H(\mathrm{j}\lambda)\big|_{\lambda=s/\Omega_p}=\frac{K\Omega_p^N}{\prod_{k=1}^{N}(s-\Omega_p\lambda_k)} \tag{23.14}$$

对比后容易看出，Chebyshev I 型模拟滤波器的归一化传递函数 $H(\mathrm{j}\lambda)$和传递函数 $H_a(s)$与 Butterworth 模拟滤波器对应的传递函数拥有相同的形式。这里不对 Chebyshev II 型模拟滤波器的归一化传递函数 $H(\mathrm{j}\lambda)$和传递函数 $H_a(s)$的来历进行详细讨论，下面直接给出结论：

$$H(\mathrm{j}\lambda)=K\frac{\prod_{k=1}^{N}(\lambda-\lambda z_k)}{\prod_{k=1}^{N}(\lambda-\lambda p_k)} \tag{23.15}$$

其中，零点 z_k 均在Ω轴上，且有

$$\lambda z_k=\frac{\mathrm{j}}{\cos\left[\frac{(2k-1)\pi}{2N}\right]},\quad k=1,2,\cdots,N \tag{23.16}$$

极点可表示为

$$\lambda p_k=\sigma_k+\mathrm{j}\Omega_k,\quad k=1,2,\cdots,N$$

其中，

$$\sigma_k=\frac{\alpha_k}{\alpha_k^2+\beta_k^2},\quad \Omega_k=-\frac{\beta_k}{\alpha_k^2+\beta_k^2}$$
$$\alpha_k=-\Omega_p\xi\sin\left[\frac{(2k-1)\pi}{2N}\right],\quad \beta_k=\Omega_p\zeta\cos\left[\frac{(2k-1)\pi}{2N}\right] \tag{23.17}$$
$$\xi=\frac{\gamma^2-1}{2\gamma},\quad \zeta=\frac{\gamma^2+1}{2\gamma},\quad \gamma=\left(A+\sqrt{A^2-1}\right)^{1/N},\quad A=\sqrt{10^{-\alpha_s/10}}$$

$$H_a(s)=K\frac{\prod_{k=1}^{N}(s-\Omega_s\lambda z_k)}{\prod_{k=1}^{N}(s-\Omega_s\lambda p_k)} \tag{23.18}$$

上述式中的 K 均为增益控制系数。

与 Chebyshev Ⅰ型模拟滤波器相比，Chebyshev Ⅱ型模拟滤波器的归一化传递函数 $H(\mathrm{j}\lambda)$和传递函数 $H_a(s)$已不再是纯极点型，而是零极点型。

综上，Chebyshev Ⅰ型和 Chebyshev Ⅱ型模拟低通滤波器拥有相同的设计步骤。

ACHDStep1：确定滤波器的波纹参数ε和阶数 N。

由给定滤波器指标Ω_p、α_p、Ω_{st}和α_{st}，依据式（23.8）和式（23.10）分别确定ε和 N。

ACHDStep2：求解归一化传递函数的零极点，确定归一化传递函数 $H(\mathrm{j}\lambda)$。

Chebyshev Ⅰ型用式（23.12）和式（23.13）求零极点，Chebyshev Ⅱ型用式（23.16）和式（23.17）求零极点。之后，Chebyshev Ⅰ型用式（23.11）确定归一化传递函数 $H(\mathrm{j}\lambda)$，Chebyshev Ⅱ型用式（23.15）确定归一化传递函数 $H(\mathrm{j}\lambda)$。

ACHDStep3：对 $H(\mathrm{j}\lambda)$去归一化，得到 Chebyshev 模拟低通滤波器的传递函数 $H_a(s)$。

Chebyshev Ⅰ型利用 $\mathrm{j}\lambda=s/\Omega_p$、Chebyshev Ⅱ型用 $\mathrm{j}\lambda=s/\Omega_{st}$ 对 $H(\mathrm{j}\lambda)$进行去归一化。或者 Chebyshev Ⅰ型和 Chebyshev Ⅱ型分别用式（23.14）、式（23.18）直接得到 $H_a(s)$。

【情境任务及步骤】

为帮助读者理解 Chebyshev 模拟低通滤波器的特点，掌握其设计方法与步骤，理解 MATLAB 软件中相关 Chebyshev 模拟滤波器设计的算法原理。本案例中共设置了两个情境："Chebyshev Ⅰ型模拟低通滤波器设计"和"Chebyshev Ⅱ型模拟低通滤波器设计"。情境一和情境二旨在通过 step-by-step 模式完成两类滤波器的设计，探究 Chebyshev Ⅰ型和 Chebyshev Ⅱ型模拟低通滤波器的基本概念、特点和设计方法步骤。

两个情境都要设计一个 Chebyshev 模拟低通滤波器，前者是Ⅰ型，后者是Ⅱ型，并通过频谱分析验证指标是否满足要求。具体指标：通带范围为 0～40Hz，通带允许最大衰减为 1dB（α_p=1dB），150Hz 以上为阻带，阻带允许最小衰减为 60dB（α_{st}=60dB）。

一、Chebyshev Ⅰ型模拟低通滤波器设计

1．滤波器设计

1）确定满足指标要求的 Chebyshev Ⅰ型模拟低通滤波器的波纹参数ε和阶数 N

（1）自编程序确定滤波器的波纹参数ε和阶数 N。

根据式（23.8）和式（23.10）编制程序，利用提供的滤波器指标确定波纹参数ε和阶数 N。程序执行后返回的滤波器阶数记为 N_1。

（2）调用 MATLAB 软件中的函数确定相关参数。

调用函数 cheb1ord 确定 Chebyshev Ⅰ型模拟低通滤波器的阶数，结果记为 N_2。该函数还可以选择同时返回频率 W_n。调用函数时注意域的选择。

比较 N_1 与 N_2 是否相同；比较返回值 W_n 与Ω_p、Ω_{st} 中的哪个一致。将结果记入总结报告。

2）确定归一化传递函数 $H(\mathrm{j}\lambda)$

（1）调用 MATLAB 软件中的函数一步实现。

调用 MATLAB 软件中的函数 cheby1，边界频率设置为 W_n=1，确定 Chebyshev Ⅰ型模拟低通滤波器归一化传递函数 $H(\mathrm{j}\lambda)$的分子、分母多项式的系数矩阵，分别记为 b1 和 a1（程序形式）。

（2）自编程序实现。

① 根据式（23.12）和式（23.13）自编程序确定 N 阶 Chebyshev Ⅰ型模拟低通滤波器的归一化传递函数极点（实部和虚部）。

② 调用函数 zp2tf 直接获得 $H(\mathrm{j}\lambda)$的分子、分母多项式的系数矩阵，分别记为 b2 和 a2（程序形式）。

确定零极点后也可以通过调用函数 poly 依据式（23.11）确定归一化传递函数 $H(\mathrm{j}\lambda)$的分子、分母多项式的系数矩阵。$H(\mathrm{j}\lambda)$的增益控制系数取 b1（程序形式）的最后一个值。

比较 b1 与 b2、a1 与 a2 的一致性，并记入总结报告。

3）确定传递函数 $H_a(s)$

（1）自编程序确定 Chebyshev Ⅰ型模拟低通滤波器的传递函数 $H_a(s)$，即对归一化传递函数 $H(\mathrm{j}\lambda)$去归一化。

（2）调用函数确定传递函数 $H_a(s)$。

这里要求重复环节 2)，只有两点区别：

① 步骤（1）中调用函数 cheby1，边界频率 $W_n=\Omega_p$；

② 步骤（2）中的 zp2tf 或 poly 函数所使用的极点均需乘以Ω_p。

两种方法所得 $H_a(s)$的分母多项式系数分别记为 as3 和 as4（程序形式），分子多项式系数分别记为 bs3 和 bs4（程序形式），计算系数差 as3 − as4，通过差值分析两种方法的异同，并将结果记入总结报告。

由归一化传递函数 $H(\mathrm{j}\lambda)$转化为去归一化的传递函数 $H_a(s)$，在 MATLAB 环境下，更简单的方法是调用 lp2lp 函数，具体方法可查阅 MATLAB 软件中的 Help 文件进行学习。

2．验证设计的滤波器的幅频特性

这里的验证主要是考察所设计滤波器的幅频响应在边界频率处是否满足指标要求。

1）进行频域分析

调用 MATLAB 软件中的函数 freqs 分析 bs3 和 as3 决定的系统的频率响应，返回结果记为 H1（程序形式）；bs4 和 as4 决定的系统的频率响应，结果记为 H2（程序形式），分析的频率范围为 0～300Hz，步进为 10Hz。

2）确定幅频响应

调用函数 abs 计算 H1 的幅频响应 AH1（程序形式）、H2 的幅频响应 AH2（程序形式），调用函数 max 计算 AH1 的最大值 maxAH1（程序形式）、AH2 的最大值 maxAH2（程序形式）。

3）画出归一化对数比例幅频特性图

用 maxAH1 对 AH1 进行归一化处理，并画出 20lg(AH1/maxAH1)和 f 的关系曲线，即纵坐标轴显示对数形式。在同一幅图中用红色虚线显示 20lg(AH2/maxAH2)和 f 的关系曲线。

4）画出比较基准线

调用 line 函数在图上分别画出(−1,0)→(−1,250)、(−60,0)→(−60,250)、(40,−60)→(40,0)、(200,−60)→(200,0)四条直线，比较设计出的滤波器指标的富余量，比较归一化的 H1 和 H2 的异同，并将结论记入总结报告。

二、ChebyshevⅡ型模拟低通滤波器设计

ChebyshevⅡ型模拟低通滤波器与ChebyshevⅠ型模拟低通滤波器的整个设计过程完全相同，不同的是所调用的函数有区别。滤波器阶数估计函数由 cheb1ord 改为 cheb2ord；函数 cheby1 改为函数 cheby2；计算零极点时用式（23.16）～式（23.18）；在计算传递函数 $H_a(s)$ 的分子、分母多项式系数时，确保输入的边界频率是 $W_n=\Omega_{st}$，而不是Ω_p。

这里得到的分子、分母多项式系数矩阵的编号接续ChebyshevⅠ型中的序号。

做出幅频特性函数图并与ChebyshveⅠ型的进行比较。

【思考题】

（1）Chebyshev 模拟低通滤波器的阶数与哪些指标有关？

（2）在熟悉 Chebyshev 模拟低通滤波器设计思路的基础上，结合上述情境任务进行总结，借助 MATLAB 软件中的函数最少通过几步才能完成 Chebyshev 模拟低通滤波器的设计？其中又分别调用了哪几个函数？

【总结报告要求】

（1）在情境任务总结报告中，原理部分要简要描述 Chebyshev 模拟低通滤波器的设计步骤，书写情境任务时可适当进行归纳和总结，但至少要列出【情境任务及步骤】中相关内容的各级标题。

（2）情境任务的程序清单除在报告中出现外，还必须以独立的.m 文件形式单独提交。各情境要分别编制程序，程序清单要求至少按程序块进行注释。

（3）效果图附于相应的情境任务下。

（4）在 MATLAB 软件中的 Help 文件中查找与 Chebyshev 模拟滤波器设计相关的函数，并翻译函数描述部分。

（5）简要回答【思考题】中的问题。

（6）报告中还可包括完成本案例的个人心得、对本案例设置的建议等。

【参考程序】

案例二十四——椭圆滤波器设计

【案例设置目的】

通过 step-by-step 模式设计椭圆低通滤波器，掌握该类椭圆滤波器的设计方法与步骤，理解椭圆滤波器的通带、阻带特性，理解 MATLAB 软件中关于椭圆滤波器设计函数的算法原理。

【相关基础理论】

Butterworth 模拟低通滤波器的幅频响应为单调减函数，对于阻带而言，只要是阻带边界频率处满足了衰减指标要求，阻带内的衰减程度会随频率增加越来越大，即阻带内幅度的单调递减特性导致了富余的衰减量。Chebyshev 模拟滤波器因 Chebyshev 多项式的分段函数特性实现了通带和阻带的单独控制，ChebyshevⅡ型模拟低通滤波器在通带幅度保持单调衰减的情况下，阻带内衰减改为等波纹波动，衰减的富余量随着频率增加的情况得以改善。

Cauer 滤波器通常又称为椭圆滤波器，其特点是通带和阻带都是等波纹波动的，进一步降低了所设计滤波器与目标滤波器之间的指标富余量。事实证明，在阶数一定的情况下，椭圆滤波器与 Butterworth 滤波器、Chebyshev 滤波器相比，过渡带最窄，另外在所有能满足指标要求的三种滤波器中，椭圆滤波器的阶数最低。而且与同阶数的 Chebyshev 滤波器相比，在同为有波动的频带内，椭圆滤波器的波动较小。

与 Butterworth 滤波器、Chebyshev 滤波器有类似的形式，椭圆滤波器也是由平方幅度函数描述的：

$$|H(\mathrm{j}\Omega)|^2=\frac{1}{1+\varepsilon^2 R_N^2(\Omega/\Omega_p)} \tag{24.1}$$

式中，$R_N(\lambda)(\lambda=\Omega/\Omega_p)$ 为雅克比（Jacobi）椭圆函数。$R_N(\lambda)$有两个非常重要的性质：

（1）$R_N(\lambda)$是阶数 N 的有理函数，且满足 $R_N(1/\lambda)=1/R_N(\lambda)$。

（2）分子多项式的根满足$0<\lambda<1$，分母多项式的根满足$1<\lambda<\infty$。对于模拟低通滤波器而言，通带内（$0\leqslant\lambda<1$）都是尽可能地保留对应频率分量信号，所以 $R_N(\lambda)$都是非常小的数。

性质（1）表明，$1/\lambda>1$或在阻带内，$1/R_N(1/\lambda)$取值非常大，因此使得幅频响应曲线在阻带内衰减很快。

N 阶椭圆滤波器的归一化系统函数 $H(\mathrm{j}\lambda)$中既包含零点，又包含极点。因雅克比椭圆函数涉及更多纯数学理论，这里就不再给出零极点表达式，而是直接给出归一化传递函数 $H(\mathrm{j}\lambda)$的表达式：

$$H(\mathrm{j}\lambda)=K\frac{\prod_{k=1}^{N}(\lambda-\lambda z_k)}{\prod_{k=1}^{N}(\lambda-\lambda p_k)} \tag{24.2}$$

式中，λz_k、λp_k 分别是归一化传递函数的零点和极点；K 为增益调节系数。

归一化传递函数 $H(\mathrm{j}\lambda)$确定后，通过去归一化得到椭圆低通滤波器的传递函数 $H_a(s)$：

$$H_a(s) = H(\mathrm{j}\lambda)|_{\lambda=s/\Omega_p} = K\frac{\prod_{k=1}^{N}(s-\Omega_p\lambda z_k)}{\prod_{k=1}^{N}(s-\Omega_p\lambda p_k)} \tag{24.3}$$

椭圆滤波器的设计方法和步骤与 Butterworth 滤波器、Chebyshev 滤波器的相同，包括以下几个步骤。

ACDStep1：求解滤波器的阶数 N。

ACDStep2：确定归一化传递函数 $H(\mathrm{j}\lambda)$。

ACDStep3：去归一化确定传递函数 $H_a(s)$。

【情境任务及步骤】

为帮助读者理解椭圆低通滤波器的特点，掌握其设计方法与步骤，理解 MATLAB 软件中相关椭圆低通滤波器设计的算法原理。本案例中设置了一个情境，目的是通过探究的方式在完成情境的两个任务过程中体会椭圆低通滤波器的特点、设计方法与步骤、指标验证的方法。

本情境总的任务是设计一个椭圆低通滤波器，并通过频谱分析验证其是否满足要求。具体指标：通带范围为 0～40Hz，通带最大衰减为 1dB（α_p=1dB），150Hz 以上为阻带，最小衰减为 60dB（α_{st}=60dB）。

一、椭圆低通滤波器的设计

1．确定椭圆低通滤波器的阶数 N

调用 MATLAB 软件中的函数 ellipord 确定椭圆低通滤波器的阶数 N，注意函数的输入参数和选项要求。

该函数还会返回截止频率 W_n，对比查看 W_n 与题目中哪个滤波器的指标一致；与式(24.1)给出的用于进行归一化的频率是否一致。并将两个结论记入总结报告。

2．确定滤波器的归一化传递函数 $H(\mathrm{j}\lambda)$

基于 MATLAB 软件中的函数确定归一化传递函数时有两种方式，分别是按照先求极点再确定多项式系数的方式和直接调用一个函数实现的方式，这里将通过对比的方式来拆解 ellip 函数的功能。

（1）分步实现。

首先调用 MATLAB 软件中的函数 ellipap 确定归一化传递函数 $H(\mathrm{j}\lambda)$的零极点，继而调用函数 zp2tf 直接获得 $H(\mathrm{j}\lambda)$的分子、分母多项式的系数矩阵，分别记为 b1 和 a1（程序形式）。

（2）一步到位。

调用 MATLAB 软件中的函数 ellip，边界频率 W_n=1，确定椭圆低通滤波器归一化传递函数 $H(\mathrm{j}\lambda)$ 的分子、分母多项式的系数矩阵，分别记为 b2 和 a2（程序形式）。

分别比较两种方法得到的 $H(\mathrm{j}\lambda)$ 的分子、分母多项式的系数矩阵的异同，并将结论记入总结报告。

3．对归一化传递函数 $H(\mathrm{j}\lambda)$去归一化，得到滤波器的传递函数 $H_a(s)$

基于 MATLAB 软件中的函数确定传递函数时有三种方式，前两种方式延续了任务 2 中的步骤，第三种方式基于 $H(\mathrm{j}\lambda)$通过调用 lp2lp 函数实现。

先来看前两种方式。方式一和方式二与上述情况类似，只是输入参数不同。重复任务 2 中的步骤，只有两点区别：

（1）任务 2 中的步骤（1）内 zp2tf 函数所使用的极点均需乘以Ω_p。

（2）任务 2 中的步骤（2）调用函数 ellip，边界频率 $W_n=\Omega_p$。

两种方式所得 $H_a(s)$ 的分母多项式系数分别记为 as3 和 as4（程序形式），分子多项式系数分别记为 bs3 和 bs4（程序形式），并计算系数差 as3 − as4，通过差值分析两种方式的异同，并将结论记入总结报告。

方式三：由模拟归一化传递函数 $H(\mathrm{j}\lambda)$转化为去归一化的传递函数 $H_a(s)$，在 MATLAB 环境下，更简单的方法是调用 lp2lp 函数。

二、验证设计的滤波器的幅频特性

这里的验证主要是考察所设计滤波器的幅频响应在边界频率处是否满足指标要求。

1．传递函数频域分析

调用 MATLAB 软件中的函数 freqs 分析 bs3 和 as3 决定的系统的频率响应 H1（程序形式）、bs4 和 as4 决定的系统的频率响应 H2（程序形式），分析的频率范围为 0～300Hz，步进为 10Hz。

2．确定幅频响应

调用函数 abs 计算 H1 的幅频响应 AH1（程序形式）、H2 的幅频响应 AH2（程序形式），调用函数 max 计算 AH1 的最大值 maxAH1（程序形式）、AH2 的最大值 maxAH2（程序形式）。

3．画出归一化对数比例幅频特性图

用 maxAH1 对 AH1 进行归一化处理，并画出 20lg(AH1/maxAH1)和 f 的关系曲线，即纵坐标轴显示对数形式。在同一幅图中用红色虚线显示 20lg(AH2/maxAH2)和 f 的关系曲线。

4．画出比较基准线

调用 line 函数在图上分别画出(−1,0)→(−1,250)、(−60,0)→(−60,250)、(40,−60)→(40,0)、(200,−60)→(200,0)四条直线，比较设计出的滤波器指标的富余量，比较 H1 和 H2 的异同，并将结论记入总结报告。

【思考题】

（1）椭圆低通滤波器是以哪个频率为标准进行频率归一化的？

（2）椭圆低通滤波器的幅频特性函数的特点有哪些？

（3）在熟悉椭圆低通滤波器设计思路的基础上，结合上述情境任务进行总结，借助 MATLAB 软件中的函数最少通过几步才能完成椭圆低通滤波器的设计？其中又分别调用了哪几个函数？

【总结报告要求】

（1）在情境任务总结报告中，原理部分要简要描述椭圆低通滤波器的设计步骤，书写情境任务时可适当进行归纳和总结，但至少要列出【情境任务及步骤】中相关内容的各级标题。

（2）情境任务的程序清单除在报告中出现外，还必须以独立的.m 文件形式单独提交。各情境要分别编制程序，程序清单要求至少按程序块进行注释。

（3）效果图附于相应的情境任务下。

（4）在 MATLAB 软件的 Help 文件中查找与椭圆滤波器设计相关的函数，并翻译函数描述部分。

（5）简要回答【思考题】中的问题。

（6）报告中还可包括完成本案例的个人心得、对本案例设置的建议等。

【参考程序】

案例二十五——模拟非低通滤波器设计

【案例设置目的】

通过 step-by-step 模式设计模拟非低通滤波器，掌握基于三种四类模拟低通原型滤波器设计模拟高通、带通和带阻滤波器的设计方法与步骤，理解频带变换的概念，理解 MATLAB 软件中相关函数的算法基础。

【相关基础理论】

Butterworth、Chebyshev 和椭圆这三种四类模拟原型滤波器都是以低通的形式定义的，设计方法和步骤也是针对模拟低通给出的。能否由这三种四类模拟原型滤波器设计出非低通模拟滤波器呢？为了回答这一问题，首先看一下模拟低通滤波器、模拟高通滤波器、模拟带通滤波器、模拟带阻滤波器的幅频特性图，通过对比模拟低通滤波器幅频特性图和模拟非低通滤波器幅频特性图的通带/阻带的位置、形状，找到解决问题的思路。图 25.1 所示为模拟滤波器的幅频特性图。

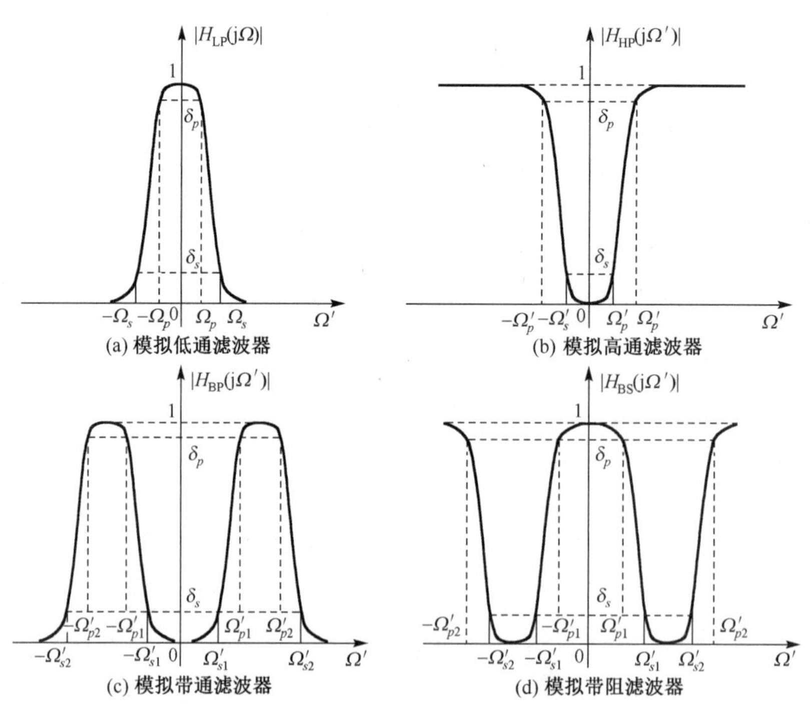

图 25.1　模拟滤波器的幅频特性图

对比模拟低通滤波器和模拟高通滤波器的幅频特性图可以看出，模拟低通滤波器的幅频响应$|H_{LP}(j\Omega)|$在模拟频率等于 0 处的值与模拟高通滤波器$|H_{HP}(j\Omega')|$在频率等于$\pm\infty$处的值相同，且$|H_{LP}(j\Omega)|$随着$|\Omega|$从$0\to\infty$变化的趋势与$|H_{HP}(j\Omega')|$随着Ω'从$\infty\to 0$变化的趋

势相同。再来对比模拟带通滤波器和模拟低通滤波器的幅频响应，可以看出模拟带通滤波器的幅频响应$|H_{\mathrm{BP}}(\mathrm{j}\Omega')|$在$|\Omega'|\to 0$和$|\Omega'|\to\infty$过程中的变化趋势与$|H_{\mathrm{LP}}(\mathrm{j}\Omega)|$在$|\Omega|\to\infty$过程中的变化趋势相同，$|H_{\mathrm{BP}}(\mathrm{j}\Omega')|$在$|\Omega'|$取其他值时的变化趋势与$|H_{\mathrm{LP}}(\mathrm{j}\Omega)|$在$|\Omega|$的零值附近的取值的变化趋势相同。最后再来对比模拟带阻滤波器和模拟带通滤波器的幅频响应，模拟带阻滤波器的$|H_{\mathrm{BS}}(\mathrm{j}\Omega')|$可以看成模拟带通滤波器的$|H_{\mathrm{BP}}(\mathrm{j}\Omega')|$以幅度等于 0.5 为对称轴上下颠倒的结果。利用模拟低通滤波器的幅频响应与模拟高通滤波器、模拟带通滤波器和模拟带阻滤波器的幅频响应的关系，实现将模拟低通滤波器转换为其他模拟通带滤波器的方法称为频带变换。基于此，模拟低通滤波器通过频带变换可以变换为模拟高通滤波器、模拟带通滤波器和模拟带阻滤波器。

基于模拟低通滤波器设计的模拟高通滤波器、模拟带通滤波器、模拟带阻滤波器的总体思路是，先将这些类型的滤波器指标按频带关系转换为模拟低通滤波器指标，接着设计出符合要求的模拟低通滤波器，最后利用变量代换（频带反变换）得到希望的滤波器。

为防止混淆，模拟低通原型滤波器的传递函数用$H_a(s)$表示，Laplace 变量为s，待设计的模拟高通滤波器、模拟带通滤波器、模拟带阻滤波器或模拟目标滤波器的传递函数用$H_D(s')$表示，Laplace 变量为s'，其中D可以是 HP、BP、BS 这三种形式。因此上述频带变换思想可描述为

$$\begin{aligned} H_D(s') &= H_{\mathrm{LP}}(s)|_{s=F(s')} \\ H_{\mathrm{LP}}(s) &= H_D(s')|_{s'=F^{-1}(s)} \end{aligned} \tag{25.1}$$

下面将逐一介绍基于模拟低通滤波器的模拟高通滤波器、模拟带通滤波器和模拟带阻滤波器的设计。

1．基于模拟低通滤波器的模拟高通滤波器设计

模拟低通滤波器归一化频率λ与模拟高通滤波器归一化频率η的关系为

$$\lambda = \frac{s}{\Omega_p} = \frac{\Omega_p'}{s'} = \frac{1}{\eta} \tag{25.2}$$

两类滤波器的频率指标在进行频率归一化时都以各自的通带截止频率为基本单位。

模拟低通滤波器归一化传递函数 $H_{\mathrm{LP}}(\mathrm{j}\lambda)$与模拟高通滤波器归一化传递函数 $H_{\mathrm{HP}}(\mathrm{j}\eta)$的关系为

$$H_{\mathrm{HP}}(\mathrm{j}\eta) = H_{\mathrm{LP}}(\mathrm{j}\lambda)|_{\lambda=1/\eta} \tag{25.3}$$

结合式（25.2）和式（25.3），基于模拟低通滤波器的模拟高通滤波器的设计方法与步骤可概括如下。

AHPDStep1：以模拟高通滤波器通带边界频率Ω_p'为归一化因子，分别对通带边界频率、阻带边界频率进行归一化，即

$$\eta_p = \Omega_p' / \Omega_p' = 1, \quad \eta_{st} = \Omega_{st}' / \Omega_p' \tag{25.4}$$

AHPDStep2：将模拟高通滤波器的指标映射为模拟低通滤波器的指标。其中模拟高通滤波器的通带、阻带边界衰减指标直接作为模拟低通滤波器的边界衰减指标，边界频率的映射则依据模拟低通滤波器、模拟高通滤波器归一化频率之间的倒数对应关系进行，即

$$\lambda_p = 1/\eta_p = 1,\quad \lambda_{st} = 1/\eta_{st} \tag{25.5}$$

AHPDStep3：根据归一化的频率指标（λ_p、λ_{st}）、给定的幅度衰减指标（通带允许最大衰减α_p、阻带允许最小衰减α_{st}）及通带与阻带的衰减特性（单调、波动）选择并设计合适的模拟低通滤波器，得出归一化传递函数 $H_{\mathrm{LP}}(\mathrm{j}\lambda)$。

AHPDStep4：综合考虑式（25.3）、$\eta = s/\Omega_p'$ 及 $\lambda=1/\eta$，可从归一化的模拟低通滤波器传递函数 $H_{\mathrm{LP}}(\mathrm{j}\lambda)$直接求得模拟高通滤波器的传递函数 $H_{\mathrm{HP}}(s')$。

$$H_{\mathrm{HP}}(s') = H_{\mathrm{LP}}(\mathrm{j}\lambda)\big|_{\lambda=\Omega_p'/s'} \tag{25.6}$$

2．基于模拟低通滤波器的模拟带通滤波器设计

对于模拟低通滤波器和模拟带通滤波器的传递函数而言，S 平面上 Laplace 变量 s 和 s'严格的关系式为

$$\frac{s}{\Omega_p} = \frac{s'^2 + \Omega_0'^2}{s'B} \tag{25.7}$$

$$\Omega_0' = \sqrt{\Omega_{p1}'\Omega_{p2}'},\quad B = \Omega_{p2}' - \Omega_{p1}' \tag{25.8}$$

式中，Ω_0' 为模拟带通滤波器的通带几何中心频率；B 为模拟带通滤波器的通带带宽。

式（25.7）左侧可看成以Ω_p为归一化因子进行归一化的处理，因此可记为$\lambda=s/\Omega_p$；右侧若看成以模拟带通滤波器通带带宽 B 为归一化因子进行的归一化，那么式（25.7）可改写为

$$\lambda = \frac{\eta^2 - \eta_0^2}{\eta},\quad \eta_0 = \Omega_0'/B,\quad \eta = \Omega'/B \tag{25.9}$$

切记：通带几何中心频率绝非通带边界频率的中心点频率。

下面根据式（25.9）简要分析一下模拟低通滤波器和模拟带通滤波器的频带变换关系，以便于读者对两类滤波器传递函数的理解。对于模拟低通滤波器的归一化传递函数 $H_{\mathrm{LP}}(\mathrm{j}\lambda)$，当$\lambda$从 $-\infty$ 递增到 $+\infty$ 时，$|H_{\mathrm{LP}}(\mathrm{j}\lambda)|$呈现出其固有的低通特性。根据式（25.9）可知，$\lambda$可以看成$\eta$的函数，当$\eta$从 0^+递增到 $+\infty$，或从 $-\infty$ 递增到 0^-时，$|H_{\mathrm{LP}}(\mathrm{j}\eta)|$都会呈现出带通特性，进而有模拟低通滤波器归一化传递函数 $H_{\mathrm{LP}}(\mathrm{j}\lambda)$与模拟带通滤波器归一化传递函数 $H_{\mathrm{BP}}(\mathrm{j}\eta)$的关系

$$H_{\mathrm{BP}}(\mathrm{j}\eta) = H_{\mathrm{LP}}(\mathrm{j}\lambda)\big|_{\lambda=\frac{\eta^2-\eta_0^2}{\eta}} \tag{25.10}$$

综合式（25.7）和式（25.10）可直接得到去归一化的模拟带通滤波器的传递函数

$$H_{\mathrm{BP}}(s') = H_{\mathrm{LP}}(\mathrm{j}\lambda)\big|_{\lambda=\frac{s'^2+\Omega_0'^2}{s'B}} \tag{25.11}$$

综上，基于模拟低通滤波器设计模拟带通滤波器的方法步骤概括如下。

ABPDStep1：归一化模拟带通滤波器频率指标。计算模拟带通滤波器通带宽度 B 和通带几何中心频率 Ω_0'，并以 B 为归一化因子对通带/阻带边界频率、通带几何中心频率进行归一化，得到归一化通带边界频率η_p、归一化阻带边界频率η_{st}和归一化通带中心频率η_0，η_p≡1。

ABPDStep2：确定模拟低通滤波器的指标。利用式（25.9）确定模拟低通滤波器的归一化边界频率，因模拟带通滤波器的阻带边界频率有两个，所以得到的λ_s也有两个，此时要取绝对值小的归一化频率作为阻带边界频率，以保证两个阻带边界频率处的指标都能满足要求。

模拟带通滤波器的通带、阻带衰减指标直接作为模拟低通滤波器的相应指标。

ABPDStep3：根据指标λ_p、α_p、λ_{st}、α_{st}及通带、阻带的衰减特性（单调、波动）选择并设计合适的模拟低通滤波器。

ABPDStep4：按照式（25.10）或式（25.11）求模拟带通滤波器的归一化传递函数$H_{\mathrm{BP}}(\mathrm{j}\eta)$或去归一化传递函数$H_{\mathrm{BP}}(s')$。

3．基于模拟低通滤波器的模拟带阻滤波器设计

对于模拟低通滤波器和模拟带阻滤波器的传递函数而言，S平面上 Laplace 变量s和s'严格的关系式为

$$\frac{s}{\Omega_s}=\frac{s'B}{s'^2+\Omega_0'^2} \tag{25.12}$$

式中，B为模拟带阻滤波器的阻带宽度；Ω_0'为模拟带阻滤波器的阻带中心频率，分别定义为

$$B=\Omega_{s2}'-\Omega_{s1}',\quad \Omega_0'=\sqrt{\Omega_{s1}'\Omega_{s2}'} \tag{25.13}$$

若将式（25.12）左侧看成以Ω_s为归一化因子进行的归一化处理，右侧看成以B为归一化因子进行的归一化处理，则式（25.12）可改写为

$$\lambda=\frac{\eta}{\eta^2-\eta_0^2},\quad \eta_0=\Omega_0'^2/B,\quad \eta=\Omega'/B \tag{25.14}$$

式（25.14）使得归一化频率η和λ之间存在如下关系（只讨论η和λ为非负值的情况，两变量为负值时情况类似）：$\eta\to 0$时对应$\lambda\to 0$，$\eta\to\infty$对应$\lambda\to 0$，$\eta\to\eta_0^-$对应$\lambda\to-\infty$，$\eta\to\eta_0^+$对应$\lambda\to+\infty$，这里"$\to$"表示趋于。当模拟低通滤波器的归一化幅频响应$|H_{\mathrm{LP}}(\mathrm{j}\lambda)|$的变量$\lambda$由$\eta$按照式（25.14）生成时，且$\eta$从 0 遍历到$+\infty$，则$|H_{\mathrm{LP}}(\mathrm{j}\lambda)|$必然随$\eta$呈现带阻特性，进而有模拟低通滤波器归一化传递函数$H_{\mathrm{LP}}(\mathrm{j}\lambda)$与模拟带阻滤波器归一化传递函数$H_{\mathrm{BS}}(\mathrm{j}\eta)$的关系：

$$H_{\mathrm{BS}}(\mathrm{j}\eta)=H_{\mathrm{LP}}(\mathrm{j}\lambda)\Big|_{\lambda=\frac{\eta}{\eta^2-\eta_0^2}} \tag{25.15}$$

联立式（25.12）、式（25.14）和式（25.15）可得去归一化模拟带阻滤波器的传递函数

$$H_{\mathrm{BS}}(s')=H_{\mathrm{LP}}(\lambda)\Big|_{\lambda=\frac{s'B}{s'^2+\Omega_0'^2}} \tag{25.16}$$

基于模拟低通滤波器设计模拟带阻滤波器的方法步骤概括如下。

ABSDStep1：归一化模拟带阻滤波器的频率指标。依据式（25.13）确定模拟带阻滤波器的阻带宽度B和阻带中心频率Ω_0'，并以B为归一化因子对通带、阻带边界频率、通带中心频率进行归一化，得到通带、阻带边界归一化频率和归一化通带中心频率η_p、η_{st}=1、η_0。

ABSDStep2：确定模拟低通滤波器的指标。利用式（25.14）确定模拟低通滤波器归一化的边界频率，因模拟带阻滤波器的通带边界频率有两个，所以得到的λ_p也有两个，此时要取绝对值大的作为通带边界频率。模拟带阻滤波器通带、阻带衰减指标直接作为模拟低通滤波器的相应指标。

ABSDStep3：根据指标λ_p、α_p、λ_{st}、α_{st}及通带、阻带的衰减特性（单调、波动）选择并设计合适的模拟低通滤波器。

ABSDStep4：按照式（25.15）或式（25.16）求模拟带阻滤波器的归一化传递函数$H_{\mathrm{BS}}(\eta)$

或去归一化传递函数 $H_{BS}(s')$。

【情境任务及步骤】

为帮助读者理解频带变换的思想及使用方法，本案例中共设置了三个情境，分别为“模拟高通滤波器的设计”、“模拟带通滤波器的设计”和“模拟带阻滤波器的设计”。完成情境任务的同时可以探究各模拟非低通滤波器的含义、设计方法与步骤，以及 Butterworth 滤波器、Chebyshev 滤波器和椭圆滤波器的幅频特性。

一、模拟高通滤波器的设计

试设计幅频特性在通带内尽可能平坦和阻带单调变化的模拟高通滤波器，通带边界频率 f_p=100Hz，通带最大衰减 α_p 为 3dB，阻带边界频率 f_s=50Hz，50Hz 以下的衰减 α_{st} 不得小于 30dB。

1．滤波器设计

1）指标变换

按照步骤 AHPDStep1、AHPDStep2 所述过程编制程序实现指标变换，将模拟高通滤波器指标变换为对应的模拟低通滤波器指标。

（1）根据式（25.4）计算模拟高通滤波器的归一化边界频率 η_p 和 η_{st}；根据式（25.5）将 η_p 和 η_{st} 变换为模拟低通滤波器的归一化边界频率 λ_p 和 λ_{st}。

（2）模拟高通滤波器的通带和阻带衰减指标 α_p 和 α_{st} 同样作为模拟低通滤波器的通带和阻带衰减指标。

2）归一化模拟低通滤波器设计

继续编制程序，实现步骤 AHPDStep3 中所述归一化模拟低通滤波器的设计，以 λ_p、λ_{st}、α_p 和 α_{st} 为指标设计归一化的模拟低通滤波器，得到归一化传递函数 $H(\mathrm{j}\lambda)$ 的多项式系数。

通带内尽可能平坦和阻带单调变化的要求符合 Butterworth 滤波器的特点。

（1）调用 MATLAB 软件中的函数 buttord，以 λ_p、λ_{st}、α_p 和 α_{st} 为输入，确定 Butteworth 模拟低通滤波器的阶数 N_1 和半功率点截止频率 W_{n_1}。

（2）调用 MATLAB 软件中的函数 butter，以 N_1 和 W_{n_1} 为参数确定归一化传递函数 $H(\mathrm{j}\lambda)$ 的分子、分母多项式系数，分别记为 b1 和 a1（程序形式）。

3）完成模拟高通滤波器的设计

继续编制程序，用两种方法完成模拟高通滤波器的设计，得到传递函数 $H_a(s)$。第一种方法是，在前述工作的基础上，按照步骤 AHPDStep4 所述过程，完成归一化模拟低通滤波器的传递函数 $H(\mathrm{j}\lambda)$ 向模拟高通滤波器传递函数 $H_a(s)$ 的转换；第二种方法是，通过调用 MATLAB 软件中的函数快速完成模拟高通滤波器的设计。

（1）调用函数 lp2hp，以 b1、a1 和 $2\pi f_p$ 为参数确定 Butterworth 模拟高通滤波器的传递函数 $H_a(s)$ 的分子、分母多项式系数，分别记为 b2 和 a2（程序形式）。

（2）调用 MATLAB 软件中的函数 buttord，以 $2\pi f_p$、$2\pi f_s$、α_p 和 α_s 为输入，确定 Butteworth 模拟高通滤波器的阶数 N_2 和半功率点截止频率 W_{n_2}；调用 MATLAB 软件中的函数 butter，以 N_2 和 W_{n_2} 为参数确定传递函数 $H_a(s)$ 的分子、分母多项式系数，分别记为 b3 和 a3（程序形式）。

（3）编程计算系数差 b2－b3 和 a2－a3，并查看结果，比较两种方法的一致性，结论记入总结报告。

2．指标验证

这里只验证设计的滤波器的幅频特性。

1）频域分析

调用 MATLAB 软件中的函数 freqs 分析 b2 和 a2 决定的系统的频率响应 H1（程序形式）、b3 和 a3 决定的系统的频率响应 H2（程序形式），分析的频率范围为 0～300Hz，步进为 10Hz。

2）确定幅频响应

调用函数 abs 计算 H1 的幅频响应 AH1（程序形式）、H2 的幅频响应 AH2（程序形式），调用函数 max 计算 AH1 的最大值 maxAH1（程序形式）、AH2 的最大值 maxAH2（程序形式）。

3）画出归一化对数比例幅频特性图

用 maxAH1 对 AH1 进行归一化处理，并画出 20lg(AH1/maxAH1)和 f 的关系曲线，即纵坐标轴显示对数形式。在同一幅图中用红色虚线显示 20lg(AH2/maxAH2)和 f 的关系曲线。

4）画出比较基准线

调用 line 函数在图上分别画出(0,−3)→(250,−3)、(0,−30)→(250,−30)、(50,−30)→(50,0)、(100,−30)→(100,0)四条直线，比较设计出的滤波器指标的富余量，比较 H1 和 H2 幅频特性的异同，结果记入总结报告。

二、模拟带通滤波器的设计

设计一个 Chebyshev 模拟带通滤波器，要求带宽为 200Hz，中心频率为 1000Hz，通带衰减 α_p 不大于 1dB，在频率小于 830Hz 或大于 1200Hz 时衰减 α_{st} 不小于 15dB。

1．Chebyshev Ⅰ型模拟带通滤波器的设计

1）指标变换

按照步骤 ABPDStep1、ABPDStep2 所述过程编制程序实现指标变换，将模拟带通滤波器指标变换为对应的模拟低通滤波器指标。

（1）由模拟带通滤波器通带带宽 B=200Hz、中心频率 f_0=1000Hz，根据式（25.8）反推通带边界频率 f_{p1} 和 f_{p2}。

（2）根据式（25.9）归一化模拟带通滤波器频率指标：η_p、η_{st}、η_0。

（3）根据式（25.9）将 η_p 和 η_{st} 变换为模拟低通滤波器归一化边界频率 λ_p 和 λ_{st}，注意 λ_{st} 的取舍。

（4）模拟带通滤波器的通带和阻带衰减指标 α_p 和 α_{st} 同样作为模拟低通滤波器的通带和阻带衰减指标。

2）归一化模拟低通滤波器的设计

继续编制程序，实现步骤 ABPDStep3 中所述归一化模拟低通滤波器的设计，以 λ_p、λ_{st}、α_p 和 α_{st} 为指标设计归一化的模拟低通滤波器，得到归一化传递函数 $H(\mathrm{j}\lambda)$的多项式系数。

这里以 Chebyshev Ⅰ型模拟滤波器为原型滤波器进行设计。

（1）调用 MATLAB 软件中的函数 cheb1ord，以λ_p、λ_{st}、α_p和α_{st}为输入，确定 Chebyshev Ⅰ型模拟低通滤波器的阶数 N_1 和半功率点截止频率 W_{n_1} 。

（2）调用 MATLAB 软件中的函数 cheby1，以 N_1 和 W_{n_1} 为参数确定归一化传递函数 $H(\mathrm{j}\lambda)$ 的分子、分母多项式系数，分别记为 b1 和 a1（程序形式）。

3）完成模拟带通滤波器的设计

继续编制程序，用两种方法完成模拟带通滤波器的设计，得到传递函数 $H_a(s)$。第一种方法是，在前述工作的基础上，按照步骤 ABPDStep4 所述过程，完成归一化模拟低通滤波器的传递函数 $H(\mathrm{j}\lambda)$向模拟带通滤波器传递函数 $H_a(s)$的转换；第二种方法是，通过调用 MATLAB 软件中的函数快速完成模拟带通滤波器的设计。

（1）调用函数 lp2bp，以 b1、a1、$2\pi f_0$ 和 $2\pi B$ 为参数确定 Chebyshev Ⅰ型模拟带通滤波器的传递函数 $H_a(s)$的分子、分母多项式系数，分别记为 b2 和 a2（程序形式）。

（2）调用 MATLAB 软件中的函数 cheb1ord，以 $2\pi[f_{p1}, f_{p2}]$、$2\pi[f_{s1}, f_{s2}]$、α_p和α_s为输入，确定 Chebyshev Ⅰ型模拟带通滤波器的阶数 N_2 和半功率点截止频率 W_{n_2}；调用 MATLAB 软件中的函数 cheby1，以 N_2 和 W_{n_2} 为参数确定传递函数 $H_a(s)$的分子、分母多项式系数，分别记为 b3 和 a3（程序形式）。

（3）编程计算系数差 a2 – a3，并查看结果，分析两种方法的一致性，结论记入总结报告。

4）设计的滤波器幅频特性指标验证

（1）频域分析。

调用 MATLAB 软件中的函数 freqs 分析 b2 和 a2 决定的系统的频率响应 H1（程序形式），分析的频率范围为 0～3000Hz，步进为 10Hz。

（2）确定幅频响应。

调用函数 abs 计算 H1 的幅频响应 AH1（程序形式），调用函数 max 计算 AH1 的最大值 maxAH1（程序形式）。

（3）画出归一化对数比例幅频特性图。

用 maxAH1 对 AH1 进行归一化处理，并画出 20lg(AH1/maxAH1)和 f 的关系曲线，即纵坐标轴显示对数形式。

（4）画出比较基准线。

调用 line 函数在图上分别画出$(f_{p1},-\alpha_p)\to(f_{p2},-\alpha_p)$、$(f_{s1},-\alpha_{st})\to(f_{s2},-\alpha_{st})$、$(f_{p1},-\alpha_{st})\to(f_{p1},-\alpha_p)$、$(f_{p2},-\alpha_{st})\to(f_{p2},-\alpha_p)$、$(f_{s1},-\alpha_{st})\to(f_{s1},0)$、$(f_{s2},-\alpha_{st})\to(f_{s2},0)$ 六条直线，比较设计出的滤波器指标的富余量。

2．Chebyshev Ⅱ型模拟带通滤波器的设计

以 Chebyshev Ⅱ型模拟滤波器为原型滤波器设计模拟带通滤波器。

重复上述Ⅰ型的环节 2）～4），用于估计阶数的函数需要由 cheb1ord 改为 cheb2ord；用于滤波器设计的函数需要由 cheby1 改为 cheby2，且注意输入衰减指标需要由α_p 改为α_{st}。Chebyshev Ⅱ型模拟带通滤波器的频率响应记为 H2（程序形式），在同一幅图中用红色虚线显示 20lg(AH2/maxAH2)和 f 的关系曲线。

三、模拟带阻滤波器的设计

试设计一个椭圆模拟带阻滤波器，滤除市电（50Hz）对信号的影响，具体指标为45～55Hz，信号衰减不小于50dB，30Hz以下和70Hz以上衰减不得大于1dB。

1．滤波器设计

1）指标变换

按照步骤ABSDStep1、ABSDStep2所述过程编制程序实现指标变换，将模拟带阻滤波器指标变换为对应的模拟低通滤波器指标。

（1）由模拟带阻滤波器的通带/阻带边界频率指标f_{p1}=30Hz、f_{p2}=70Hz、f_{s1}=45Hz、f_{s2}=55Hz，根据式（25.13）计算模拟带阻滤波器阻带带宽B和中心频率f_0。

（2）根据式（25.14）归一化模拟带通滤波器频率指标η_p、η_{st}、η_0。

（3）根据式（25.14）将η_p和η_{st}变换为低通归一化边界频率λ_p和λ_{st}，注意λ_p的取舍。

（4）模拟带阻滤波器的通带和阻带衰减指标α_p和α_{st}直接作为模拟低通滤波器的通带和阻带衰减指标。

2）归一化模拟低通滤波器的设计

继续编制程序实现步骤ABSDStep3中所述归一化模拟低通滤波器的设计，以λ_p、λ_{st}、α_p和α_{st}为指标设计归一化的模拟低通滤波器，得到归一化传递函数$H(\mathrm{j}\lambda)$的多项式系数。

（1）调用MATLAB软件中的函数ellipord，以λ_p、λ_{st}、α_p和α_{st}为输入，确定椭圆模拟低通滤波器的阶数N_1和半功率点截止频率W_{n_1}。

（2）调用MATLAB软件中的函数ellip，以N_1和W_{n_1}为参数确定归一化传递函数$H(\mathrm{j}\lambda)$的分子、分母多项式系数，分别记为b1和a1（程序形式）。

3）完成模拟带阻滤波器的设计

继续编程，用两种方法确定椭圆模拟带阻滤波器的传递函数$H_a(s)$。第一种方法是，在前述工作的基础上，按步骤ABSDStep4中所述过程完成去归一化操作；第二种方法是，直接调用MATLAB软件中的函数快速完成设计。

（1）调用函数lp2bs，以b1、a1、$2\pi f_0$和$2\pi B$为参数确定椭圆模拟带阻滤波器传递函数$H_a(s)$的分子、分母多项式系数，分别记为b2和a2（程序形式）。

（2）调用MATLAB软件中的函数ellipord，以$2\pi[f_{p1},f_{p2}]$、$2\pi[f_{s1},f_{s2}]$、α_p和α_{st}为输入，确定椭圆模拟带阻滤波器的阶数N_2和半功率点截止频率W_{n_2}；调用MATLAB软件中的函数ellip，以N_2和W_{n_2}为参数确定传递函数$H_a(s)$的分子、分母多项式系数，分别记为b3和a3（程序形式）。

（3）编程计算系数差a2 – a3，并查看结果，分析两种方法的一致性，结论记入总结报告。

2．指标验证

这里仅验证所设计滤波器的幅频特性。

1）频域分析

调用MATLAB软件中的函数freqs分析b2和a2决定的系统的频率响应H1（程序形式）、b3和a3决定的系统的频率响应H2（程序形式），分析的频率范围为0～300Hz，步进为10Hz。

2）确定幅频响应

调用函数 abs 计算 H1 的幅频响应 AH1（程序形式）、H2 的幅频响应 AH2（程序形式），调用函数 max 计算 AH1 的最大值 maxAH1（程序形式）、AH2 的最大值 maxAH2（程序形式）。

3）画出归一化对数比例幅频特性图

用 maxAH1 对 AH1 进行归一化处理，并画出 20lg(AH1/maxAH1)和 f 的关系曲线，即纵坐标轴显示对数形式。在同一幅图中用红色虚线显示 20lg(AH2/maxAH2)和 f 的关系曲线。

4）画出比较基准线

调用 line 函数在图上分别画出$(f_{p1},-\alpha_p)\to(f_{p2},-\alpha_p)$、$(f_{s1},-\alpha_{st})\to(f_{s2},-\alpha_{st})$、$(f_{p1},-\alpha_{st})\to(f_{p1},-\alpha_p)$、$(f_{p2},-\alpha_{st})\to(f_{p2},-\alpha_p)$、$(f_{s1},-\alpha_{st})\to(f_{s1},0)$、$(f_{s2},-\alpha_{st})\to(f_{s2},0)$ 六条直线，比较设计出的滤波器指标的富余量。

【思考题】

（1）利用频带变换设计模拟非低通滤波器的思想是什么？

（2）查阅文献，简要概述从模拟低通滤波器到模拟非低通滤波器的变换方法。

（3）借助 MATLAB 软件中的函数设计各类模拟非低通滤波器最少通过几步、调用哪几个函数完成设计？

【总结报告要求】

（1）在情境任务总结报告中，原理部分要简要概述利用频带变换设计模拟非低通滤波器的方法步骤，书写情境任务时可适当进行归纳和总结，但至少要列出【情境任务及步骤】中相关内容的各级标题。

（2）情境任务的程序清单除在报告中出现外，还必须以独立的.m 文件形式单独提交。各情境要分别编制程序，程序清单要求至少按程序块进行注释。

（3）效果图附于相应的情境任务下。

（4）总结 MATLAB 软件中用于频带变换的函数的名称及用法。

（5）简要回答【思考题】中的问题。

（6）报告中还可包括完成本案例的个人心得、对本案例设置的建议等。

【参考程序】

案例二十六——模数滤波器桥之冲激响应不变法

【案例设置目的】

通过实验理解冲激响应不变法的思想；掌握基于冲激响应不变法的数字滤波器的设计方法与步骤；理解冲激响应不变法的优缺点。

【相关基础理论】

模拟滤波器的设计已经非常成熟，根据滤波器通带、阻带的幅度要求就可以方便地确定是使用 Butterworth 滤波器还是 Chebyshev 滤波器，或者椭圆滤波器，之后根据公式、参数表等辅助手段确定模拟滤波器的传递函数 $H_a(s)$。问题是模拟滤波器的传递函数 $H_a(s)$确定之后，如何得到既稳定且又符合指标要求的数字滤波器的系统函数 $H(z)$呢？常用的映射方法有阶跃响应不变法、冲激响应不变法和双线性变换法，后两者更为常用，本案例重点讨论冲激响应不变法。有些资料中也将冲激响应不变法称为脉冲响应不变法，这取决于相应资料中是将模拟滤波器对于 $\delta(t)$的响应称为单位冲激响应还是单位脉冲响应。

假设 N 阶模拟滤波器的传递函数为 $H_a(s)$，且 $H_a(s)$的分子多项式的阶数低于分母多项式的阶数，则有如下关系成立：

$$H_a(s)=\sum_{i=1}^{N}\frac{A_i}{s-s_i} \tag{26.1}$$

对 $H_a(s)$做 Laplace 反变换得到系统的单位冲激响应 $h_a(t)$：

$$h_a(t)=\mathrm{LT}^{-1}[H_a(s)]=\sum_{i=1}^{N}A_i\mathrm{e}^{s_it}u(t) \tag{26.2}$$

式中，s_i为传递函数单阶极点；A_i为分式增益系数；$u(t)$为单位阶跃函数。

对单位冲激响应 $h_a(t)$以 T 为间隔进行均匀采样，得到的时域采样序列用 $h(n)$表示，即

$$h(n)=h_a(nT)=\sum_{i=1}^{N}A_i\mathrm{e}^{s_inT}u(nT) \tag{26.3}$$

对 $h(n)$进行 Z 变换得

$$\begin{aligned}H(z)=ZT[h(n)]&=\sum_{n=-\infty}^{\infty}h(n)z^{-n}=\sum_{n=0}^{\infty}\sum_{i=1}^{N}A_i\mathrm{e}^{-s_inT}z^{-n}\\&=\sum_{i=1}^{N}A_i\sum_{n=0}^{\infty}(\mathrm{e}^{-s_iT}z^{-1})^n=\sum_{i=1}^{N}\frac{A_i}{1-\mathrm{e}^{-s_iT}z^{-1}}\end{aligned} \tag{26.4}$$

对于 Laplace 复数变量 s，设其实部、虚部形式可表示为$s=\sigma+\mathrm{j}\Omega$，并令

$$z_i=\mathrm{e}^{s_iT}=\mathrm{e}^{(\sigma_i+\mathrm{j}\Omega)T}=\mathrm{e}^{\sigma_i}\mathrm{e}^{\mathrm{j}\Omega T},\quad i=1,2,\cdots,N \tag{26.5}$$

式（26.4）可改写成

$$H(z)=\sum_{i=1}^{N}\frac{A_i}{1-e^{-s_iT}z^{-1}}=\sum_{i=1}^{N}\frac{zA_i}{z-z_i} \tag{26.6}$$

综合式（26.1）～式（26.6），基于冲激响应不变法的数字 IIR 滤波器的设计方法与步骤可概括如下。

PIDStep1：设计出满足指标要求的模拟滤波器，得出传递函数 $H_a(s)$。

PIDStep2：把 $H_a(s)$表示为如式（26.1）所示的部分分式和的形式。

PIDStep3：利用 $z=e^{sT}$ 的映射关系，将 S 平面上 $H_a(s)$的极点 s_i 变换成 Z 平面上 $H(z)$的极点，并按照式（26.6）整理出数字滤波器的系统函数 $H(z)$。

对于稳定的模拟滤波器，式（26.1）中传递函数的极点 s_i 必定在 S 平面的左半平面上，即 σ_i 取负值。因 σ_i 取负值，所以根据式（26.5）和式（26.6）可知，$H(z)$的极点必然在单位圆内，即通过对模拟滤波器的单位冲激响应进行采样得到数字滤波器的方式，保证了变换前后系统的稳定性。尽管冲激响应不变法可以保证部分分式表示形式的 $H_a(s)$和 $H(z)$的每个增益系数 A_i 对应相等，S 平面上的每个极点与 Z 平面上的每个极点位置能一一对应，但是不保证零点之间的对应关系。

单位冲激响应 $h_a(t)$采样前后的频谱特性对应关系体现为，$H_a(s)$在 S 平面的虚轴上的频率特性对应 $H(z)$系统函数在 Z 平面单位圆上的频率特性，且有

$$H(z)=\frac{1}{T}\sum_{k=-\infty}^{\infty}H_a\left(s-jk\frac{2\pi}{T}\right)\Bigg|_{z=e^{sT}} \tag{26.7}$$

式（26.7）表明，时域对 $h_a(t)$的采样，使系统传递函数 $H_a(s)$在 S 平面上沿虚轴以 $2\pi/T$ 为周期进行周期延拓，然后经过 $z=e^{sT}$ 的映射关系，将 $H_a(s)$映射到 Z 平面上，即得 $H(z)$。若 $H_a(s)$ 代表的系统是非带限系统或采样间隔 T 不够小，根据时域采样理论可知此时会造成频域的混叠失真，因此冲激响应不变法不适合数字高通滤波器、带阻滤波器的设计。

【情境任务及步骤】

为帮助读者理解冲激响应不变法的思想和特点，掌握设计步骤，本案例中设置了冲激响应不变法在 IIR 数字低通滤波器、IIR 数字高通滤波器、IIR 数字带通滤波器和 IIR 数字带阻滤波器设计中应用的四个情境，通过完成情境任务探究该方法的蕴含思想、实施步骤及适用范围。

一、IIR 数字低通滤波器的设计

本情境有三个任务，分别是 IIR 数字低通滤波器的设计、指标验证和采样频率变化影响的探究。这三个任务都基于一个 IIR 数字低通滤波器的设计，具体要求如下。

试设计一个 Butterworth 数字低通滤波器，其通带范围为 0～40Hz，通带最大衰减为 1dB（α_p=1dB），150Hz 以上为阻带，最小衰减为 60dB（α_{st}=60dB）。

1．IIR 数字低通滤波器的设计

为聚焦任务的核心，建议在自编程序过程中调用 MATLAB 软件中的函数完成滤波器的设计。设采样频率为阻带截止频率的 20 倍，即 F_s=20×150Hz，采样间隔 T=1/F_s。调用函数时，

注意输入参数与域（模拟、数字）的一致性。

1）设计满足指标要求的模拟滤波器

编程设计 Butterworth 模拟低通滤波器，确定其传递函数 $H_a(s)$。

（1）以 $2\pi f_p$、$2\pi f_{st}$、α_p 和 α_{st} 为输入，调用 MATLAB 软件中的函数 buttord，确定 Butterworth 模拟低通滤波器的阶数 N_1 和半功率点截止频率 W_{n_1}。

（2）以 N_1 和 W_{n_1} 为参数，调用 MATLAB 软件中的函数 butter，确定 Butterworth 模拟低通滤波器传递函数 $H_a(s)$的分子、分母多项式系数，分别记为 bs 和 as（程序形式）。

2）部分分式展开、极点映射得到数字滤波器

继续编程，完成步骤 PIDStep2、PIDStep3 所述的对 $H_a(s)$的部分分式展开、将 S 平面上 $H_a(s)$的极点 s_i 变换成 Z 平面上的极点、部分分式合成 $H(z)$等任务。

下面介绍三种方法确定 IIR 数字低通滤波器的系统函数 $H(z)$，其中前两种方法都是基于上述已确定的 $H_a(s)$，而第三种则是另外一种思路。

方法一：按部就班。

求解 $H_a(s)$的零点和极点。可借助 MATLAB 软件中的函数 tf2zp 完成求解。将已确定的 bs 和 as 作为该函数的输入，输出零、极点的形式，输出的零、极点记为 zs、ps、ks（程序形式）。

完成极点映射和分式系数确定。在将 $H_a(s)$极点映射为 $H(z)$极点时，取 zz=zs，pz=exp(ps*T)、kz=ks（程序形式）。接着调用函数 zp2tf 便可得到 $H(z)$的分子、分母多项式系数，分别记为 bz1 和 az1（程序形式）。

方法二：一步到位。

以 bs、as 和 F_s 为输入参数调用函数 impinvar，可直接确定 IIR 数字低通滤波器系统函数 $H(z)$的分子、分母多项式系数，结果分别记为 bz2 和 az2（程序形式）。

方法三：另辟蹊径。

调用 MATLAB 软件中的函数 buttord，以 $2\pi f_p/F_s$、$2\pi f_{st}/F_s$、α_p 和 α_{st} 为输入，确定 IIR 数字低通滤波器的阶数 N_2 和半功率点截止频率 W_{n_2}；调用 MATLAB 软件中的函数 butter，以 N_2 和 W_{n_2} 为参数确定 IIR 数字低通滤波器传递函数 $H(z)$ 的分子、分母多项式系数，分别记为 bz3 和 az3（程序形式）。

2．指标验证

这里进行的性能指标验证有两方面的作用：一是验证设计的滤波器是否满足指标要求；二是考察冲激响应不变法设计的数字滤波器逼近模拟滤波器的能力，所以既要验证所设计滤波器的幅频特性又要验证其相频特性。

1）模拟滤波器频率响应特性的分析

调用 MATLAB 软件中的函数 freqs 分析 bs 和 as 决定的系统的频率响应 Hs（程序形式），分析的频率范围为 0～$F_s/2$，步进为 10Hz。在 Figure 1 中画出幅频特性图和相频特性图，相频特性图用线性比例显示。幅频特性图纵坐标轴采用对数形式，横坐标轴的显示范围为 0～$2f_{st}$，纵坐标轴的显示范围为–100～5。

2）数字滤波器频率响应特性的分析

调用 MATLAB 软件中的函数 freqz 分析 bz1 和 az1 决定的系统的频率响应 Hz1（程序形式），分析 bz2 和 az2 决定的系统的频率响应 Hz2（程序形式），分析 bz3 和 az3 决定的系统的频率响应 Hz3（程序形式）。分析的频率范围为 0～$F_s/2$。三个幅频特性图分别创建窗口显示，要求同 Figure 1。

3）画出比较基准线

为直观准确地分析指标的符合度，上述四幅图均要标出比较基准线。调用 line 函数在图上分别画出$(0,-\alpha_p)\to(f_p,-\alpha_p)$、$(0,-\alpha_{st})\to(f_{st},-\alpha_{st})$、$(f_p,-\alpha_{st})\to(f_p,-\alpha_p)$、$(f_{st},-\alpha_{st})\to(f_{st},-\alpha_p)$四条直线，其中 f_p、f_{st}、α_p 和α_{st} 分别表示低通滤波器的通带截止频率、阻带截止频率、通带允许最大衰减和阻带允许最小衰减。并以此四条线为基准比较设计出的滤波器指标的富余量，比较冲激响应不变法得到的数字滤波器与模拟滤波器频率响应的逼近程度，并记入总结报告。

3．采样频率变化影响的探究

将采样频率设置为阻带截止频率的 4 倍、8 倍，重复上述过程，对比幅频特性曲线的变化，并将变化情况记入总结报告。

二、IIR 数字高通滤波器的设计

尽管理论分析已经得出冲激响应不变法不适用于数字高通滤波器设计的结论，为用实践印证这一结果，设置了基于冲激响应不变法的 IIR 数字高通滤波器设计的情境，情境任务与情境一中的基本相同，具体要求如下。

试设计一个 IIR 数字高通滤波器，0～40Hz 为阻带，最小衰减为 60dB（α_{st}=60dB），150Hz 以上为其通带范围，通带最大衰减为 1dB（α_p=1dB）。

设计步骤与上述设计 IIR 数字低通滤波器的步骤基本相同，差别如下。

（1）调用函数 butter 时，滤波器类型“ftype”指定为“high”。

（2）图形显示时，横坐标轴的显示范围为 0～$2f_p$。

本情境任务依旧是，第一次将采样频率设置为阻带截止频率的 20 倍，第二次设置为 100 倍，对比两次实验的幅频特性曲线的变化。

三、IIR 数字带通滤波器的设计

与情境二类似，只是为用实践印证冲激响应不变法对于数字带通滤波器设计的适用性，设置了基于冲激响应不变法的 IIR 数字带通滤波器设计的情境，具体要求如下。

设计一个 IIR（用最少阶数）数字带通滤波器，要求最大限度地保留频率在 2000～2300Hz 的信号，通带内最大允许衰减不能超过 1dB，1700Hz 以下和 2700Hz 以上的信号要滤除，衰减比例不得小于 40dB。

1．IIR 数字带通滤波器的设计

1）设计满足指标要求的模拟滤波器

采样频率 F_s 设置为 8000Hz，编程设计椭圆模拟带通滤波器，确定其传递函数 $H_a(s)$。

（1）调用 MATLAB 软件中的函数 ellipord，以 2π×[2000, 2300]、2π×[1700, 2700]、α_p 和 α_{st} 为输入，确定椭圆模拟带通滤波器的阶数 N_1 和半功率点截止频率 W_{n_1}，其中 α_p 和 α_{st} 分别为通带和阻带衰减指标。

（2）调用 MATLAB 软件中的函数 ellip，以 N_1、α_p、α_{st} 和 W_{n_1} 为参数确定椭圆模拟带通滤波器传递函数 $H_a(s)$的分子、分母多项式系数，分别记为 bs 和 as（程序形式）。

2）部分分式展开、极点映射得到数字滤波器

继续编程，完成步骤 PIDStep2、PIDStep3 所述的对 $H_a(s)$的部分分式展开、将 S 平面上 $H_a(s)$的极点 s_i 变换成 Z 平面上的极点、部分分式合成 $H(z)$等任务。

下面介绍的三种确定 IIR 数字带通滤波器系统函数的方法与情境一中确定 IIR 数字低通滤波器系统函数的方法相同，其中前两种方法都是基于已确定的 $H_a(s)$，而第三种则是另外一种思路。

方法一：按部就班。

求解 $H_a(s)$的零、极点。以 bs 和 as 为输入参数，调用函数 tf2zp 输出零、极点的结果，输出的零、极点记为 zs、ps、ks（程序形式）。

极点映射与系统函数分式系数确定。将 $H_a(s)$的极点映射为 $H(z)$的极点，取 zz=zs、pz=exp(ps*T)、kz=ks（程序形式）。之后调用函数 zp2tf 得到 $H(z)$的分子、分母多项式系数，分别记为 bz1 和 az1（程序形式）。

方法二：一步到位。

以 bs、as 和 F_s 为参数调用函数 impinvar，确定 IIR 数字带通滤波器系统函数 $H(z)$的分子、分母多项式系数，分别记为 bz2 和 az2（程序形式）。

方法三：另辟蹊径。

调用 MATLAB 软件中的函数 ellipord，以 2π×[2000, 2300]/F_s、2π×[1700, 2700]/F_s、α_p 和 α_{st} 为输入，确定 IIR 数字带通滤波器的阶数 N_2 和半功率点截止频率 W_{n_2}；调用 MATLAB 软件中的函数 ellip，以 N_2、α_p、α_{st} 和 W_{n_2} 为参数确定 IIR 数字低通滤波器传递函数 $H(z)$的分子、分母多项式系数，分别记为 bz3 和 az3（程序形式）。

2．指标验证

这里既要验证所设计滤波器的幅频特性又要验证其相频特性。

1）模拟滤波器幅频特性的分析

调用 MATLAB 软件中的函数 freqs 分析由 bs 和 as 决定的系统的频率响应 Hs（程序形式），分析的频率范围为 0～F_s/2，步进为 10Hz。在 Figure 1 中画出幅频特性图和相频特性图，相频特性图用线性比例显示。幅频特性图纵坐标轴采用对数形式，横坐标轴的显示范围为 0～2f_{st}，纵坐标轴的显示范围为−100～5。

2）数字滤波器幅频特性的分析

调用 MATLAB 软件中的函数 freqz 分析由 bz1 和 az1 决定的系统的频率响应 Hz1（程序形式），分析由 bz2 和 az2 决定的系统的频率响应 Hz2（程序形式），分析由 bz3 和 az3 决定的系统的频率响应 Hz3（程序形式）。分析的频率范围为 0～F_s/2。三个幅频特性图分别创建窗口显示，要求同 Figure 1。

3）画出比较基准线

为直观准确地分析指标的符合度，上述四幅图均要标出比较基准线。调用 line 函数在图上分别画出$(0,-\alpha_p)\to(f_{p2},-\alpha_p)$、$(0,-\alpha_{st})\to(f_{st2},-\alpha_{st})$、$(f_{p1},-\alpha_{st})\to(f_{p1},-\alpha_p)$、$(f_{p2},-\alpha_{st})\to(f_{p2},-\alpha_p)$、$(f_{st1},-\alpha_{st})\to(f_{st1},-\alpha_p)$、$(f_{st2},-\alpha_{st})\to(f_{st2},-\alpha_p)$六条直线，比较设计出的滤波器指标的富余量，比较冲激响应不变法得到的数字滤波器与模拟滤波器频率响应的逼近程度，并记入总结报告，其中f_{p1}、f_{p2}、f_{st1}、f_{st2}、α_p和α_{st}分别表示带通滤波器的通带上、下截止频率，阻带上、下截止频率，通带允许最大衰减和阻带允许最小衰减。

3．采样频率变化影响的探究

将采样频率设置为阻带截止频率的 4 倍、8 倍，重复上述过程，对比幅频特性曲线的变化。

四、IIR 数字带阻滤波器的设计

与情境二类似，只是为用实践印证冲激响应不变法不适用于数字带阻滤波器设计的结论，设置了基于冲激响应不变法的 IIR 数字带阻滤波器设计的情境，具体要求如下。

设计一个 IIR 数字带阻滤波器，要求滤除频率在 2000～2300Hz 的信号，衰减比例不得小于 40dB，1700Hz 以下和 2700Hz 以上的信号要保留，最大衰减不能超过 1dB，采样频率为 8000Hz。

基于冲激响应不变法的 IIR 数字带阻滤波器的设计方法、步骤与 IIR 数字带通滤波器的设计方法、步骤基本相同，差别如下。

（1）调用函数 ellip 时，滤波器类型“ftype”指定为“stop”。

（2）图形显示时，横坐标轴的显示范围为 0～2fp2。

【思考题】

（1）冲激响应不变法在什么条件下可使设计出的数字滤波器能更好地逼近对应的模拟滤波器？

（2）若严格按照冲激响应不变法 IIR 数字滤波器的设计原理与步骤，借助 MATLAB 软件中的函数分步设计 IIR 数字带通滤波器，需要依次调用哪些函数完成设计？

（3）若因种种原因无法使用 MATLAB 软件设计滤波器，为保证程序的模块化，需要自编哪些程序？

（4）对比四种情境下的效果图，分析总结冲激响应不变法在设计 IIR 数字低通滤波器、IIR 数字高通滤波器、IIR 数字带通滤波器、IIR 数字带阻滤波器时的失真程度（通过对比幅频特性图进行简要概述）。

【总结报告要求】

（1）在情境任务总结报告中，原理部分要简要概述利用冲激响应不变法设计 IIR 数字滤波器的方法步骤，书写情境任务时可适当进行归纳和总结，但至少要列出【情境任务及步骤】中相关内容的各级标题。

（2）情境任务的程序清单除在报告中出现外，还必须以独立的.m 文件形式单独提交。四种 IIR 数字滤波器的设计要分别编制脚本文件，程序清单要求至少按程序块进行注释。

（3）效果图附于相应的情境任务下。

（4）将 MATLAB 软件的 Help 文件中的 butter、cheby1 和 ellip 三个函数算法部分的内容翻译在报告中。

（5）简要回答【思考题】中的问题。

（6）报告中还可包括完成本案例的个人心得、对本案例设置的建议等。

【参考程序】

案例二十七——模数滤波器桥之双线性变换法

【案例设置目的】

理解双线性变换法的思想及特点；掌握用双线性变换法设计 IIR 数字低通滤波器、IIR 数字高通滤波器、IIR 数字带通滤波器的方法与步骤；了解 MATLAB 软件中有关双线性变换法的常用子函数。

【相关基础理论】

冲激响应不变法通过$\omega=\Omega T$保证了模拟角频率Ω和数字角频率ω之间的线性关系，但采样也造成了多重映射，时域采样定理也要求所设计的滤波器必须是带限的，即冲激响应不变法只能用于低通滤波器和带通滤波器的设计，而不能用于高通滤波器或带阻滤波器的设计。双线性变换法则通过频率的压缩和单值映射确立了 S 平面与 Z 平面的关系。下面将详细讨论双线性变换法的原理与滤波器的实现。

1．双线性变换法的原理

双线性变换法通过两次单值映射完成 S 平面到 Z 平面的映射，具体过程如图 27.1 所示。

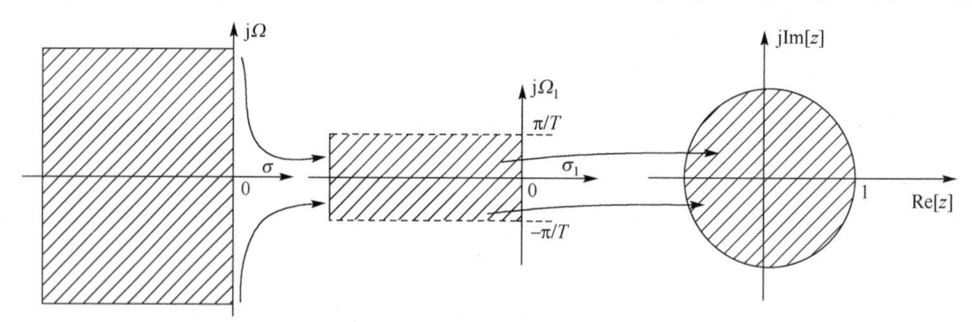

图 27.1　双线性变换法的具体过程

该过程分为两步：第一步是从 S 平面到 S_1 平面的映射；第二步是从 S_1 平面到 Z 平面的映射。在低频频率一致优先原则下，双线性变换法利用如下表达式将整个 S 平面沿纵坐标轴方向压缩到 S_1 平面的$\pm\pi/T$之间：

$$\Omega=\frac{2}{T}\tan\left(\frac{\Omega_1 T}{2}\right) \tag{27.1}$$

或者说将整个 S 平面压缩为 S_1 平面的$\pm\pi/T$之间的一条带状区域，即

$$s=\mathrm{j}\Omega=\frac{2}{T}\frac{1-\mathrm{e}^{-\mathrm{j}\Omega_1 T}}{1+\mathrm{e}^{-\mathrm{j}\Omega_1 T}}\xlongequal{s_1=\mathrm{j}\Omega_1}\frac{2}{T}\frac{1-\mathrm{e}^{-s_1 T}}{1+\mathrm{e}^{-s_1 T}} \tag{27.2}$$

再通过$z=\mathrm{e}^{s_1 T}$将 S_1 平面上的 Ω_1 取$\pm\pi/T$之间的带状区域映射到 Z 平面，最终建立了 S 平面与 Z 平面的单值映射关系：

$$s = \frac{2}{T}\frac{1-z^{-1}}{1+z^{-1}} \tag{27.3}$$

S 平面的虚轴单值地映射到 Z 平面的单位圆上，S 平面的左半平面完全映射到 Z 平面的单位圆内，因此双线性变换法可以避免采样引起的混叠问题。

有了式（27.3）所示的 s 与 z 的关系，不难得出从模拟滤波器传递函数 $H_a(s)$到数字滤波器系统函数 $H(z)$的映射关系：

$$H(z) = H_a(s)\Big|_{s=\frac{2}{T}\frac{1-z^{-1}}{1+z^{-1}}} \tag{27.4}$$

另外值得注意的是，双线性变换法中模拟角频率$\varOmega$ 和数字角频率ω之间不是线性关系，而是

$$\varOmega = \frac{2}{T}\tan(\omega/2) \tag{27.5}$$

从 tan 函数随频率改变而出现的斜率的变化可以看出，双线性变换法中$\varOmega$和ω之间的关系是非线性的，ω越大这种非线性越明显，因此会造成频率响应曲线的失真，但这种非线性引起的幅频特性畸变可通过预畸变而得到适当校正。

2．基于双线性变换法的 IIR 数字滤波器的设计方法与步骤

综上，基于双线性变换法的 IIR 数字滤波器设计可以分为以下四步。

BTDStep1：确定数字滤波器的性能指标，即通带、阻带截止频率ω_p 和ω_{st}（若给定的是模拟频率指标，则要先转化为数字边界频率，$\omega_p=2\pi f_p/F_s$，$\omega_{st}=2\pi f_{st}/F_s$，其中 F_s 为采样频率）；通带内的最大衰减为α_p，阻带内的最小衰减为α_{st}。

BTDStep2：频率预畸变。利用式（27.5）计算预畸变边界模拟频率 $\varOmega_p = \frac{2}{T}\tan(\omega_p/2)$ 和 $\varOmega_{st} = \frac{2}{T}\tan(\omega_{st}/2)$（当设计非低通滤波器时，需要频带转换等措施将截止频率指标转换为模拟低通原型滤波器设计所需的形式）。

BTDStep3：根据$\varOmega_p$、$\varOmega_{st}$、α_p 和α_{st} 确定模拟低通原型滤波器的传递函数 $H_a(s)$。

BTDStep4：通过式（27.4）将所得 $H_a(s)$变换为数字滤波器的系统函数 $H(z)$。

考虑到 IIR 数字高通滤波器、IIR 数字带通滤波器和 IIR 数字带阻滤波器的设计中需要用到频带变换，表 27.1 汇总了频率预畸变及从设计得到的模拟低通原型滤波器传递函数到所需数字滤波器的映射关系。

表 27.1　双线性变换法常用公式汇总

映射关系	数字低通滤波器	数字高通滤波器	数字带通滤波器	数字带阻滤波器
频率预畸变	$\varOmega = \frac{2}{T}\tan(\omega/2)$	$\varOmega = -\frac{2}{T}\cot(\omega/2)$	$\varOmega_c = \frac{\cos\omega_0 - \cos\omega_1}{\sin\omega_1}$ $\cos\omega_0 = \frac{\cos\left(\frac{\omega_1+\omega_2}{2}\right)}{\cos\left(\frac{\omega_1-\omega_2}{2}\right)}$	$\varOmega_c = \frac{\sin\omega_1}{\cos\omega_1 - \cos\omega_0}$ $\cos\omega_0 = \frac{\cos\left(\frac{\omega_1+\omega_2}{2}\right)}{\cos\left(\frac{\omega_1-\omega_2}{2}\right)}$
双线性变换法	$s = \frac{2}{T}\frac{1-z^{-1}}{1+z^{-1}}$	$s = \frac{2}{T}\frac{1+z^{-1}}{1-z^{-1}}$	$s = \frac{2}{T}\frac{z^2-2z\cos\omega_0+1}{z^2-1}$	$s = \frac{2}{T}\frac{z^2-1}{z^2-2z\cos\omega_0+1}$

【情境任务及步骤】

为帮助读者理解双线性变换法的思想、特点，掌握基于双线性变换法的数字滤波器设计的方法步骤，本案例中设置了双线性变换法在 IIR 数字低通滤波器、IIR 数字高通滤波器、IIR 数字带通滤波器和 IIR 数字带阻滤波器设计中应用的四个情境，通过完成情境任务可以对该方法的特点及使用方法建立直观认识。

一、IIR 数字低通滤波器的设计

本情境中设置了三个情境任务，分别是 IIR 数字低通滤波器的设计、指标验证和采样频率变化影响的探究。这三个任务都基于一个 IIR 数字低通滤波器的设计，具体要求如下。

试设计一个 IIR 数字低通滤波器，其通带范围为 0～40Hz，通带允许最大衰减为 1dB（α_p=1dB），150Hz 以上为阻带，阻带允许最小衰减为 60dB（α_{st}=60dB）。

1．IIR 数字低通滤波器的设计

1）确定待设计 IIR 数字低通滤波器的指标

设采样频率为阻带截止频率的 20 倍，即 F_s=20×150Hz，编制程序实现步骤 BTDStep1、BTDStep2 所述的功能。

（1）根据步骤 BTDStep1 确定 IIR 数字低通滤波器的边界频率指标ω_p和ω_{st}。

（2）根据步骤 BTDStep2 对 IIR 数字低通滤波器边界频率进行预畸变，得到模拟滤波器的边界频率指标Ω_p和Ω_{st}。

（3）通带内的最大衰减α_p和阻带内的最小衰减α_{st}直接作为模拟滤波器的衰减指标使用。

2）模拟低通滤波器的设计

为聚焦任务的核心，建议在自编程序过程中调用 MATLAB 软件中的函数完成滤波器的设计。为探究频率预畸变的意义，下面将用两种方法设计 Chebyshev I 型模拟低通滤波器，确定其传递函数 $H_a(s)$。调用函数时应注意输入参数和域（模拟和数字）的一致性。

（1）频率预畸变的 Chebyshev I 型模拟低通滤波器的设计。

调用 MATLAB 软件中的函数 cheb1ord，以Ω_p、Ω_{st}、α_p和α_{st}为输入，确定 Chebyshev I 型模拟低通滤波器的阶数 N_1 和半功率点截止频率 W_{n_1}。

调用 MATLAB 软件中的函数 cheby1，以 N_1、α_p和 W_{n_1} 为参数确定 Chebyshev I 型模拟低通滤波器传递函数 $H_a(s)$的分子、分母多项式系数，分别记为 bs1 和 as1（程序形式）。

（2）频率未畸变的 Chebyshev I 型模拟低通滤波器的设计。

以 2π×40、2π×150、α_p和α_{st}为输入，重新确定 Chebyshev I 型模拟低通滤波器传递函数 $H_a(s)$的分子、分母多项式系数，分别记为 bs2 和 as2（程序形式）。

3）完成 IIR 数字低通滤波器的设计

继续编制程序，确定 IIR 数字低通滤波器的系统函数 $H(z)$。下面介绍两种实现方法：第一种方法是在已得到传递函数 $H_a(s)$的基础上，再进行一次映射得到 $H(z)$；第二种方法是将频率预畸变、Chebyshev I 型模拟低通滤波器设计、函数映射集中用两个函数实现。

方法一：按部就班。

以 bs1、as1 和 F_s 为参数，调用函数 bilinear 确定 IIR 数字低通滤波器系统函数 $H(z)$的分

子、分母多项式系数，分别记为 bz1 和 az1（程序形式）。此时得到的 IIR 数字低通滤波器前期已经进行了频率预畸变处理。

以 bs2、as2 和 F_s 为参数，调用函数 bilinear 确定 IIR 数字低通滤波器系统函数 $H(z)$的分子、分母多项式系数，分别记为 bz2 和 az2（程序形式）。此时得到的 IIR 数字低通滤波器前期未进行频率预畸变处理。

方法二：设计速成。

以ω_p/π、ω_{st}/π、α_p 和α_{st} 为输入，调用 MATLAB 软件中的函数 cheb1ord，确定 IIR 数字低通滤波器的阶数 N_2 和半功率点截止频率 W_{n_2}。其中ω_p、ω_{st} 分别表示归一化的通带截止频率和阻带截止频率。

以 N_2、α_p 和 W_{n_2} 为参数，调用 MATLAB 软件中的函数 cheby1，确定 IIR 数字低通滤波器传递函数 $H(z)$的分子、分母多项式系数，分别记为 bz3 和 az3（程序形式）。

2．指标验证

这里进行的性能指标验证有两方面的作用：一是验证设计的滤波器是否满足指标要求；二是考察双线性变换法设计的数字滤波器逼近模拟滤波器的能力，所以既要验证所设计滤波器的幅频特性又要验证其相频特性。

1）模拟滤波器频率响应特性的分析

调用 MATLAB 软件中的函数 freqs 分析由 bs1 和 as1 决定的系统的频率响应 Hs1（程序形式），分析由 bs2 和 as2 决定的系统的频率响应 Hs2（程序形式），分析的频率范围均为 0～$F_s/2$，步进为 10Hz。

创建图形窗口 Figure 1，并将其分成上下两个子图，在上方子图中以 hold on 的方式用不同颜色画出两个幅频特性图，纵坐标轴采用对数形式；在下方子图中用不同颜色画出两个相频特性图，用线性比例显示。幅频特性图的横坐标轴的显示范围为 0～$2f_{st}$，纵坐标轴的显示范围为−90～5。建议画图前对两个幅频特性进行归一化处理。

2）数字滤波器频率响应特性的分析

调用 MATLAB 软件中的函数 freqz 分析由 bz1 和 az1 决定的系统的频率响应 Hz1（程序形式），由 bz2 和 az2 决定的系统的频率响应 Hz2（程序形式），由 bz3 和 az3 决定的系统的频率响应 Hz3（程序形式），分析的频率范围为 0～$F_s/2$。

创建图形窗口 Figure 2，并分成上下两个子图，与 Figure 1 类似，在上方子图中用不同颜色分别显示两种方法设计出来的数字滤波器的幅频特性，在下方子图中显示两种方法设计出来的数字滤波器的相频特性。

3）画出比较基准线

为直观准确地分析指标的符合度，Figure 1 和 Figure 2 的幅频特性图均要标出比较基准线。调用 line 函数在图上分别画出$(0,-\alpha_p)\to(f_p,-\alpha_p)$、$(0,-\alpha_{st})\to(f_{st},-\alpha_{st})$、$(f_p,-\alpha_{st})\to(f_p,-\alpha_p)$、$(f_{st},-\alpha_{st})\to(f_{st},-\alpha_p)$四条直线。其中 f_p、f_{st}、α_p 和α_{st} 分别表示低通滤波器的通带截止频率、阻带截止频率、通带允许最大衰减和阻带允许最小衰减。

对照比较基准线，仔细观察 Figure 1 中的上、下两子图，总结频率预畸变和未预畸变处理情况下，两个模拟滤波器的差异，并记入总结报告。观察 Figure 2，总结两种方法设计的数字滤波器的幅频特性和相频特性的异同，分析频率预畸变的意义，归纳 MATLAB 软件自带函数 cheby1 的算法原理，并记入总结报告。

3．采样频率变化影响的探究

将采样频率设置为阻带截止频率的 4 倍、8 倍，重复上述任务 1 和 2，对比频率响应特性曲线的变化，并将变化情况记入总结报告。

二、IIR 数字高通滤波器的设计

尽管理论分析已经得出双线性变换法适用于数字高通滤波器设计的结论，为用实践印证这一结果，设置了基于双线性变换法的 IIR 数字高通滤波器设计的情境，情境任务与情境一中的基本相同，具体要求如下。

试设计一个 IIR 数字高通滤波器，0～40Hz 为阻带，最小衰减为 60dB（α_{st}=60dB），150Hz 以上为其通带范围，通带最大衰减为 1dB（α_p=1dB）。

IIR 数字高通滤波器的设计步骤与 IIR 数字低通滤波器的基本相同，相同部分不再赘述，这里只强调其中的不同点。情境二与情境一的主要差别如下。

（1）调用函数 cheby1 时，滤波器类型“ftype”指定为“high”。

（2）图形显示时，横坐标轴的显示范围为 0～$2f_p$。

三、IIR 数字带通滤波器的设计

与情境二类似，设置该情境是为了用实践印证双线性变换法对于数字带通滤波器设计的适用性，设置了基于双线性变换法的 IIR 数字带通滤波器设计的情境，具体要求如下。

设计一个 IIR（用最少阶数）数字滤波器，要求最大限度地保留频率为 2000～2300Hz 的信号，最大衰减不能超过 1dB，1700Hz 以下和 2700Hz 以上的信号要滤除，衰减比例不得小于 40dB，采样频率为 8000Hz。

1．IIR 数字带通滤波器的设计

1）确定待设计 IIR 数字带通滤波器的指标

编制程序实现步骤 BTDStep1、BTDStep2 所述的功能。

（1）根据步骤 BTDStep1 确定 IIR 数字带通滤波器的边界频率指标ω_{p1}、ω_{p2}和ω_{st1}、ω_{st2}。

（2）根据步骤 BTDStep2 对 IIR 数字带通滤波器的边界频率进行预畸变，得到椭圆模拟带通滤波器的边界频率指标Ω_{p1}、Ω_{p2}和Ω_{st1}、Ω_{st2}。

（3）直接使用通带内的最大衰减α_p和阻带内的最小衰减α_{st}。

2）椭圆模拟带通滤波器的设计

为聚焦任务的核心，建议在自编程序过程中调用 MATLAB 软件中的函数完成滤波器的设计，减少手动解决频带变换等问题的时间消耗。继续编制程序，用两种方法设计椭圆模拟带通滤波器，确定其传递函数 $H_a(s)$。

（1）频率预畸变的椭圆模拟带通滤波器的设计。

调用 MATLAB 软件中的函数 ellipord，以[Ω_{p1},Ω_{p2}]、[Ω_{st1},Ω_{st2}]、α_p 和α_{st} 为输入，确定椭圆模拟带通滤波器的阶数 N_1 和半功率点截止频率 W_{n_1}。

调用 MATLAB 软件中的函数 ellip，以 N_1、α_p、α_{st} 和 W_{n_1} 为参数确定椭圆模拟带通滤波器传递函数 $H_a(s)$的分子、分母多项式系数，分别记为 bs1 和 as1（程序形式）。

（2）频率不预畸变的椭圆模拟带通滤波器的设计。

以[2π×2000,2π×2300]、[2π×1700,2π×2700]、α_p 和 α_{st} 为输入，重新确定椭圆模拟带通滤波器传递函数 $H_a(s)$的分子、分母多项式系数，分别记为 bs2 和 as2（程序形式）。

3）完成 IIR 数字带通滤波器的设计

继续编制程序，确定 IIR 数字带通滤波器的系统函数 $H(z)$。下面介绍两种实现方法：第一种方法是，在已得到传递函数 $H_a(s)$的基础上，再进行一次映射得到 $H(z)$；第二种方法是，将频率预畸变、椭圆模拟带通滤波器设计、函数映射集中用两个函数实现。

方法一：按部就班。

调用函数 bilinear，以 bs1、as1 和 F_s 为参数确定 IIR 数字带通滤波器系统函数 $H(z)$的分子、分母多项式系数，分别记为 bz1 和 az1（程序形式）。此时得到的 IIR 数字带通滤波器前期已经进行了频率预畸变处理。

调用函数 bilinear，以 bs2、as2 和 F_s 为参数确定 IIR 数字带通滤波器系统函数 $H(z)$的分子、分母多项式系数，分别记为 bz2 和 az2（程序形式）。此时得到的 IIR 数字带通滤波器前期未进行频率预畸变处理。

方法二：设计速成。

调用 MATLAB 软件中的函数 ellipord，以[ω_{p1},ω_{p2}]/π、[ω_{st1},ω_{st2}]/π、α_p 和 α_{st} 为输入，确定 IIR 数字带通滤波器的阶数 N_2 和半功率点截止频率 W_{n_2}；调用 MATLAB 软件中的函数 ellip，以 N_2、α_p、α_{st} 和 W_{n_2} 为参数确定 IIR 数字带通滤波器传递函数 $H(z)$的分子、分母多项式系数，分别记为 bz3 和 az3（程序形式）。其中 ω_{p1}、ω_{p2}、ω_{st1}、ω_{st2} 分别表示归一化的通带截止频率和阻带截止频率。

2. 指标验证

IIR 数字带通滤波器的指标验证的目的和方法与情境一中基于双线性变换法设计 IIR 数字低通滤波器的都一样，此处不再赘述。

这里要求确定[bs1,as1]、[bs2,as2]、[bz1,az1]、[bz2,az2]和[bz3,az3]决定的系统的幅频响应，并在同一个窗口中作图进行比较，得到数字滤波器与频率预畸变和未预畸变模拟滤波器频率响应的逼近程度，分析预畸变的意义，并记入总结报告。

3. 采样频率变化影响的探究

将采样频率设置为阻带截止频率的 4 倍、8 倍，重复上述过程，对比频率响应特性曲线的变化。

四、IIR 数字带阻滤波器的设计

与情境二类似，只是为用实践印证双线性变换法也适用于数字带阻滤波器设计的结论，设置了基于双线性变换法的 IIR 数字带阻滤波器设计的情境，具体要求如下。

设计一个 IIR（用最少阶数）数字带阻滤波器，要求滤除频率为 2000～2300Hz 的信号，衰减比例不得小于 40dB，1700Hz 以下和 2700Hz 以上的信号要保留，最大衰减不能超过 1dB，采样频率为 8000Hz。

设计步骤与上述设计 IIR 数字带通滤波器的步骤基本相同，差别如下。

（1）调用函数 ellip 时，滤波器类型“ftype”指定为“stop”。

（2）图形显示时，横坐标轴的显示范围为 0～$2f_{p2}$。

【思考题】

（1）双线性变换法是如何解决混叠问题的？

（2）双线性变换法在什么条件下可以使设计出的数字滤波器能更好地逼近设计出的模拟滤波器？

（3）若严格按照双线性变换法设计 IIR 数字滤波器的原理与步骤，借助 MATLAB 软件中的函数分步设计 IIR 数字带阻滤波器，需要依次调用哪些函数完成设计？

（4）若因种种原因无法使用 MATLAB 软件设计滤波器，为保证程序的模块化，需要自编哪些程序？

【总结报告要求】

（1）在情境任务总结报告中，原理部分要简要概述利用双线性变换法设计 IIR 数字滤波器的方法步骤，书写情境任务时可适当进行归纳和总结，但至少要列出【情境任务及步骤】中相关内容的各级标题。

（2）情境任务的程序清单除在报告中出现外，还必须以独立的.m 文件形式单独提交。各类型数字滤波器的实现要分别编制程序，程序清单要求至少按程序块进行注释。

（3）效果图附于相应的情境任务下。

（4）根据实验结果总结双线性变换法造成的模拟滤波器频率响应与数字滤波器频率响应的失真。

（5）简要回答【思考题】中的问题。

（6）报告中还可包括完成本案例的个人心得、对本案例设置的建议等。

【参考程序】

案例二十八——IIR 滤波器和 FIR 滤波器的对比

【案例设置目的】

通过从视觉和听觉上体会数字滤波器对周期方波信号进行线性相位滤波和非线性相位滤波的效果差异，学习 IIR 滤波器和 FIR 滤波器的知识，理解同性能指标下 IIR 滤波器和 FIR 滤波器在幅频特性、相频特性、滤波器阶数等方面的差异。

【相关基础理论】

1．方波信号产生原理

根据傅里叶分析的相关理论，方波信号如图 28.1 所示，周期为 T 的方波信号可以通过式（28.1）合成：

$$x(t)=\frac{4}{\pi}\left[\sin(\Omega t)+\frac{1}{3}\sin(3\Omega t)+\frac{1}{5}\sin(5\Omega t)+\cdots+\frac{1}{n}\sin(n\Omega t)+\cdots\right],\quad \Omega=\frac{2\pi}{T},\quad n\text{ 是奇数} \tag{28.1}$$

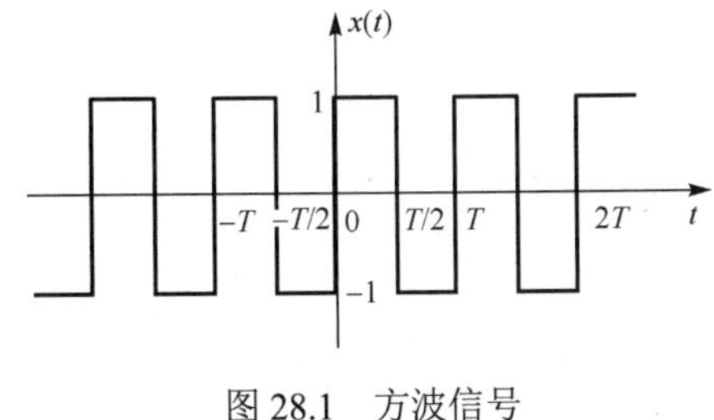

图 28.1　方波信号

观察式（28.1）可知，周期性方波信号除包括频率为Ω的基波外，还包含丰富的谐波分量。基波和少数的几个较低次谐波分量决定波形的基本轮廓，较高次谐波分量决定间断点处的陡峭程度及最大值、最小值附近的抖动特性，因此用这种方法合成方波信号时谐波次数的选择将直接影响产生的周期性信号与方波的逼近程度。

2．数字信号滤波原理

线性时不变数字滤波系统的常用描述方法有三种：差分方程、单位脉冲响应和系统函数。一般线性时不变离散时间系统的差分方程如式（28.2）所示：

$$\begin{aligned}y(n)=&b_0x(n)+b_1x(n-1)+\cdots+b_Mx(n-M)-\\&a_1y(n-1)-a_2y(n-2)-\cdots-a_Ny(n-N)\end{aligned} \tag{28.2}$$

或者

$$\sum_{i=0}^{N}a_iy(n-i)=\sum_{j=0}^{M}b_jx(n-j) \tag{28.3}$$

情形一：当 a_i=0 时，i=1,2,…,N，式（28.2）简化为

$$y(n)=b_0x(n)+b_1x(n-1)+\cdots+b_Mx(n-M)=\sum_{m=0}^{M}h(m)x(n-m) \tag{28.4}$$

式中，$h(m)=b_m$，m=1,2,…,M。此时式（28.2）表示的差分方程系统简化为 M 阶的 FIR（Finite

Impulse Response）系统，或滑动平均（Moving Average，MA）系统，差分方程的求解演变成了线性卷积运算。

情形二：当 $b_j=0$ 时，$j=1,2,\cdots,M$，式（28.2）简化为

$$y(n)=b_0x(n)-a_1y(n-1)-a_2y(n-2)-\cdots-a_Ny(n-N) \tag{28.5}$$

若系统在零状态下，受到单位脉冲序列的激励，即 $x(n)=\delta(n)$，那么 $n=0$ 以后系统的输出完全由反馈决定，差分方程系统简化为自回归（Autoregressive，AR）系统，因输出无穷无尽，系统单位采样响应 $h(n)$为无限长，即 IIR（Infinite Impulse Response）系统。

除了以上两种情形，即 a_i 不全为零 0，$i=1,2,\cdots,N$，b_j 也不全为 0，$j=1,2,\cdots,M$，此时式（28.2）描述的系统是自回归与滑动平均共同作用的结果，简称为 ARMA（Autoregressive Moving Average）系统，系统脉冲采样响应也为无限长，即 IIR 系统。

IIR 系统每一个 n 处的输出值可以按照求解一般差分方程的方法求得，有时域方法和变换域方法，这里不进行详述。

若式（28.2）或式（28.3）表示的为线性时不变离散时间系统，对等式两边进行双边 Z 变换并整理得

$$H(z)=\frac{b_0+b_1z^{-1}+\cdots+b_Mz^{-M}}{1+a_1z^{-1}+\cdots+a_Nz^{-N}}=\frac{\sum_{k=0}^{M}b_kx(n-k)}{\sum_{k=0}^{N}a_ky(n-k)} \tag{28.6}$$

式中，$H(z)$称为系统函数，对应系统单位脉冲响应 $h(n)$的 Z 变换。数字滤波器设计结果常用的一种输出形式就是式（28.6）所示的分式形式，$H(z)$的分子多项式系数矩阵 $\boldsymbol{b}=[b_0,b_1,\cdots,b_M]$ 和分母多项式系数矩阵 $\boldsymbol{a}=[a_0,a_1,\cdots,a_N]$。通过逆 Z 变换或直接求解差分方程，可以得到 $h(n)$。

若已知系统的单位脉冲响应 $h(n)$，系统输出 $y(n)$是输入序列 $x(n)$和 $h(n)$的卷积，可以直接调用 MATLAB 软件中的函数 conv 实现计算。若已知系统函数的分子多项式系数矩阵 $\boldsymbol{b}$ 和分母多项式系数矩阵 $\boldsymbol{a}$，调用 MATLAB 软件中的函数 filter 也能计算滤波器的输出。

【情境任务及步骤】

为帮助读者感受线性相位滤波和非线性相位滤波的差异，理解 IIR 滤波器和 FIR 滤波器在幅频特性、相频特性、滤波器阶数等方面的区别，本案例中共设置了两个情境，分别从视觉和听觉上检验两类滤波器的处理结果。以探究形式完成情境任务，对读者对于滤波器的指标、两类滤波器的设计、线性/非线性相位实际影响等的深刻理解和应用都会有很大帮助。

一、视觉体验 IIR 低通滤波器和 FIR 低通滤波器对方波信号滤波的效果

本情境设置了产生方波信号、设计低通滤波器、多视角对比三个任务。其中产生方波信号这个任务是为了产生一个初始相位相同的多频率分量复合的信号，作为滤波对象和参照标准。为聚焦任务的核心，设计低通滤波器任务可以直接使用本书以前案例的成果。多视角对比任务要求从滤波器的阶数、滤波器的频率响应和对方波信号滤波的效果等多个角度进行，以对 FIR 滤波器与 IIR 滤波器的特点、作用形成全面认知。

1．产生方波信号

编制程序，产生方波信号，具体要求如下。

（1）取 T=0.5s，确定式（28.1）中的基波频率Ω。

（2）根据式（28.1）产生一段由基波和从二倍频开始的 99 个谐波分量组成的方波信号（共 100 个频率分量），信号的持续时间为 5s，并记为 x。考虑到最高次谐波分量的频率、无失真采样定理和波形视觉的连续性，采样频率设置为(200×20)/T。

（3）根据式（28.1）产生由基波与 100Hz 以下的谐波合成的长度为 5s 的波形，结果记为 x_0，作为比较基准信号。

（4）创建窗口显示所产生的信号，并比较两波形的区别，结果记入总结报告。

2．设计低通滤波器

为聚焦任务的核心，本任务可以直接使用本书案例二十、案例二十二～案例二十四和案例二十七的成果，这也是程序模块化的优势。滤波器的设计具体要求如下。

设低通滤波器的通带最大衰减、阻带最小衰减、通带和阻带截止频率分别为α_p=1、α_{st}=60、f_p=100Hz、f_{st}=200Hz。继续编制程序，设计四种低通滤波器。

（1）用窗函数法设计满足指标要求的 FIR 数字低通滤波器，滤波器单位脉冲响应序列长度记为 N1（程序形式），返回的分子、分母多项式系数分别记为 b1 和 a1（程序形式）。设计方法与步骤可参见案例二十。

（2）设计满足指标要求的 Butterworth IIR 数字低通滤波器，滤波器阶数记为 N2（程序形式），返回的分子、分母多项式系数分别记为 b2 和 a2（程序形式）。设计方法与步骤可参见案例二十二和案例二十七。

（3）设计满足指标要求的 Chebyshev（Ⅰ型还是Ⅱ型依据个人喜好自选）IIR 数字低通滤波器，滤波器阶数记为 N3（程序形式），返回的分子、分母多项式系数分别记为 b3 和 a3（程序形式）。设计方法与步骤可参见案例二十三和案例二十七。

（4）设计满足指标要求的椭圆 IIR 数字低通滤波器，滤波器阶数记为 N4（程序形式），返回的分子、分母多项式系数分别记为 b4 和 a4（程序形式）。设计方法与步骤可参见案例二十四和案例二十七。

3．多视角对比

继续编制程序，对在同等指标要求下设计出的滤波器进行多视角比较。

1）阶数对比

构造矩阵[N1, N2, N3, N4]（程序形式），并输出结果，将看到的结果记入总结报告。

2）频率响应对比

（1）确定频率响应。

调用函数 freqz，分析由 b1 与 a1、b2 与 a2、b3 与 a3、b4 与 a4 分别描述的系统的频率响应，结果记为 H1、H2、H3、H4（程序形式）。

（2）画幅频响应归一化对数图进行对比。

在同一个新的图形窗口中用不同的颜色画出经过归一化处理的幅频特性图，纵坐标轴采用对数形式。横坐标轴的显示范围为 0～300Hz，纵坐标轴的显示范围为−120～5。

根据滤波器技术参数调用 line 函数画出比较基准线，比较四种滤波器对于设计指标的符合度以及通带、阻带特点，并将图和观察到的结果记入总结报告。

（3）画相频特性图进行对比。

调用函数 angle 和 unwrap，在同一个新的图形窗口中画出四种滤波器的相频响应曲线，并粗略判断各滤波器相频响应曲线上基本满足线性变化的区间范围，将图和观察到的结果记入总结报告。

3）方波信号滤波效果对比

（1）滤波处理。

调用函数 filter，以 b_i、a_i 和 x 为输入参数，将结果分别记为 filteredxi（程序形式），其中 i=1, 2, 3, 4。在用 FIR 滤波器对信号进行滤波时可以调用函数 conv。

（2）滤波效果对比。

在同一个新的图形窗口中分别用不同颜色显示 filteredxi，其中 i=1, 2, 3, 4。

通过与 x 的波形进行对比，主观上对各滤波器的滤波效果（比如脉冲幅度的波动性、宽度变化等）进行评价，并将结果记入总结报告。

二、听觉体验 IIR 带通滤波器和 FIR 带通滤波器对声音信号滤波的效果

本情境中对一个音频信号设计滤波器，并比较不同滤波器滤波前后的影响，重在体会滤波器通带幅度是非常数、通带相位是线性函数和通带相位是非线函数情况对于听觉的影响，或者说波形失真对于听觉的影响，具体任务如下。为聚焦任务的核心，本任务可以直接使用本书案例二十、案例二十五和案例二十七的成果。

编制一个新的脚本文件，完成以下所有步骤。

1．准备声音信号

（1）调用 MATLAB 软件中的函数 audioread，读取一个.wav 类型的声音信号（推荐使用 Windows 系统启动声音文件），声音数据存入 y，采样频率存入 F_s。

（2）调用 sound 函数，听声音信号的效果。

2．设计带通滤波器

带通滤波器的通带最大允许衰减、阻带允许最小衰减、通带截止频率和阻带截止频率这样进行设置：α_p=1，α_{st}=60，f_{p1}=800Hz，f_{p2}=1500Hz，f_{st1}=500Hz，f_{st2}=2500Hz。

（1）用窗函数法设计满足指标要求的 FIR 带通滤波器，滤波器单位脉冲响应序列长度记为 N1（程序形式），返回的分子、分母多项式系数分别记为 b1 和 a1（程序形式）。设计方法与步骤参见案例二十。

（2）设计满足指标要求的 Butterworth IIR 带通滤波器，滤波器阶数记为 N2（程序形式），返回的分子、分母多项式系数分别记为 b2 和 a2（程序形式）。设计方法与步骤参见案例二十五和案例二十七。

（3）设计满足指标要求的 Chebyshev（Ⅰ型还是Ⅱ型依据个人喜好自选）IIR 带通滤波器，滤波器阶数记为 N3（程序形式），返回的分子、分母多项式系数分别记为 b3 和 a3（程序形式）。设计方法与步骤参见案例二十五和案例二十七。

（4）设计满足指标要求的椭圆 IIR 带通滤波器，滤波器阶数记为 N4（程序形式），返回的分子、分母多项式系数分别记为 b4 和 a4（程序形式）。设计方法与步骤参见案例二十五和案例二十七。

3．多视角对比

滤波阶数对比方法、频率响应对比方法参见前述情境中的“多视角对比”任务，不同的是幅频响应横坐标轴的显示范围为 0～3000Hz，纵坐标轴的显示范围为–100～5。下面只讨论滤波效果对比部分。

（1）对声音信号进行滤波。

调用函数 filter，以 b_i、a_i 和 $y(:,1)$为输入参数，并将结果分别记为 filteredyi（程序形式），其中 i=1, 2, 3, 4。在用 FIR 滤波器对信号进行滤波时可以调用函数 conv。

（2）调用 sound 函数，对比试听原始信号 $y(:,1)$和滤波后的信号 filteredyi，其中 i=1, 2, 3, 4，并凭主观感觉判断哪个滤波器滤波后的信号与原始信号差别较大，并将结果记入总结报告。

【思考题】

（1）分析总结线性相位 FIR 滤波器和非线性相位 IIR 滤波器对相同信号进行滤波后，在波形或声效上存在的差异。

（2）总结同性能指标下 FIR 滤波器和 IIR 滤波器的阶数差异、相频特性差异。

（3）查阅资料总结滤波器阶数大小对滤波器软硬件实现的影响。

（4）总结四类滤波器幅频特性的特点、过渡带特点等。

【总结报告要求】

（1）在情境任务总结报告中，原理部分要描述用数字滤波器对数字信号进行滤波的具体方法步骤，书写情境任务时可适当进行归纳和总结，但至少要列出【情境任务及步骤】中相关内容的各级标题。

（2）情境任务的程序清单除在报告中出现外，还必须以独立的.m 文件形式单独提交。本案例要求编制两个程序，分别实现低通滤波器的设计与滤波、带通滤波器的设计与滤波，程序清单要求至少按程序块进行注释。

（3）效果图附于相应的情境任务下。

（4）将 MATLAB 软件的 Help 文件中的 unwrap 函数的描述部分翻译在报告中。

（5）简要回答【思考题】中的问题。

（6）报告中还可包括完成本案例的个人心得、对本案例设置的建议等。

【参考程序】

案例二十九——IIR数字滤波器的结构

【案例设置目的】

通过实验直观理解各种结构的 IIR 数字滤波器的时间效率；理解 IIR 数字滤波器各种结构的特点及实现方法；掌握用 MATLAB 软件实现 IIR 数字滤波器各种结构的方法，以及各种结构的 IIR 数字滤波器的使用。

【相关基础理论】

数字滤波器作为一个重要的数据处理系统或功能模块，从设计到应用一般都要经过如下过程。

（1）设计 IIR 数字滤波器或 FIR 数字滤波器得到系统函数 $H(z)$（用多项式系数矩阵 $\boldsymbol{b}$ 和 $\boldsymbol{a}$ 或零、极点矩阵 $\boldsymbol{z}$、$\boldsymbol{p}$、$\boldsymbol{k}$ 表示）或单位脉冲响应 $h(n)$。

（2）选择合适的滤波器结构，用硬件或软件实现所设计的滤波器。

（3）让数据通过滤波器，或将滤波处理施加于数据 x。

在 MATLAB 环境下，有些设计工具能直接生成满足性能指标的指定结构的滤波器，如 FDATool 工具。

从时域看，数字滤波器对信号的处理通常可以用以下两种形式表示：

$$\begin{aligned} y(n) &= x(n)*h(n) = \sum_{m=-\infty}^{\infty} h(m)x(n-m) \\ &= \cdots + h(0)x(n) + h(1)x(n-1) + h(2)x(n-2) + \cdots \end{aligned} \tag{29.1}$$

$$\begin{aligned} y(n) = b_0 x(n) + b_1 x(n-1) + \cdots + b_M x(n-M) - \\ a_1 y(n-1) - a_2 y(n-2) - \cdots - a_N y(n-N) \end{aligned} \tag{29.2}$$

式（29.1）将 n 时刻的输出表示成了系统的单位脉冲响应 $h(n)$与输入 $x(n)$的卷积，卷积运算本身就是滤波器实现的一种方式，仅涉及加法、乘法和延迟等简单运算。而且当单位脉冲响应 $h(n)$为有限长度时，这种实现方法是非常有效的；当 $h(n)$为无限长度时，这种方法就不实用了。无论 $h(n)$是有限长度的还是无限长度的，式（29.2）均将 n 时刻的输出表示为有限项的乘加运算，因此根据系统的差分方程表示直接实现滤波器不失为一种有效方式。

滤波器结构对于滤波器的实现至关重要，它直接决定着资源占用的多少、实现误差的大小、处理的实时性等。观察式（29.1）和式（29.2）可知，数字滤波器的实现需要乘法器、加法器和存储器等资源，结构不同，资源的消耗也不一样。比如，对于 IIR 数字滤波器而言，直接Ⅱ型用的延迟单元最少；对于 FIR 数字滤波器而言，线性相位结构使用的乘法器相对于其他结构的减半。量化是一个非线性过程，不同的滤波器结构量化的对象不同，量化误差的积累方式也不同，比如级联型结构就对舍入误差较为敏感。在串行结构中，处理是顺次进行的，处理工作不便同时展开，而并行结构可以充分利用 CPU 的并行处理能力，实时性大为提高，因此在速度要求高的场合，往往不选择递归结构的 IIR 数字滤波器，而选择非递归结构的 FIR

数字滤波器。

数字滤波器既可以用软件实现，也可以用硬件实现，到底选择哪种方式取决于具体应用。但是，不论用哪种方式，输入信号和滤波器系数均不能用无限精度表示，因此直接根据式（29.1）或式（29.2）进行滤波器的实现有可能会得到不能令人满意的效果，因此需要在时域或变换域寻找式（29.1）或式（29.2）等价的实现方案，以降低量化的影响。

IIR 数字滤波器和 FIR 数字滤波器有各自的实现结构，因此应分别进行讨论。本案例中仅讨论 IIR 数字滤波器的各种结构及其特点。

1．直接 I 型

设式（29.2）描述的为 LTI 系统，系统的单位脉冲响应为 $h(n)$，系统函数为 $H(z)$，对差分方程两端进行双边 Z 变换并整理可得

$$H(z)=\frac{\sum_{m=0}^{M}b_m z^{-m}}{1-\sum_{k=1}^{N}a_k z^{-k}}=\sum_{m=0}^{M}b_m z^{-m}\frac{1}{1-\sum_{k=1}^{N}a_k z^{-k}}=H_1(z)H_2(z) \tag{29.3}$$

式中，$H_1(z)=\sum_{m=0}^{M}b_m z^{-m}$；$H_2(z)=\dfrac{1}{1-\sum_{k=1}^{N}a_k z^{-k}}$。

由式（29.2）可知，系统在 n 时刻的输出 $y(n)$是由当前时刻的输入、所有前 M 时刻的输入以及所有前 N 时刻的输出共同决定的，它们各自对输出 $y(n)$的贡献分别由系数矩阵 $\boldsymbol{b}$ 和 $\boldsymbol{a}$ 共同决定。将差分方程描述的输入与输出的关系直接用信号流图表示，即可以得到如图 29.1 所示的结构，该滤波器结构又称为直接 I 型。

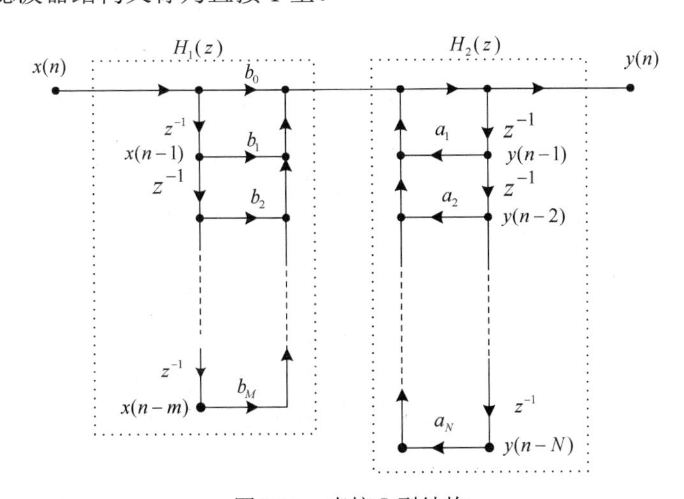

图 29.1　直接 I 型结构

在图 29.1 所示的信号流图中，左半部分（左侧虚框内的网络）对应的子系统函数为 $H_1(z)$，因此该部分又称为零点网络，由信号流图中的前向支路构成。相应地，右半部分对应的子系统函数为 $H_2(z)$，称为极点网络，由信号流图中的反馈支路构成。滤波器实现时，量化器量化的对象是系统函数 $H(z)$的多项式系数矩阵 $\boldsymbol{b}$ 和 $\boldsymbol{a}$。

2．直接Ⅱ型

将式（29.3）改写为

$$H(z)=\frac{\sum_{m=0}^{M}b_m z^{-m}}{1-\sum_{k=1}^{N}a_k z^{-k}}=\frac{1}{1-\sum_{k=1}^{N}a_k z^{-k}}\sum_{m=0}^{M}b_m z^{-m}=H_2(z)H_1(z) \tag{29.4}$$

即在用信号流图表示系统函数时，要将 $H_2(z)$描述的极点网络置于 $H_1(z)$描述的零点网络左侧，如此得到滤波器的直接Ⅱ型结构，如图 29.2 所示。图 29.2（a）和图 29.2（b）所示的结构完全等价，后者是前者等值节点合并的结果，合并后使得延迟单元的个数减少，当 M 与 N 接近时，延迟单元可以节省近 1/2。

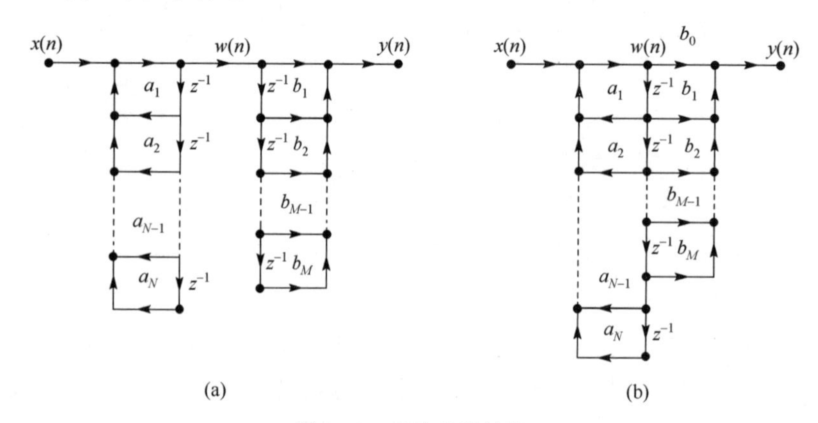

图 29.2　直接Ⅱ型结构

根据信号流图转置定理（将信号流图中的所有支路倒向，增益不变；然后调换输入、输出符号，则系统函数不变），直接Ⅰ型和直接Ⅱ型都可以得到相应的转置型，分别为直接Ⅰ型的转置（Direct-form Ⅰ Transposed）和直接Ⅱ型的转置（Direct-form Ⅱ Transposed），这里不再画出这两种结构图。

3．级联型

直接Ⅰ型、直接Ⅰ型的转置、直接Ⅱ型和直接Ⅱ型的转置结构的信号流图中的支路增益均直接来自滤波器的系数矩阵 **b** 和 **a**，所以这四种结构中都有“直接”一词。有限精度的约束或对滤波器系数矩阵 **b** 和 **a** 量化的作用，轻则使量化后的滤波器性能与设计之初的滤波器性能有些许偏离，重则在量化的作用下使原本在 Z 平面单位圆内的极点移动到单位圆上，最终导致滤波器（多为 IIR 型）不再稳定。而量化造成的极点的移动在直接型结构中是不容易被发现的，因此直接型对量化噪声非常敏感，下面研究对量化不太敏感的级联型。

将式（29.3）中系统函数的分子和分母都分解成 z^{-1} 的一次因式，可得到：

$$H(z)=\frac{\sum_{m=0}^{M}b_m z^{-m}}{1-\sum_{k=1}^{N}a_k z^{-k}}=g\frac{\prod_{m=1}^{M}(1-z_m z^{-1})}{\prod_{k=1}^{N}(1-p_k z^{-1})} \tag{29.5}$$

由式（29.5）易知系统函数的所有零点 z_k 和所有极点 p_k 的值，若直接对 z_k 和 p_k 进行量化，能及早发现因量化致使极点从 Z 平面的单位圆内移动到单位圆上或单位圆外的情况，以便及时进行调整。

为了避免存储复数系数造成的存储空间消耗，将式（29.5）中以共轭成对的零点（极点）为根的一次因式进行组合，则可得到 z^{-1} 的实系数二次因式，此时式（29.5）中的分子和分母变成了一次因式和二次因式的乘积。

从系统函数等效性角度看，式（29.5）所示的分子多项式中任意一个因式与分母多项式中的任意一个因式组合都会得到一个既有零点又有极点的子系统函数，那么系统函数 $H(z)$就化成了若干子系统函数的乘积，且每个子系统函数都可以用上述的直接型结构实现。从节约延迟单元的角度考虑，分子多项式中的二阶因式与分母多项式中的二阶因式组合、分子多项式中的一阶因式与分母多项式中的一阶因式组合效果最佳，因此式（29.5）可改写为子系统函数的级联型：

$$H(z)=g\prod_{k=1}^{L}H_k(z)=g\prod_{k=1}^{L}\frac{b_{0k}+b_{1k}z^{-1}+b_{2k}z^{-2}}{1+a_{1k}z^{-1}+a_{2k}z^{-2}} \tag{29.6}$$

式中，b_{0k}、b_{1k}、b_{2k}、a_{1k}、a_{2k} 都为实数。式（29.6）中的每个乘积项都具有二阶基本节（Second Order Section, SOS）的形式，系统函数 $H(z)$展开为 SOS 的乘积或级联，每个 SOS 都具有图 29.3 所示的二阶网络结构形式。

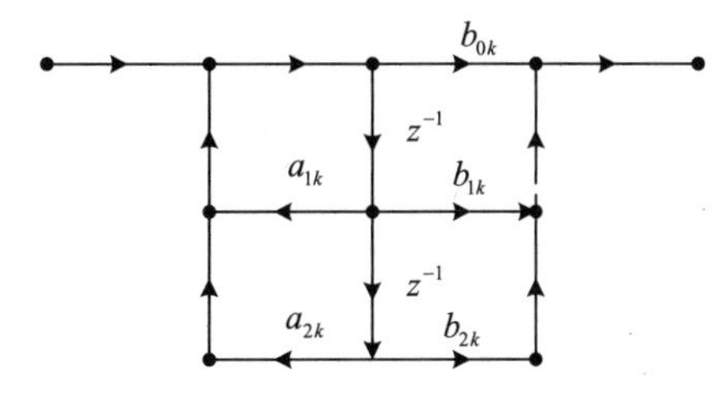

图 29.3　二阶网络结构

IIR 数字滤波器的一般级联型结构如图 29.4 所示。

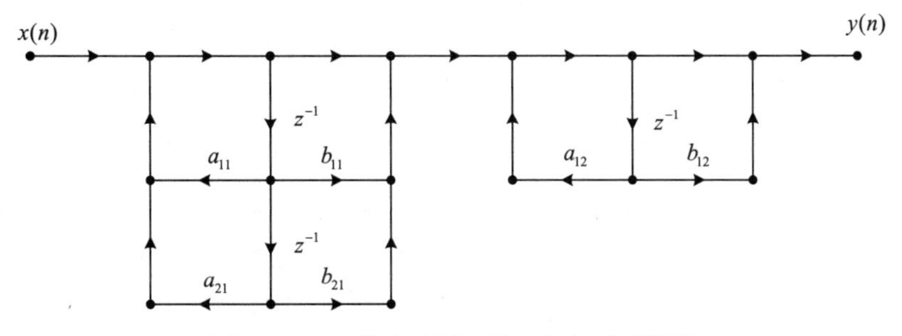

图 29.4　IIR 数字滤波器的一般级联型结构

因每个基本节只与数字系统的某一对零、极点的网络或一个零点和一个极点的网络相关联，量化导致的不稳定比较容易避免，因此 SOS 抗量化误差能力较直接型要好，所以实际中多选用这种结构。级联型结构的不足之处是前级的误差会传递到后级，造成误差逐级积累。

4．并联型

级联型结构是将系统函数 $H(z)$展开为 SOS 的形式，而并联型结构是将 $H(z)$展开为部分分式（Partial Fraction）的形式。

设 $H(z)$除在原点处能有多重极点外，在 Z 平面上其他点处仅能有一阶极点，此时对 $H(z)$进行部分分式展开可得

$$H(z)=\frac{\sum_{m=0}^{M}b_m z^{-m}}{1-\sum_{k=1}^{N}a_k z^{-k}}=\frac{r_1}{1-p_1z^{-1}}+\frac{r_2}{1-p_2z^{-1}}+\cdots+\frac{r_N}{1-p_Nz^{-1}}+k_1+k_2z^{-1}+\cdots+k_{M-N+1}z^{-(M-N)} \quad (29.7)$$

当式（29.2）中的 $M<N$ 时，式（29.7）中的 k_i 全部为零，$i=1,2,\cdots,M-N+1$。

同样为避免存储复极点系数，对式（29.7）中以共轭成对的极点为根的部分分式进行组合得到：

$$H(z)=\sum_{l_1=1}^{L_1}\frac{r_{l_1}}{1-p_{l_1}z^{-1}}+\sum_{l_2=1}^{L_2}\frac{b_{0l_2}+b_{1l_2}z^{-1}}{1+a_{1l_2}z^{-1}+a_{2l_2}z^{-2}}+k_1+k_2z^{-1}+\cdots+k_{M-N+1}z^{-(M-N)} \quad (29.8)$$

式中，$L_1+2L_2=N$。

这样就可以用 L_1 个一阶网络、L_2 个二阶网络、常数系数和带增益的纯延迟网络并联起来组成滤波器的系统函数 $H(z)$。图 29.5 所示为 IIR 数字滤波器并联型结构实现的一般形式。

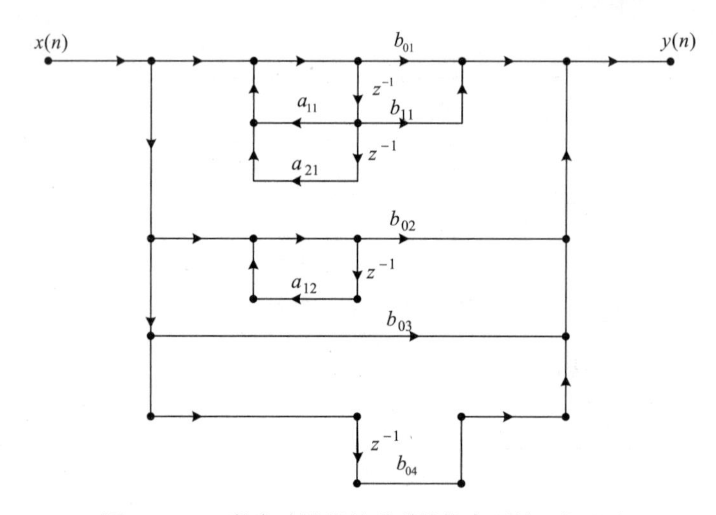

图 29.5　IIR 数字滤波器并联型结构实现的一般形式

这种结构的特点是，量化作用可直接作用到极点，但对零点的影响却没那么直接。另外，并联型结构各基本节的误差互不影响，量化误差不会在各级之间传播，而且还可以充分利用 CPU 的并行处理能力。

【情境任务及步骤】

为帮助读者理解 IIR 数字滤波器各网络结构的内涵、特点，本案例中共设置了两个情境："原理初探"和"不同结构实际系统测试"。滤波器结构从一般教学方面来讲，通常局限于手绘结构图和各结构的特点的分析，基于此设置了情境一。为更加直观地感受不同实现结构的特点，本案例对此项应用实践进行了延伸，情境二中会从波形、频谱、时效性等多种角度展示不同结构的特色。通过探究的形式完成情境任务，会对读者加深对 IIR 数字滤波器结构特点的理解大有裨益。

一、原理初探

本情境的设置更多地忠实 IIR 数字滤波器各网络结构的理论基础，在求解系统函数的零、极点方面，利用 MATLAB 软件中的相关函数会便利一些。本情境的具体任务如下所示。

已知一个由系统函数 $H(z)$描述的 IIR 数字滤波器，即

$$H(z)=\frac{8-4z^{-1}+11z^{-2}-2z^{-3}}{1-\frac{5}{4}z^{-1}+\frac{3}{4}z^{-2}-\frac{1}{8}z^{-3}}$$

1. 画直接型结构图

从实用性和任务工作量角度考虑，建议根据系统函数 $H(z)$画出 IIR 数字滤波器的直接Ⅱ型结构图、直接Ⅱ型的转置结构图。

2. 画级联型结构图

根据级联型结构图的定义，该任务可以划分成两个子任务。

1）确定零、极点分布

确定系统函数 $H(z)$的零、极点分布，并画图表示。

系统函数 $H(z)$的零、极点可以直接手动计算求得，也可以通过调用函数 tf2zpk 求得。画零、极点分布图可以通过调用函数 zplane 实现。

2）画级联型结构图

合并共轭成对的零点和极点，合成 SOS，并用信号流图表示。

（1）纯手工。

根据已得到的系统函数 $H(z)$的零、极点，确定有无共轭成对的零点或极点。若有，则将以每个共轭零（极）点对为根的 z^{-1} 的一次因式组合成实系数的二次因式。在使用延迟单元最少的原则下，将系统函数 $H(z)$展开成子系统函数的乘积形式，并逐次画出每个子网络对应的信号流图，且将信号流图级联（串联）。

（2）半自动化。

调用函数 tf2sos 直接得到各 SOS 对应的子系统函数的系数矩阵，之后逐次画出每个子网络对应的信号流图，且将信号流图级联（串联）。

3. 画出并联型结构图

部分分式展开 $H(z)$的手工方法这里不再讨论，下面介绍基于 MATLAB 软件中的函数的方法。

调用函数 residuez 直接得到各部分因式对应的子系统函数的系数矩阵，合并以共轭成对复极点为根的因式后可得到实系数的子系统函数，之后逐次画出每个子网络对应的信号流图，且将信号流图并联。

二、实际系统性能测试

为帮助读者直观感受各网络结构的特点，本情境设置了生成复合信号和基准信号、设计

Butterworth IIR 数字带通滤波器、实现指定结构的滤波器、实施滤波、滤波器性能评估、改变滤波指标体会量化的作用六个任务。

1. 生成复合信号和基准信号

设 xt(程序形式)是由四个单音组成的多频率复合信号,四个单音的频率分别是 f_1=100Hz、f_2=200Hz、f_3=300Hz、f_4=400Hz，且幅度均为单位 1，初始相位为 0。xt 是四个单位幅度单频正弦信号的叠加。比较基准信号 xt23（程序形式）是频率为 f_2 和 f_3 的两个单位幅度、0 初始相位的单频正弦信号的叠加。

2. 设计 Butterworth IIR 数字带通滤波器

假定采样频率 F_s=8000Hz，试设计 Butterworth IIR 数字带通滤波器，以滤除频率为 f_1 和 f_4 的单频，并评估所设计滤波器的性能。

1）滤波器指标设定

带通滤波器边界频率设置：通带截止频率 $f_{p1}=f_2$、$f_{p2}=f_3$，阻带截止频率 $f_{st1}=f_1$、$f_{st2}=f_4$。衰减指标设置：在阻带截止频率处的衰减不低于 40dB，在通带内的衰减不超过 5dB。

2）设计 Butterworth IIR 数字带通滤波器

（1）调用函数 buttord 确定 Butterworth IIR 数字带通滤波器的阶数 N 和边界频率 W_n。

（2）调用函数 butter 确定符合指标要求的 Butterworth IIR 数字带通滤波器。要求按照两种形式输出：一种是滤波器系数矩阵形式[$\boldsymbol{b}$,$\boldsymbol{a}$]；另一种是系统函数的零、极点增益形式[z,p,k]。

3. 实现指定结构的滤波器

如前所述，Butterworth IIR 数字带通滤波器常用直接Ⅰ型、直接Ⅱ型、级联型、并联型、直接Ⅰ型的转置、直接Ⅱ型的转置等结构实现。在 MATLAB 软件中，通过调用函数 dfilt，并附加不同结构选项，便可为所设计的 IIR 数字滤波器指定实现结构。

这里建议直接调用 dfilt 函数为上述设计的 Butterworth IIR 数字带通滤波器指定实现结构。设 dfilt 函数的附加结构字符串 structure=df1（程序形式）时，结果记为 hd1（程序形式）；当 structure=df1sos（程序形式）时，结果记为 hd2（程序形式）；当 structure=df1t（程序形式）时，结果记为 hd3（程序形式）；当 structure=df2（程序形式）时，结果记为 hd4（程序形式）；当 structure=df2sos 时，结果记为 hd5（程序形式）；当 structure=df2t（程序形式）时，结果记为 hd6（程序形式）。

在得到 hd2 和 hd5 时，要求输入参数为 SOS，此时需在已知系统函数零、极点的基础上，再调用函数 zp2sos 做进一步处理。

4. 实施滤波

调用函数 filter,将 hd1～hd6 六种结构的滤波器施加于信号 xt,结果分别记为 filteredxt1～filteredxt6（程序形式）。

5. 滤波器性能评估

此处的滤波器性能评估既有主观评估，也有客观评估。主观评估这里选择听觉觉察，客观评估包括波形、频谱和时效性等维度。

（1）在听觉上定性评估。

调用函数 sound，试听 xt、filteredxt1～filteredxt6 的声效，重点是对比后六者与 xt23 的效果差异。

为提高对比效果，建议执行完主程序后，在命令窗口中调用 sound 函数进行一一对比试听。

（2）滤波效果时域对比。

在同一个图形窗口中依次叠加画出以 filteredxt1 为基准的差值信号，即 filteredxt1-filteredxt2、filteredxt1-filteredxt3、filteredxt1-filteredxt4、filteredxt1-filteredxt5、filteredxt1-filteredxt6，并用不同的颜色表示，添加图例（Legend）。

根据比较结果，分析滤波器的哪些结构之间的差别较大；比较基准换成 xt23，结果会怎样。将比较得到的结论记入总结报告。

（3）滤波效果频域对比。

调用函数 fft，计算 xt、filteredxt1～filteredxt6 的 DFT，并将结果分别记为 X0～X6（程序形式）。

创建一个新的图形窗口，并将窗口从上至下分为两个子图。在上方子图中显示 X0 的幅度谱，在下方子图中显示 X1～X6 的幅度谱。两个子图中显示的频谱都要进行归一化，即最大幅度对应 0dB，并添加必要标注。将滤波效果频域对比的结论记入总结报告。

（4）时效对比。

在调试好的程序中，在每个 filter 函数调用之前，首先调用 tic 函数，紧跟每个 filter 函数之后再调用 toc 函数。再次执行程序，记录每个 filter 函数的执行时间，并根据返回结果对各结构的耗时进行排序，并记入总结报告。

6．改变滤波指标体会量化的作用

为进一步理解滤波器阶数对于实现复杂度的影响，该任务的三个子任务分别从仅改变滤波器的边界频率指标、仅改变滤波器边界频率处的衰减指标，以及同时改变滤波器的边界频率和边界频率处的衰减指标三个方向实现滤波器阶数的改变，并以此为基础测试滤波器阶数对于实现复杂度的影响。

（1）仅改变滤波器的边界频率指标。

将边界频率重新设定，具体设定值：通带截止频率 f_{p1}=190Hz、f_{p2}=310Hz，阻带截止频率 f_{st1}=110Hz、f_{st2}=390Hz。衰减指标保持不变，在阻带截止频率处的衰减不低于 40dB，在通带内的衰减不超过 5dB。

重新执行本案例的任务 3～5，注意滤波器阶数的变化和滤波器效果的差别，并记入总结报告。

（2）仅改变滤波器边界频率处的衰减指标。

将边界频率处的衰减指标重新设置，具体设定值：在阻带截止频率处的衰减不低于 60dB，在通带内的衰减不超过 1dB。边界频率数值保持不变。通带截止频率 $f_{p1}=f_2$、$f_{p2}=f_3$，阻带截止频率 $f_{st1}=f_1$、$f_{st2}=f_4$。

重新执行本案例的任务 3～5，注意滤波器阶数的变化和滤波器效果的差别，并记入总结报告。

（3）同时改变滤波器的边界频率和边界频率处的衰减指标。

将边界频率重新设定，具体设定值：通带截止频率 f_{p1}=190Hz、f_{p2}=310Hz，阻带截止频率 f_{st1}=110Hz、f_{st2}=390Hz。将边界频率处的衰减指标重新设定：在阻带截止频率处的衰减不低于

60dB，在通带内的衰减不超过 1dB。

重新执行本案例的任务 3～5，注意比较滤波器滤波效果的差异，并记入总结报告。

【思考题】

（1）根据情境二中的任务 6，定性分析滤波器阶数与过渡带带宽及衰减指标的关系。

（2）在有限字长情况下，分析滤波器 [***b***,***a***]、[*z*,*p*,*k*] 和 [sos,*g*] 三种表示方法抗量化影响的能力。

（3）滤波器阶数的大小对于实现复杂度有何影响？

【总结报告要求】

（1）在情境任务总结报告中，原理部分要描述几种常用 IIR 数字滤波器的结构组成和特点，书写情境任务时可适当进行归纳和总结，但至少要列出【情境任务及步骤】中相关内容的各级标题。

（2）情境任务的程序清单除在报告中出现外，还必须以独立的.m 文件形式单独提交。本案例可以只编制一个程序，完成【情境任务及步骤】中的各项任务，程序清单要求至少按程序块进行注释。

（3）效果图附于相应的情境任务下。

（4）将以下内容翻译在报告中。

Limitations

In general，you should use the [z, p, k] syntax to design IIR filters. To analyze or implement your filter，you can then use the [z, p, k] output with zp2sos and an sos dfilt structure. For higher order filters (possibly starting as low as order 8), numerical problems due to roundoff errors may occur when forming the transfer function using the [b, a] syntax.

The following example illustrates this limitation:

```
n = 6; Wn = [2.5e6 29e6]/500e6;
ftype = 'bandpass';

% Transfer Function design
[b, a] = butter(n, Wn, ftype);
h1=dfilt.df2(b, a);          % This is an unstable filter.

% Zero-Pole-Gain design
[z, p, k] = butter(n, Wn, ftype);
[sos，g]=zp2sos(z, p, k);
h2=dfilt.df2sos(sos, g);

% Plot and compare the results
hfvt=fvtool(h1, h2, 'FrequencyScale', 'log');
legend(hfvt, 'TF Design', 'ZPK Design')
```

（5）简要回答【思考题】中的问题。

（6）报告中还可包括完成本案例的个人心得、对本案例设置的建议等。

【参考程序】

案例三十——FIR 数字滤波器的结构

【案例设置目的】

理解 FIR 数字滤波器各种结构的特点及实现方法；了解 FIR 数字滤波器性能评估和时效评估方法；了解用 MATLAB 软件实现 FIR 数字滤波器各种结构的方法，以及各种结构的 FIR 数字滤波器的使用。

【相关基础理论】

与 IIR 数字滤波器一样，FIR 数字滤波器结构对于滤波器的实现同样至关重要，直接决定着资源占用的多少、实现误差的大小、处理的实时性等。

从时域看，FIR 数字滤波器对信号的处理通常可以用以下两种形式表示：

$$\begin{aligned} y(n) &= x(n) * h(n) = \sum_{m=0}^{M} h(m)x(n-m) \\ &= h(0)x(n) + h(1)x(n-1) + \cdots + h(M)x(n-M) \end{aligned} \tag{30.1}$$

$$y(n) = b_0 x(n) + b_1 x(n-1) + \cdots + b_M x(n-M) \tag{30.2}$$

对比发现，FIR 数字滤波器的卷积计算形式［式（30.1）］与差分方程表示形式［式（30.2）］完全一致，$h(m)=b_m$，$m=0,1,\cdots,M$。对式（30.2）进行双边 Z 变换得 FIR 数字滤波器的系统函数 $H(z)$，即

$$H(z) = \frac{Y(z)}{X(z)} = b_0 + b_1 z^{-1} + b_2 z^{-2} + \cdots + b_M z^{-M} = \sum_{m=0}^{M} b_m z^{-m} \tag{30.3}$$

从式（30.3）可知，系统函数的极点在 Z 平面的原点处，因此 FIR 数字滤波器总是稳定的，即便是对滤波器的系数或单位脉冲响应进行量化造成了系统函数极点位置的变化，FIR 数字滤波器也是稳定的，因此从这点上讲，FIR 数字滤波器的抗量化噪声性能比 IIR 数字滤波器强。

FIR 数字滤波器的基本结构分为直接型（有些参考书又称为横截型、卷积型）、级联型和频率采样型，线性相位的 FIR 数字滤波器还有一种乘法器使用最少的线性相位型网络结构，下面将分别进行讨论。

1．直接型——横截型、卷积型

按式（30.1）直接构造的信号流图称为直接型结构。图 30.1 所示为 FIR 数字滤波器的直接型结构及其转置形式。观察图容易看出，M 阶 FIR 数字滤波器实现时需使用 $M+1$ 个乘法器、M 个延迟单元。在直接型结构中，量化器的量化对象是滤波器系数，或单位采样序列的每个样点值。

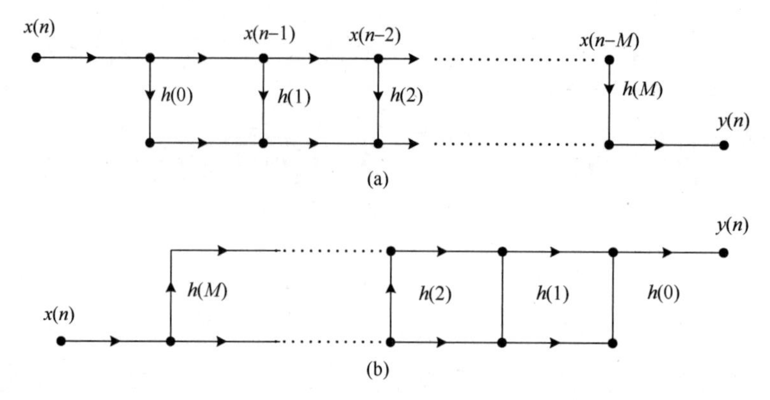

图 30.1　FIR 数字滤波器的直接型结构及其转置形式

2. 级联型

对式（30.3）中的 $H(z)$进行因式分解，得到 M 个 z^{-1} 的一次因式连乘：

$$H(z)=g\prod_{k=1}^{M}(1-z_k z^{-1}) \tag{30.4}$$

合并其中共轭成对的零点得

$$H(z)=g\prod_{k_1=1}^{M_1}(1-z_{k_1}z^{-1})\prod_{k_2=1}^{M_2}(\beta_{0k_2}+\beta_{1k_2}z^{-1}+\beta_{2k_2}z^{-2}) \tag{30.5}$$

式中，M_1 代表 z^{-1} 的一次因式的个数；M_2 代表 z^{-1} 的二次因式的个数，且有 $M_1+2M_2=M$。

与 IIR 数字滤波器结构类似，我们称 z^{-1} 的二次因式对应的直接 II 型网络结构为二阶基本节（SOS），一次因式对应的网络结构为一阶基本节。式（30.5）中 z^{-1} 的一次因式可以看成 $\beta_{2k}=0$ 的二次因式，因此有

$$H(z)=g\prod(\beta_{0k}+\beta_{1k}z^{-1}+\beta_{2k}z^{-2}) \tag{30.6}$$

FIR 数字滤波器的一般级联型结构如图 30.2 所示。

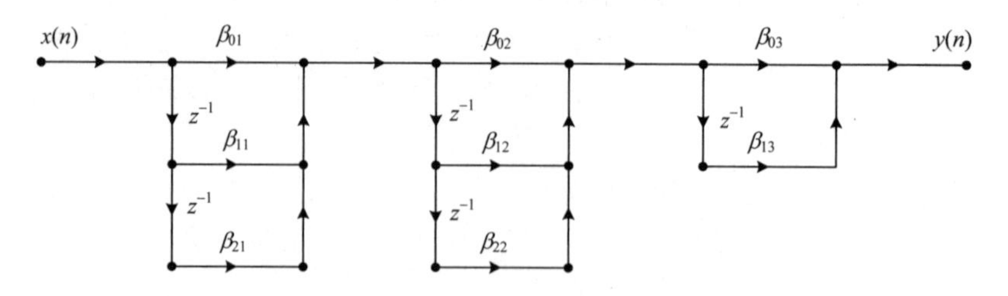

图 30.2　FIR 数字滤波器的一般级联型结构

由式（30.5）和图 30.2 容易得出这样的结论：M_1 个一阶基本节需要 $2M_1$ 个乘法器和 M_1 个延迟单元，M_2 个二阶基本节需要 $3M_2$ 个乘法器和 $2M_2$ 个延迟单元，一个 M 阶的 FIR 数字滤波器用级联型结构实现时共需 $2M_1+3M_2$ 个乘法器、M_1+2M_2 个延迟单元。如前所述，$M_1+2M_2=M$，可见该结构下乘法器的使用量比直接型结构要多，因此 FIR 数字滤波器的级联型结构没有直接型受青睐。

FIR 数字滤波器级联型结构的每个子网络由单个零点或共轭的零点对决定，量化也直接作用到零点或共轭零点对对应的系数上。量化不会对系统的稳定性造成任何影响，但与 IIR 数

字滤波器级联结构一样，量化误差会由前级子网络传播到后级。

3．线性相位型

FIR 数字滤波器的单位脉冲响应 $h(n)$满足式（30.7）：

$$h(n)=h(M-n) \tag{30.7}$$

或

$$h(n)=-h(M-n) \tag{30.8}$$

FIR 数字滤波器的 $h(n)$ 满足奇对称或偶对称关系，其频率响应都能表示为

$$H(\mathrm{e}^{\mathrm{j}\omega})=H(\omega)\mathrm{e}^{\mathrm{j}\theta(\omega)} \tag{30.9}$$

式中，$H(\omega)$称为幅频特性函数；$\theta(\omega)$称为相频特性函数，且有

$$\theta(\omega)=-\frac{M}{2}\omega+\beta \tag{30.10}$$

在 $h(n)$满足式（30.7）时，初始相位β=0；当 $h(n)$满足式（30.8）时，β=−π/2 或 π/2。两种情况下，$h(n)$所描述的系统都称为线性相位系统。

需要说明的是，式（30.7）、式（30.8）以及式（30.10）中的 M 沿用了式（30.1）或式（30.2）中滤波器的阶数表示，而有些参考书会在式（30.7）、式（30.8）以及式（30.10）中用到 FIR 数字滤波器单位脉冲响应的长度 N，滤波器阶数 M 和长度 N 的关系为 $M=N-1$。

$h(n)$满足式（30.7），且 M 为偶数的系统，常称为情况 1，此时式（30.1）可改写为

$$\begin{aligned}y(n)&=h(0)x(n)+h(1)x(n-1)+\cdots+h(M-1)x(n-M+1)+h(M)x(n-M)\\&=h(0)\left[x(n)+x(n-M)\right]+h(1)\left[x(n-1)+x(n-M+1)\right]+\cdots+h\left(\frac{M}{2}\right)x\left(n-\frac{M}{2}\right)\end{aligned} \tag{30.11}$$

$h(n)$满足式（30.7），且 M 为奇数的系统，常称为情况 2，式（30.1）可改写为

$$\begin{aligned}y(n)=&h(0)\left[x(n)+x(n-M)\right]+h(1)\left[x(n-1)+x(n-M+1)\right]+\\&\cdots+h\left(\frac{M-1}{2}\right)\left[x\left(n-\frac{M-1}{2}\right)+x\left(n-\frac{M+1}{2}\right)\right]\end{aligned} \tag{30.12}$$

$h(n)$满足式（30.8），M 为偶数的系统，常称为情况 3；M 为奇数的系统，常称为情况 4，这两种情况下式（30.1）均可改写为

$$\begin{aligned}y(n)=&h(0)[x(n)-x(n-M)]+h(1)[x(n-1)-x(n-M+1)]+\\&\cdots+h\left(\frac{M-1}{2}\right)\left[x\left(n-\frac{M-1}{2}\right)-x\left(n-\frac{M+1}{2}\right)\right]\end{aligned} \tag{30.13}$$

对式（30.11）～式（30.13）进行双边 Z 变换，得到各种情况下的系统函数：

$$H(z)=h(0)[1+z^{-M}]+h(1)[z^{-1}+z^{-(M-1)}]+\cdots+h\left(\frac{M}{2}\right)z^{-\frac{M}{2}} \tag{30.14}$$

$$H(z)=h(0)[1+z^{-M}]+h(1)[z^{-1}+z^{-(M-1)}]+\cdots+h\left(\frac{M-1}{2}\right)[z^{-(M-1)/2}+z^{-(M+1)/2}] \tag{30.15}$$

$$H(z)=h(0)[1-z^{-M}]+h(1)[z^{-1}-z^{-(M-1)}]+\cdots+h\left(\frac{M-1}{2}\right)[z^{-(M-1)/2}-z^{-(M+1)/2}] \tag{30.16}$$

从式（30.11）～式（30.16）可以看出，FIR 数字滤波器的单位脉冲响应无论是满足式（30.7）的对称（Symmetric）形式，还是满足式（30.8）的反对称（Antisymetric）形式，在用卷积形式或直接形式实现滤波器时，乘法器都会降低 1/2 左右，这个优势是满足线性相位的 FIR 数字滤波器特有的，因此又称为 FIR 数字滤波器的线性相位结构。具有线性相位的 FIR 数字滤波器结构如图 30.3 所示，画出了满足对称形式的 7 点长和 8 点长单位脉冲响应系统的线性相位结构信号流图。

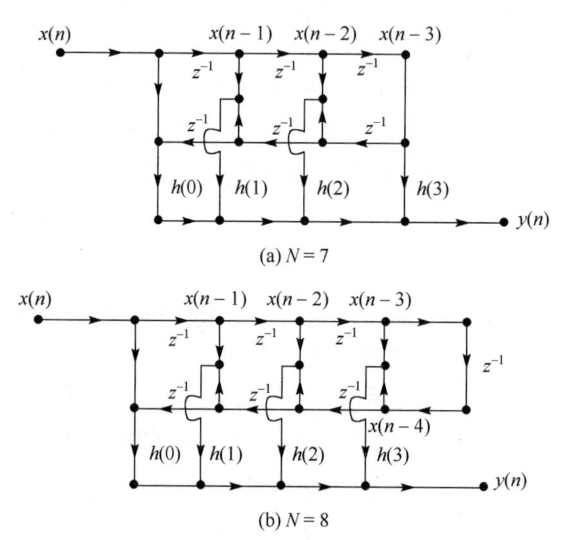

图 30.3　具有线性相位的 FIR 数字滤波器结构

反对称形式 FIR 数字滤波器的实现结构图与图 30.3 所示的基本一样，只是需要将某些支路的增益系数 1 按照式（30.13）或式（30.16）改成−1。

4．频率采样型

对于 M 阶 FIR 数字滤波器，其单位脉冲响应 $h(n)$的 N（$N > M$）点长 DFT 记为 $H(k)$，Z 变换记为 $H(z)$，根据频域采样定理有

$$H(z)=(1-z^{-N})\frac{1}{N}\sum_{k=0}^{N-1}\frac{H(k)}{1-W_N^{-k}z^{-1}} \tag{30.17}$$

式（30.17）可改写为

$$H(z)=\frac{1}{N}H_c(z)\sum_{k=0}^{N-1}H'_k(z) \tag{30.18}$$

式中，$H_c(z)=1-z^{-N}$ 是一梳状滤波器，对应的信号流图只有前向支路。$H_c(z)$ 有 N 个零点，它们等间隔分布在单位圆上：

$$z_k=\mathrm{e}^{\mathrm{j}\frac{2\pi}{N}k}=W_N^{-k},\quad k=0,1,\cdots,N-1$$

式（30.18）求和项内每项 $H'_k(z)=\dfrac{H(k)}{1-W_N^{-k}z^{-1}}$ 是一个单极点网络，对应的信号流图是有反馈的网络，而整个求和项对应了 N 个并联的子网络。求和项内的 N 个极点恰与 $H_c(z)$ 的 N 个零点重合。

根据式（30.18）可以画出 FIR 数字滤波器频率采样型的一般实现结构，如图 30.4 所示。频率采样型结构是由表示梳状滤波器 $H_c(z)$ 的前向网络和 N 个并联支路组成的反馈网络级联而成的。

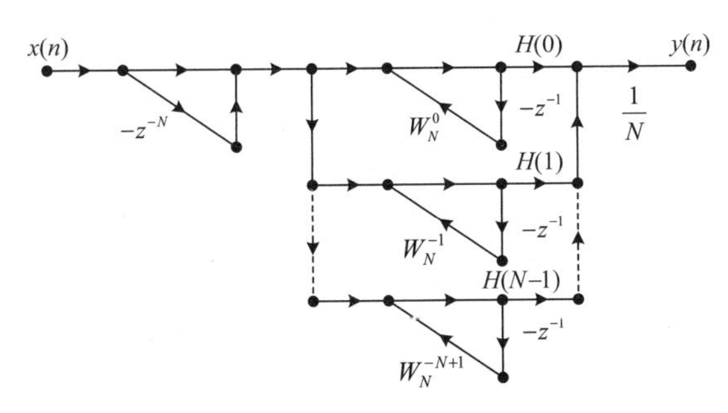

图 30.4　FIR 数字滤波器频率采样型的一般实现结构

频率采样型结构有两个突出的优点：

（1）适用于任意形状的幅频响应。频率采样法设计的滤波器在频率采样点$\omega_k=2k\pi/N$处可以保证满足$H(\mathrm{e}^{\mathrm{j}\omega_k})=H(k)$，因此只要调整 $H(k)$，就可以有效地使所设计的滤波器频率响应特性向目标滤波器逼近。

（2）便于标准化、模块化。因为只要 $h(n)$的长度 N 相同，对于任何幅频响应形式，其梳状滤波器部分和 N 个一阶网络部分的结构完全相同，只是各支路增益 $H(k)$ 不同。

一般来说，频率采样型结构比较复杂，尤其是当采样点数 N 很大时，需要的乘法器和延迟单元很多。但用频率采样型结构实现窄带 FIR 数字滤波器时，由于大部分频率采样值 $H(k)$为零，从而使二阶网络个数大大减少，甚至会远远低于直接型结构，所以频率采样型结构非常适用于窄带 FIR 数字滤波器的实现。

频率采样型结构也有两个明显的缺点：

（1）系统稳定是靠位于单位圆上的 N 个零点、极点对消来保证的，实际实现恐难保证。在实际应用中，因为存储器的字长都是有限的，对网络中支路增益 W_N^{-k} 量化时会产生量化误差，可能使零、极点不能完全对消，从而影响系统稳定性。

（2）频率采样型结构的并联部分，增益系数 $H(k)$和 W_N^{-k} 一般为复数，存储时需要更多的存储单元，滤波计算时的复杂度会有所提高。

为了克服上述缺点，可采取针对性措施对频率采样型结构进行修正。针对量化可能致使系统不稳定的问题，可将单位圆上的 Z 变换用半径小于 1 的一个圆上的 Z 变换进行近似。针对增益系数为复数的问题，可以利用 $H(k)$的共轭对称性和 W_N^{-k} 的对称性将复系数进行合并。具体实现这里不再赘述。

【情境任务及步骤】

为帮助读者理解 FIR 数字滤波器各网络结构的内涵、特点，本案例中共设置了两个情境："原理初探"和"实际系统性能测试"。通过探究的形式完成情境任务，对读者加深对 FIR 数字滤波器的设计和结构特点的理解、对程序代码效率评估方法的掌握大有裨益。

一、原理初探

本情境的设置更多地忠实 FIR 数字滤波器各网络结构的理论体系，在求解系统函数的零、极点方面，利用 MATLAB 软件中的相关函数会便利一些。本情境的具体任务如下所示。

已知一个单位脉冲响应 $h(n)$描述的 FIR 数字滤波器，其中 $h(n)=\{\underline{-0.01}, 0.1, 0.8, 0.1, -0.01\}$。

1．画出直接型结构图

根据单位采样响应画出此 FIR 数字滤波器的直接型结构图，并确定使用的乘法器的个数。

2．画出级联型结构图

根据单位脉冲响应 $h(n)$画出 FIR 数字滤波器的级联型结构，并确定使用的乘法器个数。由单位脉冲响应 $h(n)$得到 FIR 数字滤波器的级联型结构通常有如下两种方式：

（1）对 $h(n)$进行 Z 变换，得到系统函数 $H(z)$，再进行因式分解。因式分解可以借助函数 tf2zpk、roots 等实现。

（2）直接调用函数 tf2sos 实现。

3．画出线性相位型结构图

首先判定单位脉冲响应 $h(n)$代表的系统是否是线性相位系统；若是，则根据滤波器所对应的情况画出此 FIR 数字滤波器的对称型结构图，确定使用的乘法器的个数，并与前两种结构所用的乘法器进行比较，比较结果记入总结报告。

二、实际系统性能测试

为帮助读者直观感受各网络结构的特点，本情境中设置了生成复合频率信号和基准信号、设计 FIR 数字带通滤波器、指定滤波器结构、实施滤波、滤波器性能评估五个任务。

1．生成复合频率信号和基准信号

设四个单位幅度、初始相位为 0 的单音组成的复合信号为 xt（程序形式），四个单音的频率分别是 f_1=100Hz、f_2=200Hz、f_3=300Hz、f_4=400Hz。比较基准信号 xt23（程序形式）是频率为 f_2 和 f_3 的两个单位幅度、初始相位为 0 的单频正弦信号的叠加。

2．设计 FIR 数字带通滤波器

假定采样频率 F_s=8000Hz，试用窗函数法和频率采样法设计 FIR 数字带通滤波器，以滤除频率为 f_1 和 f_4 的单音。

编制程序，用窗函数法和频率采样法设计 FIR 数字带通滤波器。滤波器的指标要求：通带允许最大衰减不超过 1dB，在阻带截止频率处的衰减不低于 60dB，通带截止频率 f_{p1}=190Hz、f_{p2}=310Hz，阻带截止频率 f_{st1}=110Hz、f_{st2}=390Hz。

1）方法一：窗函数法设计 FIR 数字带通滤波器

窗函数法设计线性相位 FIR 滤波器的详细介绍可参见案例二十，这里仅按照设计步骤进行设计。

（1）确定滤波器的阶数和理想滤波器的边界频率。

确定理想滤波器的边界频率较为简单，直接代入式（30.19）：

$$\omega_c = \frac{\omega_p + \omega_{st}}{2} \tag{30.19}$$

式中，ω_p 和 ω_{st} 分别表示通带归一化截止频率和阻带归一化截止频率，对于 FIR 数字带通滤波器需要计算通带两侧的边界频率。

确定滤波器的阶数要略显复杂。需要首先计算过渡带的宽度$\Delta\omega$，再根据阻带衰减确定窗函数类型，继而得到该窗函数的过渡带带宽与滤波器系数个数 N 的关系式，最后将$\Delta\omega$代入关系式便能确定具体的滤波器系数个数（抽头个数），即

$$\Delta\omega = \left|\omega_{st} - \omega_p\right| \tag{30.20}$$

$$N = \left\lceil \frac{x\pi}{\Delta\omega} \right\rceil \tag{30.21}$$

其中，x 的取值参照案例二十中的表 20.1。因这里设计的滤波器为 FIR 数字带通滤波器，所以过渡带有两个，理想滤波器的边界频率有两个，得到的滤波器阶数也有两个，但最终滤波器的阶数要选择较大的那个。

（2）确定 FIR 数字带通滤波器的系数。

FIR 数字带通滤波器的系数或单位脉冲响应，可以按照案例二十中的方法按部就班地计算，也可以借助 MATLAB 软件中的函数实现，这里介绍 MATLAB 软件中的函数的确定方法。以 N−1 和 ω_c 为输入参数，调用函数 fir1 确定 FIR 数字带通滤波器的系数，并记为 $\boldsymbol{b}$。

2）方法二：用频率采样法设计 FIR 数字带通滤波器

频率采样法设计线性相位 FIR 滤波器的详细介绍可参见案例二十一，这里仅按照设计步骤进行设计。

（1）根据滤波器指标设定采样频率点及这些频率点上的幅度值。

利用频率采样法设计线性相位 FIR 数字带通滤波器时，需要确定 N 个频率采样点的位置和采样得到样点值的幅度，其中 N 是由式（30.21）确定的。对于线性相位 FIR 数字带通滤波器，由于其幅度特性函数关于 π 具有对称特性，因此只需确定不超过 N/2 个样点的频率与幅度。

设采样频率点集合为 f（程序形式），且 f =[0,2*pi*f1/Fs/pi,2*pi*fs1/Fs/pi,2*pi*fp1/Fs/pi, linspace(2*pi*f2/Fs/pi,2*pi*f3/Fs/pi,5),2*pi*fp2/Fs/pi,2*pi*fs2/Fs/pi,2*pi*f4/Fs/pi,1]（程序形式）。

设对应频率采样点上幅度组成的集合为 A（程序形式），且 A=[0, tan(linspace(0+eps,pi/2-pi/10000,3))/tan(pi/2-pi/10000),ones(1,5),fliplr(tan(linspace(0+eps,pi/2-pi/10000,3))/tan(pi/2-pi/10000)),0]（程序形式）。

（2）创建滤波器设计对象。

调用函数 fdesign，“response”指定为“arbmag”，为设计任意响应幅度滤波器创建一个滤波器设计对象，结果记为 d。

（3）设计频域采样型 FIR 数字带通滤波器。

调用函数 design，按照指定的设计方法设计 FIR 数字带通滤波器，并将结果记为 hd4（程序形式）[其中 hd1、hd2、hd3（程序形式）为窗函数法设计滤波器进行预留]。

3．指定滤波器结构

窗函数法设计出的 FIR 数字带通滤波器系数 $\boldsymbol{b}$ 满足对称特性，实现这样的滤波器时可以用前述的直接型、直接型的转置型、线性相位型等形式。

调用函数 dfilt，通过将“structure”字段分别选为“df1”、“df1t”和“dfsymfir”，完成系数 $\boldsymbol{b}$ 所描述的滤波器的结构化，并分别记为 hd1、hd2、hd3。

4．实施滤波

调用函数 filter，对四种结构的滤波器施加于信号 xt（程序形式），结果分别记为 filteredxt1～filteredxt4（程序形式）。注意 hd1～hd4 均为结构体类型。

5．滤波器性能评估

此处的滤波器性能评估既有主观评估，也有客观评估。主观评估这里选择听觉觉察，客观评估包括波形、频谱和时效性等维度。

（1）在听觉上定性评估。

调用函数 sound，试听 xt、filteredxt1～filteredxt4 的声效，重点对比后四者的效果。

为提高对比效果，建议执行完主程序后在命令窗口中调用 sound 函数进行一一对比试听。

（2）滤波效果时域对比。

在同一个图形窗口中，以 filteredxt1 为基准，依次画出各滤波器滤波效果与 filteredxt1 的差值，即 filteredxt1-filteredxt2、filteredxt1-filteredxt3、filteredxt1-filteredxt4，并用不同的颜色表示。

为提高对比效果，建议执行完主程序后在命令窗口中执行画图语句，并用 hold on 命令进行前图的保持。画图后，用 legend 命令添加图例。

（3）滤波效果频域对比。

调用函数 fft，计算 xt、filteredxt1～filteredxt4 的 DFT，并将结果分别记为 X0～X4（程序形式）。

创建新的图形窗口，并将窗口从上至下分为两个子图，分别显示滤波前、后的频谱图。

上方的子图用于显示原始信号对应的 X0 的幅度谱；下方的子图用于显示滤波后信号对应的 X1～X4 幅度谱。两个子图显示的频谱都要进行归一化，即最大幅度对应 0dB。对应的频谱图用不同的颜色表示。画图后，用 legend 命令添加图例。

（4）时效对比。

在本案例任务 4 对应的程序中，在每个 filter 函数调用之前首先调用 tic 函数，紧跟每个 filter 函数之后再调用 toc 函数。

【思考题】

（1）从滤波器实现的角度看，FIR 数字滤波器各种结构分别有哪些特点？

（2）借助实验分析，若 FIR 数字带通滤波器的通带宽度变窄，从时效性考虑哪种 FIR 数字滤波器结构会有比较突出的优势？

（3）设计和实现 FIR 数字滤波器时，应考虑哪些因素？

【总结报告要求】

（1）在情境任务总结报告中，原理部分要描述几种常用 FIR 数字滤波器的结构组成和特点，书写情境任务时可适当进行归纳和总结，但至少要列出【情境任务及步骤】中相关内容的各级标题。

（2）情境任务的程序清单除在报告中出现外，还必须以独立的.m 文件形式单独提交。程序清单要求至少按程序块进行注释。

（3）效果图附于相应的情境任务下。

（4）将以下内容翻译在报告中。

Here is how you design filters using fdesign.

Use fdesign.response to construct a filter specification object.

Use designmethods to determine which filter design methods work for your new filter specificationobject.

Use design to apply your filter design method from step 2 to your filter specification object to construct a filter object.

Use FVTool to inspect and analyze your filter object.

（5）简要回答【思考题】中的问题。

（6）报告中还可包括完成本案例的个人心得、对本案例设置的建议等。

【参考程序】

附录A 概览滤波器设计

一、数字滤波器设计小结

数字滤波器作为一种重要的离散时间信号处理系统，描述方法有很多，如单位脉冲响应 $h(n)$、系统函数 $H(z)$、系统频率响应 $H(e^{j\omega})$、线性常系数差分方程系数矢量 $\boldsymbol{b}$ 和 $\boldsymbol{a}$、网络结构图等。

单位脉冲响应 $h(n)$是系统的时域描述形式，根据 $h(n)$否是为有限长序列，将系统分成了有限长脉冲响应（FIR）系统和无限长脉冲响应（IIR）系统。对于 FIR 系统而言，通常情况下系统的实现复杂度与 $h(n)$的长度成正比。

系统函数 $H(z)$是离散时间系统的一种非常重要的变换域描述形式。通常是以分式的形式出现的，分子、分母多项式系数直接与线性常系数差分方程系数矢量 $\boldsymbol{b}$ 和 $\boldsymbol{a}$ 对应。$H(z)$也常常以零、极点的形式表示，利用该形式可以方便地得到系统的网络结构图；利用极点可以方便地判断系统的稳定性；利用该形式可以判定系统是 FIR 系统还是 IIR 系统，因为只有全零点模型才对应 FIR 系统。在有限字长的情况下，系统的零、极点描述是最为精确的，其次是网络结构图，最后是线性常系数差分方程系数矢量 $\boldsymbol{b}$ 和 $\boldsymbol{a}$［单位脉冲响应 $h(n)$可以看成差分方程描述］。

系统频率响应 $H(e^{j\omega})$也是离散时间系统的一种变换域描述形式，是系统函数 $H(z)$ 在单位圆上的取值。系统频率响应由幅频响应$|H(e^{j\omega})|$和相频响应 $\arg[H(e^{j\omega})]$两部分组成。根据滤波器通带或幅频响应$|H(e^{j\omega})|$最大值在频谱中的位置，将滤波器分成了低通、高通、带通、带阻和多带滤波器。对于 FIR 系统而言，系统频率响应有时可表示为幅频特性函数 $H_g(\omega)$和相频特性函数$\theta(\omega)$的组合，此时 $H_g(\omega)$为ω的实函数，$\theta(\omega)$为ω的线性函数。

滤波器的网络结构更多的是描述硬件实现的结构、实现时的资源消耗和误差影响。就实现结构而言，FIR 滤波器分为直接型、级联型、频率采样型，线性相位 FIR 滤波器还有线性相位型结构；IIR 滤波器分为直接型（Ⅰ型、Ⅱ型）、级联型、并联型，两类滤波器的所有结构类型又有各自的转置型。每种结构的硬件资源消耗不同，运算速度各异，误差大小有别。如现在很多的 DSP 处理芯片在一个指令周期内能实现一次乘法和一次累加，并用一条指令 MAC 来描述，系统的网络结构若能与之完美契合，就可以充分利用 DSP 的单指令周期处理能力。

IIR 滤波器与 FIR 滤波器各有优缺点，实际应用中应综合考量技术指标要求和系统实现所能利用的资源等因素。下面是两种滤波器的利弊对比。

1．相位特性

FIR 滤波器最突出的优点是易于在全频带内实现严格的线性相位，这确实不是 IIR 滤波器的强项。IIR 滤波器通过全通网络进行相位校正可以在较宽频带内得到线性相位，但为此会大大增加滤波器阶数。本书中专门设计了用于对比线性相位和非线性相位影响的案例，尽可能使读者通过实验效果体会其中道理。在CPU速度、存储器资源受限情况下，原则上只有在对线性相位要求高的场合（如图像处理、数据传输等）和高速处理的场合，FIR滤波器才是首选。随着微电子工艺、技术的发展，制约FIR滤波器运用的因素会逐步被解决。

2. 幅度特性

对于IIR滤波器而言，通带和阻带内的幅度特性无论是单调变化的还是波动变化的都是可以定制的，同性能指标下不同类型IIR滤波器的阶数相差不大。非常容易实现平坦的通带幅度特性是IIR滤波器的最突出优点。对于FIR滤波器而言，不管用哪种方法设计，通带、阻带内的幅度都是有波动的。

3. 系统稳定性

IIR滤波器系统函数的极点只有位于单位圆内，才能保证系统稳定，运算中的舍入误差有时会引起寄生振荡。在单位脉冲响应样值幅度有限的情况下，FIR滤波器的单位脉冲响应总是满足绝对可和的，无论是在理论上还是在实际应用中，有限精度运算中都不存在稳定性问题。

4. 系统实现复杂度

IIR滤波器是递归结构，所用存储单元少，运算次数少，容易取得比较好的通带和阻带衰减特性。在相同技术指标下，FIR滤波器需要较多的存储器和较多的乘法器，成本会比较高，信号延迟较大。在实验中会发现两者阶数相差十倍数量级以上是很寻常的。

5. 设计方法

IIR滤波器设计可借助模拟滤波器现成的闭合公式、表格，且边界频率或者至少部分边界频率处的衰减指标可以严格控制，因而设计工作量较小，对计算工具要求不高。FIR滤波器通带和阻带衰减无显式表达式，其边界频率也不易控制。纵观IIR滤波器和FIR滤波器的各种设计方法，它们都是从不同角度向所需的滤波器进行逼近的。

二、FIR滤波器设计小结

FIR滤波器常用的设计方法有窗函数法、频率采样法和最优化法（等波纹逼近法）等。在总结前两种设计方法之前，先回顾线性相位FIR滤波器的分类。

当FIR滤波器的单位脉冲响应$h(n)$满足$h(n)=h(M-n)$时，$h(n)$具有时域偶对称特性，其中M为滤波器阶数，与滤波器长度N的关系为$M=N-1$。

偶对称$h(n)$的离散时间傅里叶变换可表示为

$$H(\mathrm{e}^{\mathrm{j}\omega})=\mathrm{e}^{-\mathrm{j}\alpha\omega}H_g(\omega) \tag{A.1}$$

式中，$\alpha=(N-1)/2$；$H_g(\omega)$为幅频特性函数。

N取奇数值时，$H_g(\omega)$定义为

$$H_g(\omega)=\left\{h\left(\frac{N-1}{2}\right)+\sum_{n=0}^{(N-1)/2-1}2h(n)\cos[(n-\alpha)\omega]\right\} \tag{A.2}$$

N取偶数值时，$H_g(\omega)$定义为

$$H_g(\omega)=\sum_{n=0}^{(N-1)/2-1}2h(n)\cos[(n-\alpha)\omega] \tag{A.3}$$

N 取奇数时，α为整数，在 $\omega=\pi$ 时，式（A.2）内　部分不恒为 0；N 取偶数时，α和 $n-\alpha$ 均为 1/2 的带分数，在 $\omega=\pi$ 时，式（A.3）中　部分恒为 0。

当 FIR 滤波器的单位脉冲响应 $h(n)$满足 $h(n)=-h(M-n)$ 时，$h(n)$ 满足时域奇对称特性。$h(n)$ 的离散时间傅里叶变换在滤波器长度 N 取奇数值和偶数值时有相同的形式：

$$H(\mathrm{e}^{\mathrm{j}\omega})=\mathrm{e}^{-\mathrm{j}\left(\alpha\omega-\frac{\pi}{2}\right)}H_g(\omega) \tag{A.4}$$

$$H_g(\omega)=\sum_{n=0}^{(N-1)/2-1}2h(n)\sin[(n-\alpha)\omega] \tag{A.5}$$

与 $h(n)$满足偶对称特性相反，当 N 取奇数时，在 $\omega=\pi$ 时，式（A.5）内　部分恒为 0；N 取偶数时，　部分不恒为 0。

综上，当 FIR 滤波器的 $h(n)$满足奇对称或偶对称关系时，其频率响应都能表示为

$$H(\mathrm{e}^{\mathrm{j}\omega})=H_g(\omega)\mathrm{e}^{\mathrm{j}\theta(\omega)} \tag{A.6}$$

其中，$\theta(\omega)$为相频特性函数，且有

$$\theta(\omega)=-\frac{M}{2}\omega+\beta \tag{A.7}$$

在 $h(n)$满足偶对称特性时，初始相位β=0，称为第一类线性相位 FIR 滤波器；当 $h(n)$满足奇对称特性时，β=π/2 或−π/2，称为第二类线性相位 FIR 滤波器。

进一步细分，第一类线性相位 FIR 滤波器中 M 为偶数的滤波器，即 $h(n)$是奇数点的偶对称序列时，常称为情况 1；第一类线性相位 FIR 滤波器中 M 为奇数的滤波器，即 $h(n)$ 是偶数点的偶对称序列时，常称为情况 2；第二类线性相位 FIR 滤波器中 M 为偶数的滤波器，即 $h(n)$ 是奇数点的奇对称序列时，常称为情况 3；第二类线性相位 FIR 滤波器中 M 为奇数的滤波器，即 $h(n)$ 是偶数点的奇对称序列时，常称为情况 4。

一）设计 FIR 滤波器的窗函数法

窗函数法是设计 FIR 滤波器较为简单和实用的方法。窗函数法设计 FIR 滤波器的思路是，从目标滤波器的理想模型开始，通过加窗或截取的方法，用有限长单位脉冲响应逼近无限长响应，逼近程度取决于窗的长度和窗的类型。具体设计步骤如下所述。

1．根据滤波器指标确定加窗序列 $w(n)$

依据阻带衰减指标α_{st}确定窗函数类型，常用窗函数的相关参数如表 A.1 所示。依据过渡带带宽要求 $\Delta\omega=|\omega_s-\omega_p|$（对于带通滤波器和带阻滤波器，过渡带选择最小的绝对差）和选定的窗函数的过渡带与窗长关系确定窗长 N。计算窗函数的 N 个具体样点值得到加窗序列 $w(n)$。

表 A.1　常用窗函数的相关参数

窗函数类型	旁瓣峰值/dB	过渡带带宽 B_t		阻带最小衰减/dB
		近似值	精确值	
矩形窗	−13	4π/N	1.8π/N	−21

续表

窗函数类型	旁瓣峰值/dB	过渡带带宽 B_t		阻带最小衰减/dB
		近似值	精确值	
三角窗	−25	$8\pi/N$	$6.1\pi/N$	−25
汉宁窗	−31	$8\pi/N$	$6.2\pi/N$	−44
汉明窗	−41	$8\pi/N$	$6.6\pi/N$	−53
布莱克曼窗	−57	$12\pi/N$	$11\pi/N$	−74
凯塞窗(β= 7.865)	−57		$10\pi/N$	−80

每种窗函数的过渡带带宽与滤波器阶数的 $N-1$ 对应关系都可描述为

$$N=\left\lceil \frac{x\pi}{\Delta\omega} \right\rceil \tag{A.8}$$

式中，$\lceil x \rceil$表示取不小于 x 的最小整数。对照表 A.1，其中对于矩形窗而言 x=4，对于布莱克曼窗而言 x=12（举例中按近似带宽计）。

2．确定目标滤波器对应的理想滤波器

根据已确定的截取长度 N 和指标中所示滤波器类型，确定理想滤波器类型（低通、高通、带通、带阻）、理想频率响应 $H(\mathrm{e}^{\mathrm{j}\omega})$表达式以及单位冲激响应 $h_d(n)$的具体表达式。

理想滤波器的截止频率近似位于过渡带的中心，幅度衰减为 0.5（−6dB）处，即

$$\omega_c=\frac{\omega_p+\omega_s}{2} \tag{A.9}$$

对于低通滤波器和高通滤波器而言，都只有一个截止频率，而带通滤波器和带阻滤波器则需计算两个。

下面汇总了各类理想滤波器由频率响应表达式导出对应单位脉冲响应的简单过程。

理想低通滤波器的单位脉冲响应为

$$h_{d\mathrm{LP}}(n)=\frac{1}{2\pi}\int_{-\pi}^{\pi}H_{\mathrm{LP}}(\mathrm{e}^{\mathrm{j}\omega})\mathrm{e}^{\mathrm{j}\omega n}\mathrm{d}\omega=\frac{1}{2\pi}\int_{-\omega_1}^{\omega_1}\mathrm{e}^{-\mathrm{j}\omega\alpha}\mathrm{e}^{\mathrm{j}\omega n}\mathrm{d}\omega=\frac{\sin[\omega_1(n-\alpha)]}{\pi(n-\alpha)} \tag{A.10}$$

理想高通滤波器的单位脉冲响应为

$$h_{d\mathrm{HP}}(n)=\frac{1}{2\pi}\int_{-\pi}^{-\omega_2}\mathrm{e}^{-\mathrm{j}\omega\alpha}\mathrm{e}^{\mathrm{j}\omega n}\mathrm{d}\omega+\frac{1}{2\pi}\int_{\omega_2}^{\pi}\mathrm{e}^{-\mathrm{j}\omega\alpha}\mathrm{e}^{\mathrm{j}\omega n}\mathrm{d}\omega=\delta(n-\alpha)-\frac{\sin[\omega_2(n-\alpha)]}{\pi(n-\alpha)} \tag{A.11}$$

理想带通滤波器的单位脉冲响应为：

$$h_{d\mathrm{BP}}(n)=\frac{1}{2\pi}\int_{-\omega_2}^{-\omega_1}\mathrm{e}^{-\mathrm{j}\omega\alpha}\mathrm{e}^{\mathrm{j}\omega n}\mathrm{d}\omega+\frac{1}{2\pi}\int_{\omega_1}^{\omega_2}\mathrm{e}^{-\mathrm{j}\omega\alpha}\mathrm{e}^{\mathrm{j}\omega n}\mathrm{d}\omega=\frac{\sin[\omega_2(n-\alpha)]-\sin[\omega_1(n-\alpha)]}{\pi(n-\alpha)} \tag{A.12}$$

理想带阻滤波器的单位脉冲响应为

$$\begin{aligned}h_{d\mathrm{BS}}(n)&=\frac{1}{2\pi}\int_{-\pi}^{-\omega_2}\mathrm{e}^{-\mathrm{j}\omega\alpha}\mathrm{e}^{\mathrm{j}\omega n}\mathrm{d}\omega+\frac{1}{2\pi}\int_{-\omega_1}^{\omega_1}\mathrm{e}^{-\mathrm{j}\omega\alpha}\mathrm{e}^{\mathrm{j}\omega n}\mathrm{d}\omega+\frac{1}{2\pi}\int_{\omega_2}^{\pi}\mathrm{e}^{-\mathrm{j}\omega\alpha}\mathrm{e}^{\mathrm{j}\omega n}\mathrm{d}\omega\\&=\delta(n-\alpha)+\frac{\sin[\omega_1(n-\alpha)]-\sin[\omega_2(n-\alpha)]}{\pi(n-\alpha)}\end{aligned} \tag{A.13}$$

其中，式（A.10）中的 ω_1 为理想低通滤波器的通带截止频率；式（A.11）中的 ω_2 为理想高通滤波器的通带截止频率；式（A.12）中的 ω_1 为理想带通滤波器通带下限（取值较小）截

止频率，ω_2为通带上限（取值较大）截止频率；式（A.13）中的 ω_1 为理想带阻滤波器通带下限（取值较小）截止频率，ω_2为通带上限（取值较大）截止频率。四种滤波器的线性相位特性函数均为$\theta(\omega)=-\alpha\omega$，$\alpha=(N-1)/2$。

四种理想滤波器的单位脉冲响应具有中心（$n=\alpha$）偶对称特性（要求截取长度 N 为偶数），为设计第一类线性相位 FIR 滤波器奠定了坚实基础。

3．加窗截出单位脉冲响应

对理想滤波器单位脉冲响应 $h_d(n)$ ［$h_{d\mathrm{LP}}(n)$、$h_{d\mathrm{HP}}(n)$、$h_{d\mathrm{BP}}(n)$、$h_{d\mathrm{BS}}(n)$］加窗截取得到待设计滤波器的单位脉冲响应，$h(n)=h_d(n)w(n)$。

4．指标验证

计算 $h(n)$的离散时间傅里叶变换 $H(\mathrm{e}^{\mathrm{j}\omega})$，以验证通带、阻带衰减指标是否满足指标要求。若过渡带不满足要求，应选取较大的 N；若阻带衰减不够，重新选取窗函数。之后重复任务 2～4。

二）设计 FIR 滤波器的频率采样法

设计 FIR 滤波器的频率采样法采用时域采样与恢复的思路。通常情况下，采样点数越多，逼近程度越好，系统的复杂度也就越高。在用频率采样法设计 FIR 滤波器时，线性相位滤波器的设计步骤要求最为严苛，因此下面将以设计线性相位 FIR 滤波器为例总结频率采样法的设计方法与步骤。

分析前述 4 种情况的线性相位 FIR 滤波器的幅度特性函数 $H_g(\omega)$在$\omega=\pi$处的取值可知，情况 2 和情况 3 无论单位脉冲响应 $h(n)$ 如何取值，其 $H_g(\omega)$ 在归一化频率 π 处的函数值必为零，即这两种类型的滤波器无法实现高通滤波器或带阻滤波器，因为这两类滤波器在最高频率处（归一化频率π处）不能为零。

为得到线性相位的 FIR 滤波器，确定频率采样的线性相位系统模板（单位脉冲响应序列满足奇对称特性还是偶对称特性）及采样点数的奇偶时，都要参考前述 4 种线性相位 FIR 滤波器单位脉冲响应 $h(n)$和幅频特性函数 $H_g(\omega)$ 的特点。

若以理想滤波器的频率响应为逼近对象，从最大限度逼近的角度看，间断点附近采样点（过渡带内采样点的取值）的处理显得尤为重要。通常的做法是，在对理想滤波器幅度特性函数直接采样的基础上，通过在幅频特性函数出现间断点的附近阻带内设置过渡点或人为修改此处几个样点的取值。在采样点数 N 固定的情况下，设置过渡点能达到改善阻带衰减的作用，表 A.2 所示为过渡带采样点的个数 m 与阻带衰减α_{st} 的经验数据。

表 A.2　过渡带采样点的个数 m 与阻带衰减α_s 的经验数据

m	1	2	3
α_{st}	44～54dB	65～75dB	85～95dB

频率采样法的设计步骤归纳如下。

1．确定过渡点的个数

根据阻带允许最小衰减α_{st}，参考表 A.2 确定需增加的过渡样点个数 m。

2. 确定最小频域采样点数

由过渡带带宽 B_t 确定最小频域采样点数 N（即滤波器的长度）。增加 m 个过渡带采样点后，过渡带带宽度近似为 $2(m+1)\pi/N$，即

$$2(m+1)\pi / N \leqslant B_t$$

或

$$N \geqslant 2(m+1)\pi / B_t \tag{A.14}$$

当用频率采样法设计线性相位 FIR 高通滤波器和 FIR 带阻滤波器时，频域采样点数 N 必须修正为不小于该值的奇数。

3. 构造频率响应表达式

当希望设计通带内幅度为常数 1、阻带内幅度为常数 0 的线性相位滤波器时，构造如下频率响应：

$$H_d(\mathrm{e}^{\mathrm{j}\omega}) = H_d(\omega)\mathrm{e}^{-\mathrm{j}\omega(N-1)/2} \tag{A.15}$$

4. 频域采样

对 $H_d(\mathrm{e}^{\mathrm{j}\omega})$ 进行频域采样，得 $H(k)$为

$$H(k) = H_d(\mathrm{e}^{\mathrm{j}\omega})\Big|_{\omega=\frac{2\pi}{N}k} = H_d(k)\mathrm{e}^{-\mathrm{j}\frac{N-1}{N}\pi k}, \quad k = 0,1,\cdots,N-1 \tag{A.16}$$

$$H_d(k) = H_d\left(\frac{2\pi k}{N}\right), \quad k = 0,1,\cdots,N-1 \tag{A.17}$$

5. 设置过渡带内样点值

依据经验或累试的方法设置过渡点的值，即修改式（A.17）中落入过渡带内的值。

6. 确定 FIR 滤波器单位脉冲响应

对 $H(k)$进行 N点 IDFT，得到第一类线性相位 FIR 滤波器的单位脉冲响应：

$$h(n) = \mathrm{IDFT}[H(k)] = \frac{1}{N}\sum_{k=0}^{N-1} H(k)W_N^{-kn}, \quad n = 0,1,\cdots,N-1 \tag{A.18}$$

7. 指标验证

检验设计结果。计算 $h(n)$的离散时间傅里叶变换，并验证其幅频响应是否满足阻带衰减指标。若不满足技术指标要求，则调整过渡带采样值，直到满足指标。

当用频率采样法设计具有任意频率响应（特别是非线性相位）的 FIR 滤波器时，频域采样点数 N 不必进行修正，$H_d(\mathrm{e}^{\mathrm{j}\omega})$也无须自己构造，其他方面同线性相位 FIR 滤波器的频率采样法设计步骤。

窗函数法和频率采样法，各有自己的长处与不足，设计时可灵活选择。从减小 FIR 滤波器阶数考虑，最好的方法是最优化法。

三、IIR 滤波器设计小结（基于模拟滤波器的设计）

IIR 数字滤波器虽然不能像 FIR 数字滤波器一样能方便地在整个通带范围内提供一致的群延迟特性（线性相位），但是可以用比 FIR 数字滤波器低得多的阶数实现更好的衰减控制，因此在相位特性要求不太严格的场合，IIR 数字滤波器能大大降低实现复杂度。

IIR 数字滤波器的设计方法有基于模拟滤波器的设计方法和基于最优化理论的等波纹逼近方法。模拟滤波器的设计方法已经非常成熟，应用非常广泛。基于模拟滤波器的设计方法有现成的经验公式可选，通带、阻带的衰减特性和边界频率处的衰减可以直接控制，用这种方法设计 IIR 数字滤波器时，需要解决的问题是如何将数字滤波器的指标转换为模拟低通滤波器的指标，以及在设计完成模拟低通滤波器后如何得到所需的 IIR 数字滤波器。

一）基于模拟滤波器设计 IIR 数字滤波器的算法流程

基于模拟低通滤波器的 IIR 数字滤波器的设计方法与步骤的流程图如图 A.1 所示。

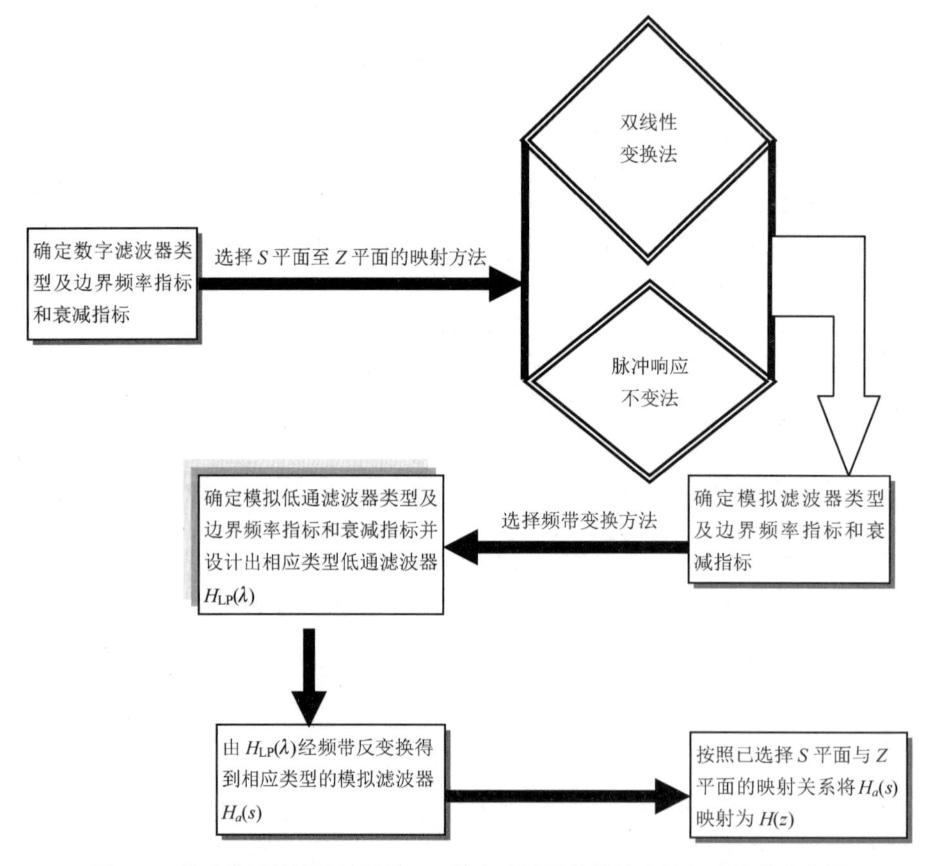

图 A.1　基于模拟低通滤波器的 IIR 数字滤波器的设计方法与步骤的流程图

1．确定数字滤波器的类型和指标

这里的滤波器类型既包括滤波器分类中提及的低通滤波器、带通滤波器、高通滤波器及带阻滤波器，还包括依据滤波器通带、阻带波动特点决定的原型的分类，如通带、阻带均单调变换的 Butterworth 滤波器、通带和阻带中一个单调变换另一个等波纹波动的 Chebyshev 滤波器，以及通带、阻带均等波纹波动的椭圆滤波器。

2. 选择 S 平面至 Z 平面的映射方法

映射方法的选择通常取决于数字滤波器的通带是带限（低通、带通）的还是非带限的（高通、带阻）（尽管说因采样频率的限制，所有数字滤波器都是带限的，但与一般意义上的是否带限的划分并不矛盾），一旦选定映射方法，模拟角频率Ω与数字角频率ω之间的映射关系就确定了。

3. 确定模拟滤波器的类型及指标

模拟滤波器类型与前述数字滤波器的类型相对应，如 Butterworth（ChebyshevⅠ、ChebyshevⅡ、椭圆）型（低通、高通、带通、带阻）滤波器。模拟滤波器的通带、阻带衰减指标与数字滤波器的通带、阻带衰减指标相同。模拟滤波器的边界频率由数字滤波器的边界频率和所选用的映射方法决定。

若选用双线性变换法，$\Omega = \dfrac{2}{T}\tan\left(\dfrac{\omega}{2}\right)$；若采用脉冲响应不变法，$\Omega = \omega / T$，$T$为采样间隔。

4. 确定模拟低通滤波器指标并设计相应的模拟低通滤波器

在 Butterworth、ChebyshevⅠ/Ⅱ及椭圆等滤波器中选择一个原型滤波器进行设计。原型滤波器设计的过程包括运用上述几类典型模拟滤波器相关定义（图表）进行阶数确定、归一化传递函数确定等过程。

归一化传递函数中的归一化有两重含义：最大幅度归一化为 1；每种滤波器都有一个归一化频率因子Ω_{norm}，如 Butterworth 滤波器用半功率点截止频率Ω_c，即$\Omega_{\text{norm}}=\Omega_c$，ChebyshevⅠ型滤波器和椭圆滤波器用通带边界频率Ω_p等，而后两者的$\Omega_{\text{norm}}=\Omega_p$，所有这些模拟低通滤波器的归一化通带边界频率都可以用$\lambda_p=\Omega_p/\Omega_{\text{norm}}$表示，Butterworth 滤波器的$\lambda_p=\Omega_p/\Omega_c$，后两者的$\lambda_p=1$。完成模拟低通滤波器的设计，并得出归一化系统函数 $H_{\text{LP}}(\lambda)$。

5. 由 $H_{\text{LP}}(\lambda)$经频带反变换得到相应类型的模拟滤波器 $H_a(s)$

由 $H_{\text{LP}}(\lambda)$经频带反变换得到相应类型的模拟滤波器 $H_a(s)$，这一过程也称为去归一化过程，其原理是频带变换，表 A.3 所示为去归一化、频带映射变量关系。

表 A.3 去归一化、频带映射变量关系

频带变换	$H_{\text{LP}}(\lambda)\to H_{\text{LP}}(s)$	$H_{\text{LP}}(\lambda)\to H_{\text{HP}}(s)$	$H_{\text{LP}}(\lambda)\to H_{\text{BP}}(s)$	$H_{\text{LP}}(\lambda)\to H_{\text{BS}}(s)$
λ	$\lambda=\dfrac{s}{\Omega_{\text{norm}}}$	$\lambda=\dfrac{\lambda_p\Omega_p'}{Bs}$	$\lambda=\lambda_p\dfrac{s^2+\Omega_0^2}{Bs}$	$\lambda=\lambda_p\dfrac{Bs}{s^2+\Omega_0^2}$

表中，Ω_{norm}为待设计低通滤波器归一化频率因子；λ_p为低通滤波器的通带归一化边界频率；Ω_p'为待设计高通滤波器的通带截止频率；B为待设计带通（带阻）滤波器的通带（阻带）宽度；Ω_0为待设计带通（带阻）滤波器的通带（阻带）中心频率。

6. 按照已选择 S 平面与 Z 平面的映射关系将 $H_a(s)$映射为 $H(z)$

得到满足指标要求的模拟滤波器的传递函数 $H_a(s)$ [$H_{\text{LP}}(s)$、$H_{\text{HP}}(s)$、$H_{\text{BP}}(s)$、$H_{\text{BS}}(s)$] 后，根据所选择的 S 平面至 Z 平面的映射关系进行变量代换，即可得到数字滤波器系统函数 $H(z)$。

对于脉冲响应不变法：

$$H_a(s)=\sum_{i=1}^{N}\frac{A_i}{s-s_i}$$

$$H(z)=\sum_{i=1}^{N}\frac{A_i}{1-z^{-1}\mathrm{e}^{s_iT}}$$

对于双线性变换法：

$$H(z)=H_a(s)\big|_{s=\frac{2}{T}\frac{z-1}{z+1}}$$

二）基于模拟滤波器的数字滤波器设计之 MATLAB 实现方法

尽管一般教材都给出了 Butterworth、Chebyshev Ⅰ型、Chebyshev Ⅱ型及椭圆滤波器归一化低通滤波器的数学表达式，有的甚至给出了极点计算公式，但并不要读者牢记它们或者手动计算它们，只需将它们用自己最熟悉的语言编一段程序存储在计算机里，需要时调用即可。MATLAB 软件的信号处理工具箱中也提供了相关滤波器的设计函数，表 A.4～表 A.6 分别列出了设计 Butterworth、Chebyshev Ⅰ型、椭圆滤波器常用的函数。

表 A.4　设计 Butterworth 滤波器常用的函数

函 数 说 明	Butterworth 数字滤波器直接设计函数	Butterworth 模拟滤波器设计函数
确定滤波器阶数和截止频率	[n,Wn]= buttord(Wp,Ws,Rp,Rs)	[n,Wn]= buttord(Wp,Ws,Rp,Rs,'s')
设计截止频率在 Wn 的 n 阶 Butterworth 滤波器	[b,a]= butter(n,Wn)	[b,a] = butter(n,Wn,'s')
设计 ftype 型截止频率在 Wn 的 n 阶 Butterworth 滤波器	[b,a]= butter(n,Wn,'ftype')	[b,a]= butter(n,Wn,'ftype','s')
[z, p, k] = butter(…)，butter 函数既可以返回分子、分母多项式系数，又可以返回零、极点和增益		

表 A.5　设计 Chebyshev Ⅰ型滤波器常用的函数

函 数 说 明	Chebyshev Ⅰ型数字滤波器直接设计函数	Chebyshev Ⅰ型模拟滤波器设计函数
确定滤波器阶数和截止频率	[n,Wn]= cheb1ord(Wp,Ws,Rp,Rs)	[n,Wn]=cheb1ord(Wp,Ws,Rp,Rs,'s')
设计截止频率在 Wn 的 n 阶 Chebyshev Ⅰ型滤波器	[b,a]= cheby1(n,Rp,Wn)	[b,a]=cheby1(n,Rp,Wn,'s')
设计 ftype 型截止频率在 Wn 的 n 阶 Chebyshev Ⅰ型滤波器	[b,a]= cheby1(n,Rp,Wn,'ftype')	[b,a]=cheby1(n,Rp,Wn,'ftype','s')
[z, p, k] = cheby1 (…)，cheby1 函数既可以返回分子、分母多项式系数，又可以返回零、极点和增益		

注：Chebyshev Ⅱ型滤波器的设计函数与 Chebyshev Ⅰ型滤波器的设计函数非常类似，但有两处差异值得注意，即函数名中的 1 和 2；函数调用中所用的衰减指标，一个是通带衰减，一个是阻带衰减。

表 A.6　设计椭圆滤波器常用的函数

函 数 说 明	椭圆数字滤波器直接设计函数	椭圆模拟滤波器设计函数
确定滤波器阶数和截止频率	[n,Wn] = ellipord(Wp,Ws,Rp,Rs)	[n,Wn]=ellipord(Wp,Ws,Rp,Rs,'s')
设计截止频率在 Wn 的 n 阶椭圆滤波器	[b,a] = ellip(n,Rp,Rs,Wn)	[b,a] =ellip(n,Rp,Rs,Wn,'s')
设计 ftype 型截止频率在 Wn 的 n 阶椭圆滤波器	[b,a] = ellip(n,Rp,Rs,Wn,'ftype')	[b,a] = ellip(n,Rp,Rs,Wn,'ftype','s')
[z, p, k] = ellip (…)，ellip 函数既可以返回分子、分母多项式系数，又可以返回零、极点和增益		

当设计带通滤波器和带阻滤波器时，上面所有函数的输入参数 Wp、Ws 均为 1×2 的矩阵；参数“ftype”的取值可为“low”、“high”、“stop”和“bandstop”，分别表示低通滤波器、高通

滤波器、带通滤波器和带阻滤波器。返回参数 n 为滤波器阶数；Wn 为截止频率；b 和 a 为分子、分母多项式系数（降幂排列），z、p 和 k 为零点、极点以及增益。输入参数中的“s”表示设计模拟滤波器，此时输入的边界频率不用归一化处理，既可以 Hz 为单位，又可以 rad/s 为单位，但在一个函数中要统一；而在调用数字滤波器直接设计函数时，输入的边界频率必须是经过 Fs 归一化过的，有时还需要除以 π。

由表 A.4～表 A.6 可以看出，要设计三种四类中的任何一种数字滤波器，MATLAB 软件都提供了数字滤波器的直接设计函数，最多两步就可以完成设计。当然，MATLAB 软件也提供了模拟滤波器的不同中间结果的设计函数，便于设计者从任意某一环节介入。

比如，已经借助 MATLAB 软件中的函数得到归一化的模拟低通滤波器传递函数 $H_{LP}(\lambda)$，借助 lp2lp、lp2hp、lp2bp、lp2bs 等函数可以实现去归一化，分别得到 $H_{LP}(s)$、$H_{HP}(s)$、$H_{BP}(s)$、$H_{BS}(s)$。

再比如，若是求解 S 平面与 Z 平面之间的映射关系选择脉冲响应不变法，在已知 $H_{LP}(s)$、$H_{BP}(s)$的基础上可借助 residue 函数完成部分分式的展开，借助 residuez 函数完成极点转换得到 $H(z)$，再或者用 impinvar 函数直接完成从 $H_a(s)$到 $H(z)$的转换。若是求解 S 平面与 Z 平面之间的映射关系选择双线性变换法［前提是 $H_a(s)$是在边界频率预畸变处理基础上得到的］，在已知 $H_{LP}(s)$、$H_{HP}(s)$、$H_{BP}(s)$、$H_{BS}(s)$的基础上，直接调用函数 bilinear 即可完成转换。

总之选择哪种设计方法，完全由你自己决定。滤波器设计完成之后便可进行指标验证。假定已经得到了数字滤波器的系统函数 $H(z)$，且分子、分母多项式系数分别为 $\boldsymbol{b}$ 和 $\boldsymbol{a}$，可以调用函数 freqz 从频域看一下是否满足指标要求，或调用 filter 函数在软件环境下看一下滤波效果。最后，若需要，可以考虑用合适的结构硬件实现。

需要注意的是，MATLAB 软件中丰富的工具箱为滤波器的设计提供了很多的便利，是滤波器设计工程师的福音，但是会有种种原因导致无法使用该软件。即便这样的事情发生也没有关系，毕竟 MATLAB 软件只是将滤波器设计过程（算法）用 C 等程序语言进行了函数化以及必要的优化处理，并没有产生新的滤波器设计理论，因此在该软件无法使用时，在其他平台上按照上述滤波器设计步骤通过自编函数也可以实现滤波器的设计。

附录B　数字信号处理相关的那些人那些事

一、一根琴弦拨动了多少数学家的心

一提到信号和系统的频域分析，人们容易想到傅里叶变换。那傅里叶变换是怎么来的呢？为什么要有这个变换呢？本书将回答这些问题。其实傅里叶变换最初是研究热传导问题的理论，因为热传导问题与弦振动问题有共同之处，而且傅里叶热传导理论恰巧也很好地解决了关于弦的振动争论问题，因此我们将从弦的振动问题说起。其实关于琴弦振动问题的研究，既不是来自任何的生活或工程应用，也不是源于亟待解决的自然科学问题，完全是出于人们对这一现象的好奇和给予这种现象科学解释的执念。

关于弦的振动研究，有的讨论琴弦振动频率的决定因素，有的分析振动波如何传递。

伟大的作曲家伊戈尔·斯特拉文斯基（Igor Stravinsky）曾经说过："音乐这种形式和数学较为接近——也许不是和数学本身相关，但肯定与数学思维和关系式有关。"

一）弦振动的频率和振动的传播

1．弦振动的频率

毕达哥拉斯（Pythagoras）作为古希腊的数学家和哲学家，信奉万物皆数的理念，其众多的数学成就中也包括弦振动的研究，他发现了影响弦振动频率的因素和弦长比例。毕达哥拉斯研究发现：拨动单根琴弦时，弦的振动频率和拨动力没有关系，而是和弦的长度成反比，和弦的张力成正比；在给定张力的情况下，当一根琴弦被缩短到原来长度的一半时，拨动琴弦产生的音调将提高八度，此时数学比值是 1∶2。他还发现比例为 3∶2 的弦长比例产生的音高相差五度，4∶3 的弦长比例产生的音高相差四度，9∶8 的弦长比例产生的音高相差二度等。毕达哥拉斯通过对弦长比例的测定，最先计算出了三个协和音程，即四度、五度和八度。受此影响，早期西方多声部音乐多运用一度、四度、五度和八度音程，以保证音响效果的和谐。

英国数学家布鲁克·泰勒（Brook Taylor）发现了小提琴弦的振动基频与弦的长度、张力和密度的关系。他根据琴弦的长度、张力和密度计算出了小提琴琴弦的基本振荡频率。研究发现，若琴弦在其正中点处有一个节点，那么此时琴弦产生音符的频率恰为基本频率的两倍，而且中间节点越多，音符的频率越高。这些较高的振荡叫作泛音。

瑞士数学家、物理学家丹尼尔·伯努利（Daniel Bernoulli）认识到琴弦具有基础频率，除此之外，他还发现产生的若干其他纯音的频率为该基频的 2,3,4,⋯倍，他推测存在无穷多个这种纯音。

2．弦振动的传播

琴弦振动除了振动频率的决定因素值得研究，被拨动后琴弦上的能量如何传递也是一个值得探究的问题。18世纪初的数学家们已经开始着手研究这一问题：如何确定琴弦被拨动时所形成的初始三角形的形状。毕竟该三角形有一个尖锐的顶角，这个问题成了一场激烈辩论的焦点，几乎每位数学家都不遗余力地参与其中。

瑞士数学家约翰·伯努利（Johann Bernoulli）在研究弦振动问题时，将弦看成了一串珠子，而每个珠子通过张力与两侧相邻的珠子接触，即弦的振动被视为 n 个点状物体（质点）的共同运动。约翰的这项研究得益于17世纪牛顿和莱布尼茨分别独立提出的微积分，随着微积分的发展，微分方程慢慢开始成为数学领域的一个重要的分支。约翰的这种近似方法要求同时求解 n 个常微分方程，当 n 比较大时，求解过程的烦琐程度是可想而知的。约翰的简谐振动方程证明，在任何时刻弦的形状必定是正弦曲线，也称为标准振荡。

丹尼尔·伯努利（约翰·伯努利的儿子）于1733年的研究论文中明确地提出了振动的弦能有较高的振动模式的理论。在1741—1743年的多篇论文里，他都阐述了“简单振动（基音）和叠合振动（高次谐音）可以同时存在”的观点，遗憾的是，他只从物理角度解释了自己的观点，却没能从数学上加以描述。

法国物理学家、数学家、天文学家让·勒朗·达朗贝尔（Jean le Rond d'Alembert）于1747年在论文《张紧的弦振动时形成的曲线的研究》中用一个偏微分方程对约翰·伯努利关于琴弦运动的问题进行了重新表述，该方程便是后人所熟知的“一维波动方程”（One-dimensional Wave Equation）。他发现波动方程的解可以用两个波来表示，这两个波从初始扰动开始背向传播，而这两个波的形状是由弦的初始状态，即弦上每个点的位移和速度决定的。他还证明振动的模式是无穷多种与正弦曲线不同的曲线，即扰动自身可能具有任意形状，也就是说波动方程的解可以是标准振荡之外的其他解。达朗贝尔提出的波动方程入选 2012 年英国数学家 Ian Stewart 出版的 *In Pursuit of the Unknown: 17 Equations That Changed the World* 一书，中文书名为《追求未知: 17个改变世界的公式》。达朗贝尔的研究思路就是，让 n 趋向于无穷大，则单位质量相应变小，同时相邻质量点之间的距离趋近于零。在处理与连续介质相关的问题方面，这种从离散系统向连续系统的过渡是数学方法上的一个巨大进步。除多个科学领域的论文和专著等成就外，达朗贝尔还曾担任 *The Great Encyclopedia of Denis Diderot* 的编辑，该刊物旨在涵盖当时人类全部的知识。

瑞士数学家、自然学家莱昂哈德·欧拉（Leonhard Euler）在读完达朗贝尔的论文之后，对达朗贝尔的结论并不完全认同，他认为弦可以拨动，那么其起始形状在不同的区间上就可以由不同的解析表示式描述。于是欧拉写了一篇名为“On the Vibrations of Strings”的论文，作为对达朗贝尔观点的回应。文中欧拉沿袭了达朗贝尔关于琴弦波动方程导数的表述，但是解却不同。欧拉的创新之处在于，琴弦上受扰动（拨动）点两侧沿相反方向顺着琴弦传播的波形允许取他所谓的非连续曲线。欧拉曾师从丹尼尔的父亲约翰·伯努利。

欧拉赞同丹尼尔的关于许多模式能够同时在琴弦中存在的观点，即琴弦的形状是琴弦振动所包含的所有正弦波的总和，因此一个振动中的弦能发出许多谐音，但是他又和达朗贝尔一起反对丹尼尔关于在弦振动中全部可能的初始曲线能表示成为正弦级数的主张。

欧拉继续做了深入研究，1749年他在论文中指出了振动弦的一切可能的运动，无论弦的形状怎样，关于时间都是周期的，也认同周期为基本周期的一半、三分之一等的单个的模式能够作为振动的图像出现。文中提出波动方程的解是若干标准振荡进行叠加的，这正是欧拉认同丹尼尔的一种体现，最终结果是这样一种形式：

$$y(x,t)=a_1\sin\frac{x}{l}\cos\frac{ct}{l}+a_2\sin\frac{2x}{l}\cos\frac{2ct}{l}+a_3\sin\frac{3x}{l}\cos\frac{3ct}{l}+\cdots$$

式中，系数 a_1，a_2，a_3，…是任意常数；c 为波形速度；l 为弦长；x 为弦上沿 x 轴方向距离原点的位置；t 为振动时间。这个形式与傅里叶级数展开式已经非常神似了。

在其论文中，欧拉并没有说这个级数是无限项的，但是最终证明无限项这一条件是达朗贝尔的任意函数解与欧拉的上述三角级数解等价的核心。欧拉型波动方程的每个解都可以写成达朗贝尔解的形式，但是反过来可以吗？该问题是长期争论的一个题目，最终的结论是所有可能的琴弦振动都可以以合适的比例无限叠加许多标准振荡得到。

丹尼尔在 1753 年再次重申了“振动弦的许多模式（简单的和叠加的）能够同时存在”的观点，他认为这个振动是第一基音、第二谐音、第三谐音……的一切可能的简谐振动的一个叠合。他的这个观点是非常重要的，因为这是首次提出将问题的解表示为三角级数的形式，这为将一个函数展开为傅里叶级数的纯数学问题奠定了物理基础，促进了分析学的发展。

1753 年，丹尼尔・伯努利重新加入战团，他指出不同的振动模式可以同时存在，并同时保持相互独立。他也由此发现了叠加原理。

欧拉在不连续函数的观念下，自然不会认同丹尼尔的主张，只承认丹尼尔的解是他的解的一部分。欧拉认为自己关于振动弦的解包括了所有可能的函数，特别是他所谓的不连续函数。他不相信连续的正弦函数能够叠加产生不连续函数，另外他认为标准振荡中的正弦函数是奇函数，无法产生所有的任意函数，特别是在起始曲线有一部份是静止的情况下。

丹尼尔对于欧拉的主张也提出了反驳，他认为既然有无穷多个系数可供选择，那么每一个函数当然均可用三角级数表示出来，他的解所涵盖的范围比欧拉的广。

三个人各执一词，总得来说，丹尼尔认为可以通过正弦级数来描述弦的振动；达朗贝尔想通过偏微分方程的方式解决弦振动问题；而欧拉则提出了不连续函数的概念。后来拉格朗日以及拉普拉斯也加入了争论，拉格朗日在很多研究上其实是重复了欧拉的工作，他也否认三角级数能够表示任一解析函数的理论，更不用说更加任意的函数了，他在后来评阅傅里叶的论文时仍坚持这一观点。

3．振动与热一统

关于弦的论战持续了十几年，四位数学家的理论已经接近问题的答案。终结这场争论的是另外一位数学家让・巴普蒂斯・约瑟夫・傅里叶（Baron Jean Baptiste Joseph Fourier）。傅里叶的成就主要在于他对热传导问题的研究，以及他为推进这一方面的研究所引入的数学方法。傅里叶没有参与弦的振动的争论，但是他提出的热方程与弦的波动方程非常像，也面临很多相似的需要解决的问题。

1807 年，傅里叶向巴黎科学院呈交了一篇很长的论文，题为《热的传播》（*Mémoire Sur La Propagation De La Chaleur*），内容是关于不连结的物质和特殊形状的连续体（矩形的、环状的、球状的、柱状的、棱柱形的）中的热扩散问题。该文章基于一个新的偏微分方程来描述无限薄金属棒不同位置和不同时间的温度变化情况。比较发现，该热方程与描述弦的振动的波动方程有不可思议的相似之处，关键的区别在于前者用一阶时间导数，后者用二阶时间导数。

傅里叶在论文中提出：任何连续周期信号可以由一组适当的正弦曲线组合而成。这个结论与上述弦的振动的解非常相像。这一结论在当时还是具有很大争议的，论文的审阅人中，拉普拉斯、蒙日和拉克鲁瓦等都赞成接受这篇论文，但是拉格朗日以推导不严格为由拒绝接受。

拉普拉斯鼓励傅里叶进行更深入的研究并补充技术细节，因而在论文的基础上，傅里叶进行了更深入的思考，补充了很多具体演算过程，并在1811年将论文更名为《固体中的热运动理论》后再次提交给科学院，而这一次论文不仅被接受，还获得了科学院大奖。由于傅里叶的研究成果在非连续函数的适用性上仍饱受争议，因此这一篇论文在1811年并未正式发表。

1822年，傅里叶将自己的论文扩充成一本书《热的解析理论》。这部经典著作将欧拉、伯努利等人在一些特殊应用情形下应用的三角级数方法发展成更适用于一般情况的理论。

傅里叶声称他的方法适用于任何函数，那么它也应该适用于这样的函数：当 x 是有理数时 $f(x)=0$，当 x 是无理数时 $f(x)=1$。根据我们现在的数学知识容易理解这个函数处处不连续。对于这样的函数，在微积分缺乏清晰、严谨逻辑的当时，确定其傅里叶变换在什么意义上收敛是关键。解决这些问题很棘手，需要新理论的诞生、理论体系的完善。

直到1829年，德国数学家约翰•彼得•古斯塔夫•勒热纳•狄利克雷（Johann Peter Gustav Lejeune Dirichlet）在杂志上发表了《关于三角级数的收敛性》（“Sur La Convergence Des Séries Trigonométri-ques”）的文章，关于傅里叶方法的争论以及弦振动问题的解的争论才真正结束。其实针对傅里叶方法的不严谨性批评，奥古斯丁•路易斯•柯西（Augustin Louis Cauchy）从1823年开始就在考虑它的收敛问题。狄利克雷指出柯西的推理不严格，其结论也不能涵盖某些已知其收敛性的级数。

傅里叶分析存在条件的证明，解决了傅里叶分析的适用性问题，不严谨的问题自然得到解决。自此这一理论才开始蓬勃发展，而在以勒贝格积分为代表的实分析理论完善之后，傅里叶理论在此框架之下也日臻完美成熟，到今天，经典的傅里叶理论已成为数学中相当完善的体系。

综上可以看出，在研究弦的振动传播的问题上，科学家们继承创新、追求真理、捍卫自己立场的精神值得我们好好学习。

二）关于弦振动争论之外的那些事儿

丹尼尔在他的回忆录《关于弦振动的最新理论的思考和启示》（*Reflections and Enlightenments on the New Vibrations of Strings*）中写道：“在我看来，只需要关注一下弦振动的本质，不必依靠任何计算，就足以推测出相关结论。而伟大的几何学家（即达朗贝尔和欧拉）经过分析思考极其复杂和抽象的计算方法，才最终得到这一结果。丹尼尔也是引发琴弦振动现象十年论战的第一人。”从贝尔努利利用“琴弦”“最低沉的乐音”“八度”等音乐术语可以断定，他的双手和双耳都与真实存在的琴弦亲密接触过，这种方式与欧拉以及达朗贝尔过于抽象的理论方法相比特点鲜明。

达朗贝尔在《弦的振动》中写道：“大体上……我坚信我是第一个解决该问题的人；在我之后，欧拉先生给出了几乎完全一样的解决方法，唯一的区别就是他的方法似乎更冗长一点。”

伯努利在一封寄给欧拉的信中写道：“我没法弄清达朗贝尔先生到底想说什么……除了摘要，他给不出任何一个具体的例子。依据他的观点，一根琴弦的基本声音（频率）为1，而其他的声音（频率）分别为（基频的）2、3、4等整数（倍），我很好奇他如何得出这样的结论。他在试图模仿你，但是在他的文章中，除了他的（这种行文）风格，我找不到一点事实。”

1757 年，在一封寄给法国数学家皮埃尔·莫佩尔蒂（Pierre Maupertuis）的信中，欧拉写道：达朗贝尔先生通过论战让我们火冒三丈……他对自己的观点确信不疑，还炫耀在当初和丹尼尔·伯努利先生就流体力学进行的论战中获得了最终的胜利，尽管每个人都同意实验结果站在伯努利先生这边。如果达朗贝尔先生有克莱罗先生（亚历克西斯·克莱罗，在差分方程方面有所贡献的法国数学家）那样的坦率，他就该立刻缴械投降。但就事情的发展来看，如果法国科学院公开表示会将他的观点记录下来，那么数学科（这一章节）在很多年内都将充斥着关于振动弦问题的争论，而这些东西没有丝毫意义，因此在最后的合集中最好还是将达朗贝尔先生就该话题发表的言论压制下来。他还要求我承认从他那里剽窃了很多东西。但是，我的耐心已经耗尽了，我要让他知道，我什么都不会做，他随便到什么地方去发表他的东西，我才不会出面阻止。在《百科全书》里，他有足够多的东西填满《声明》那篇文章。

二、黑您是敬畏您

为维护自己的世界霸权地位，美国对中国从政治、经济、科技和军事等多个维度进行遏制和打压。单从经济打压和科技封锁方面，美国近十几年来就不断发难。

2011 年，美国政府开始对华为展开调查，并最终禁止了美国公司向华为出售技术和设备。2018 年对中兴通讯进行了制裁，限制其购买美国的零部件和软件。同年，美国政府针对中国的半导体企业展开了全面调查，其目的是阻止中国在半导体领域的发展。2019 年，美国政府对中国的大疆无人机公司进行制裁，限制了其在美国的销售和使用。在同一年，美国又将华为列入了“实体清单”，禁止美国公司与华为进行任何形式的贸易往来。

2020 年 5 月 22 日，美国商务部再次扩充了出口管制“实体清单”的成员名单，至此中国国内的十三所高校赫然在列，贸易战已经悄然蔓延至高校。这十三所高校包括北京航空航天大学、中国人民大学、国防科技大学、湖南大学、哈尔滨工业大学、哈尔滨工程大学、西北工业大学、西安交通大学、电子科技大学、四川大学、同济大学、广东工业大学、南昌大学。纵观这些高校，其优势学科覆盖范围很广，实力也非常强大，涉及航空航天技术、材料、仪器、计算机、工程、人工智能等多个领域。如果阻止这些高校与美国的学术交流，甚至正常教学活动，是对中国高科技发展的一种限制。

在十几天后，哈尔滨工业大学和哈尔滨工程大学师生被 MathWorks 公司禁用 MATLAB 软件。2020 年 6 月 6 号，哈工大师生在使用 MATLAB 软件时，界面突然跳出反激活通知，当时单击反激活后还能继续使用，但到了 6 月 7 号启动 MATLAB 软件时又显示授权许可无效，网页无法登录哈工大域名的账户。部分哈工大在校学生想寻求问题根源，发邮件与 MATLAB 软件开发公司 MathWorks 公司进行沟通，MathWorks 公司方面却回应称，刚接到通知，根据美国政府最新的进出口管制名单，无法再提供服务。面对 MathWorks 公司如此令人费解的操作，有学生认为，作为已经付费的软件，如此对待消费者实在是丧失信誉！这些事件说明在世界霸凌存在的情况下，科学无国界只是一厢情愿。

2023 年 2 月底，美国总统拜登签署的《芯片法案》正式启动。一方面，他们限制一些企业向我国出口一些高端的设备、软件和零部件；另一方面，他们通过采取各种措施引导一些国际芯片巨头回流，试图来重塑芯片产业链。拜登政府计划在 6 月份拿出 390 亿美元的直接补贴，以及 240 亿美元的投资税收补贴。近日美国商务部推出新的举措，将量子芯片列入“对国家安全有影响的关键技术”，禁止向中国出口量子芯片和技术。

纵观被美国制裁的机构、企业和高校，它们都是业内的国之脊梁，让美国产生了忌惮，从这个角度讲，被制裁、被黑完全是出于对这些机构、企业、高校的敬畏。

下面内容编写的主旨是通过对MATLAB软件、操作对象、图形可视化和程序控制的简要介绍，辅助读者对MATLAB软件、语言和程序设计建立基本概念，为顺利完成前三篇中的案例情境任务奠定程序语言基础。

本篇内容涵盖了MATLAB软件简介（设计语言简介、界面与帮助系统简介）、MATLAB操作对象简介（常用数据、数据类型及相互转换）、矩阵基础（矩阵创建、矩阵元素索引、矩阵操作）、图形可视化（常用绘图函数概述、应用举例、图形标注和窗口控制）、MATLAB程序设计（程序控制、M文件简介）等内容。MATLAB操作对象简介、矩阵基础和图形可视化等部分系统地汇总了MATLAB软件相关主题的函数，并给出了大量的应用举例，便于读者查阅和参考。MATLAB程序设计部分介绍了循环、分支等程序控制的构成和使用方法，以及M文件中脚本和函数的相关知识。本版新增的关于国内部分高校禁用MATLAB软件的事件，旨在帮助读者深刻认识掌握核心技术和自力更生的重要性；新增MATLAB软件简介意在帮助读者在MATLAB软件发展史中受到启发。

在MATLAB软件使用方面，建议读者对其中的举例能逐一验证，在此过程中体验指令的效果和输入错误时MATLAB软件会给出什么样的调试告警信息，以便迅速提高应用MATLAB软件的水平。

一）MATLAB软件发展史

20世纪70年代中期，Cleve Moler（1939年—）博士及其同事在美国国家基金会的帮助下，用FORTRAN语言开发了LINPACK和EISPACK子程序库，前者是解线性方程的程序库，后者是求解特征根的程序库。在当时那个年代，这两个程序库代表了矩阵运算的最高水平。

到了70年代后期，Cleve Moler为了在给学生上线性代数课时让学生使用这两个子程序库，同时又不用他们在编程上花费过多的时间，他开始着手用FORTRAN语言为学生编写两个子程序库的接口程序，他将这个接口程序命名为MATLAB，其是由Matrix和Laboratory两个单词的前三个字母所合成的。

在1978年，MATLAB软件面世，受到了学生的广泛欢迎，这个程序获得了很大的成功。在以后的数年里，MATLAB软件在多所大学里作为教学辅助软件使用，并作为面向大众的免费软件广为流传。

将MATLAB软件商品化的不是Cleve Moler，而是Jack Little。1983年春天，Cleve Moler到斯坦福大学讲学，MATLAB软件深深吸引了工程师Jack Little的注意，直觉告诉他，这是一款具有巨大发展潜力的软件，当时Jack Little正在该校主修控制专业。Jack Little敏锐地察觉到了MATLAB软件在工程领域的广阔前景，同年，他和Cleve Moler、Steve Bangert一起，用C语言开发了第二代专业版。此时，这一版的MATLAB语言同时具备了数值计算和数据图示化的功能。1984年，Jack Little和Cleve Moler一起成立了MathWorks公司，总部位于美国马萨诸塞州南堡，并首次推出MATLAB商用版（3.0 DOS版本）。在其商用版推出的初期，MATLAB软件就以其优秀的品质（高效的数据计算能力和开放的体系结构）占据了大部分数学计算软件的市场，原来应用于控制领域里的一些封闭式数学计算软件包（如英国的UMIST、瑞典的LUND和SIMNON、德国的KEDDC）纷纷被淘汰或在MATLAB软件上重建。

在公司初创的五年，Jack Little 非常辛苦，常常身兼数职（董事长、总经理、推销员、程序开发员等），但公司一直稳定发展，到 1993 年发展到了 200 人，到 2000 年发展到了 500 余人，到 2005 年公司员工达到了 1300 人，不但打败了其他竞争软件，而且公司的前景一片欣欣向荣。根据 Jack Little 个人说法，MATLAB 软件早期成功的两大因素：选用了 C 语言及选定 PC 为主要平台。

MathWorks 公司，目前仍然是私人企业，并未上市，这和 Jack Little 的个人理念有关，他认为 MATLAB 软件的设计方向应该一直以顾客的需求与软件的完整性为首要目标，而不是以盈利为主要目的，因此 MATLAB 软件一直是在稳定中求进步的，而不会面临因为上市遭受股东左右其发展方向的问题。这也是为什么 MATLAB 软件新版本总是姗姗来迟的原因，因为他们不会因为市场的需求而推出不成熟的产品。此外，由于 Jack Little 保守的个性，也使得 MathWorks 公司不曾跨足 MATLAB/Simulink 以外的行业，对于当前商场上纷纷扰扰的并购或分家问题，MathWorks 公司完全是绝缘体。

Cleve Moler 至今仍是该公司的首席科学家，他已 80 多岁，之前还常常亲自撰写程序，非常令人佩服。如果人们有数值运算方面的高水平问题，反馈到 MathWorks 公司后，还有机会获得 Cleve Moler 亲自回答。在 1994 年，Pentium 芯片曾发生 Fdiv 的 Bug，当时 Cleve Moler 是第一个以软件方式解决此 Bug 的人，曾一时脍炙人口。

1992 年，支持 Windows 3.x 的 MATLAB 4.0 版本推出，增加了 Simulink、Control、Neural Network、Signal Processing 等专用工具箱。

1993 年，推出了 MATLAB 4.1 版本，其中主要增加了符号运算功能。当升级至 MATLAB 4.2c 版本时，这一功能在用户中得到广泛应用。

1994 年，推出的 MATLAB 4.2 版本进一步扩充了 MATLAB 4.0 版本的功能，尤其在图形界面设计方面提供了更多新的方法。

1997 年，MATLAB 5.0 版本问世，实现了真正的 32 位运算，允许了更多的数据结构，比如单元数据、多维数据、对象与类等，加快了数值计算，图形表现有效，使其成为一种更方便编程的语言。

1999 年，推出的 MATLAB 5.3 版本在很多方面又进一步改进了 MATLAB 语言的功能。

2000 年，推出了全新的 MATLAB 6.0 正式版（Release 12），在核心数值算法、界面设计、外部接口、应用桌面等诸多方面有了极大的改进。

2002 年，发布了全新的 MATLAB 6.5 正式版（Release 13），在这一版本中的 Simulink 升级到了 5.0，性能有了很大提高，另一大特点是推出了 JIT 程序加速器，MATLAB 软件的计算速度有了明显的提高。

2004 年，推出了 MATLAB 7.0 版本（Release 14）。

2005 年，推出了 MAILAB 7.1 版本（Release14 SP3），在这一版本中的 Simulink 升级到了 6.3，软件性能有了新的提高，用户界面更加友好。值得说明的是，MATLAB V7.1 版本采用了更先进的数学程序库，即“LAPACK”和“BLAS”。

2007 年，推出了 MATLAB 7.4 (MATLAB R2007a)、R2007b 版本。

2008 年，推出了 MATLAB 7.6 (MATLAB R2008a)、R2008b 版本。

2009 年，推出了 MATLAB 7.8 (MATLAB R2009a)、R2009b 版本。

2010 年，推出了 MATLAB R2010a、MATLAB R2010b 版本。

2012 年，推出了 MATLAB R2012a、MATLAB R2012b 版本。

……

之后，MathWorks 公司每年会发布两个 MATLAB 版本，a 版一般在 3 月份发布，b 版一般在 9 月份发布，两者没有本质上的区别，b 版可以简单理解为版本更新。

2021 年 9 月 28 日，MathWorks 公司发布 MATLAB®和 Simulink®产品系列版本 R2021b。版本 R2021b 带来数百项 MATLAB®和 Simulink®的特性更新和函数更新，还包含两款新产品和 5 项重要更新。MATLAB 软件现支持用户进行代码重构和列编辑，还可直接在 MATLAB 软件中运行 Python 命令和脚本。Simulink 现支持用户在 Simulink 编辑器中针对不同场景运行多个仿真，以及在 Simulink 工具条中创建自定义选项卡。

MATLAB R2022a v9.12 版本发布了多个新产品以及多项重要更新，其中新产品包括蓝牙工具箱——模拟、分析和测试蓝牙通信系统；DSP HDL 工具箱——为 FPGA、ASIC 和 SoC 设计数字信号处理应用；工业通信工具箱——通过 OPC UA、Modbus、MQTT 和其他工业协议交换数据；RoadRunner 场景——为自动驾驶模拟创建和回放场景；无线测试台——在 SDR 硬件上实时探索和测试无线参考应用。

MATLAB R2022b v9.13 版本发布了两个新产品以及多项重要更新。医学成像工具箱为医学成像应用提供了设计、测试和部署使用深度学习网络的诊断和影像组学算法的工具。医学研究人员、设备设计人员、工程师可以使用该工具箱进行三维可视化、多模态配准、分割和自动真知标记，以及基于医学图像训练深度学习网络。Simscape Battery 提供用于设计电池系统的工具和参数化模型，主要用于电池运行组架构的虚拟测试、电池管理系统设计，并评估电池系统在正常和故障条件下的行为。除此之外，还有按照不同工具箱多达近百项的更新和改进。

2023 年 3 月 22 日，MathWorks 公司发布了 MATLAB®和 Simulink®产品系列版本 2023a（R2023a）。R2023a 版本推出了两款新产品和多项增强功能，支持工程师和研究人员开发、执行、管理、测试、验证其 MATLAB 代码工程，并生成相关文档。

MATLAB Test™使工程师和研究人员能够大规模开发、执行、测量和管理 MATLAB 代码的动态测试。该新产品通过分组、保存和运行自定义测试套件帮助各个机构组织和管理工程的测试和结果。工程师和研究人员可以使用行业标准的代码覆盖率度量来识别未经测试的代码路径，从而优化工作效率。

R2023a 版本还推出了新的 C2000 Microcontroller Blockset™，用于设计、仿真和实现 TI C2000™微控制器的应用。该模块集使工程师和研究人员能够对数字电力变换和电机控制应用进行建模。

从 MathWorks 公司推出的上述系列产品不难看出，产品研发团队紧盯科技发展动向，持续扩充其产品、增强其功能、拓展其领域，不断推陈出新，使之从教学辅助软件，逐渐成长为科学研究工具、产品开发利器。比如，借助 MATLAB R2021 版本就可以进行深度学习的理论研究和产品的开发。时至今日，经过 MathWorks 公司不断完善，MATLAB 软件已经发展成为适合多学科、多种工作平台的功能强大的大型软件。

二）MATLAB 软件组成及特点

1．MATLAB 软件及其组成

作为一款起源于 Matrix Laboratory 的商业数学软件，MATLAB 软件是一种以矩阵作为基

本数据单元的、可以用于数值计算（包括符号计算）、数据分析、算法开发、数据可视化的高级技术计算语言和交互式环境，广泛应用于线性代数、数值分析计算、数学建模、最优化设计、统计数据处理、自动控制、无线通信、图像处理、计算机视觉、信号处理、生物医学工程、量化金融与风险管理、深度学习等领域。单就其交互性而言，在 MATLAB 软件命令窗口中只需输入一条命令，就可以得到该命令的运行结果。

MATLAB 软件由主程序、Simulink 动态仿真系统和 MATLAB 工具箱三部分组成。MATLAB 主程序包括 MATLAB 语言、工作环境以及应用程序。Simulink 动态仿真系统是一个交互式系统，用户可以利用子模块搭建一个系统，并控制其运行，运行过程中可以动态输出运行的相关数据。MATLAB 工具箱是各种子程序和函数库，用户可以修改工具箱中的函数，更为重要的是用户可以通过编制 M 文件来任意地添加工具箱中原来没有的工具函数。MATLAB 工具箱可分为功能性和学科性工具箱。

下面列举一些常用的学科性工具箱：

MATLAB Main Toolbox——MATLAB 主工具箱
Control System Toolbox——控制系统工具箱
Communication Toolbox——通信工具箱
Finance Toolbox——金融工具箱
System Identification Toolbox——系统辨识工具箱
Fuzzy Logic Toolbox——模糊逻辑工具箱
Higher Order Spectral Analysis Toolbox——高阶谱分析工具箱
Image Processing Toolbox——图像处理工具箱
Lmi Control Toolbox——线性矩阵不等式控制工具箱
Model Predictive Control Toolbox——模型预测控制工具箱
μ-Analysis and Synthesis Toolbox——μ 分析和综合工具箱
Neural Network Toolbox——神经元网络工具箱
Optimization Toolbox——最优化工具箱
Partial Differential Equation Toolbox——偏微分方程工具箱
Robust Control Toolbox——鲁棒控制工具箱
Spline Toolbox——样条工具箱
Signal Processing Toolbox——信号处理工具箱
Symbolic Math Toolbox——符号数学工具箱
Statistics Toolbox——统计工具箱
Wavelet Toolbox——小波工具箱
Computer Vision System Toolbox——计算机视觉系统工具箱
DSP System Toolbox——DSP 系统工具箱
GARCH Toolbox——广义自回归条件异方差工具箱
Mapping Toolbox——地理工具箱
SIMULINK Toolbox——动态仿真工具箱
NAG（Numerical Algorithm Group）Foundation Toolbox——数值算法库工具箱

从上述部分工具箱可以看出，MATLAB 软件除提供了丰富的数学算法程序外，还提供了多个领域的基本算法程序。

正因为该软件涉及多个科技领域的应用，因此 20 世纪 90 年代以来，美国和欧洲的各个大学已将 MATLAB 软件列入研究生和本科生的教学计划，MATLAB 软件已经成为应用代数、自动控制理论、数理统计、数字信号处理、时间序列分析、动态系统仿真等课程的教学工具，成为学生必须掌握的基本软件之一。在国内，MATLAB 语言正逐步成为理工科大学学生的重要选修课程，如清华、北大、西安交大等，都相继引进了 MATLAB 校园版，哈工大也不例外，一些大学专业课程的第一节课，就是教学生如何安装 MATLAB 软件。MATLAB 软件也成为机械、控制、经济、金融等领域的工作人员研究与开发的首选工具之一。

2．MATLAB 软件的特点

MATLAB 软件在学术界和工程界备受推崇，其主要特点以及优势有如下几个方面：编程环境简单友好、编程语言简单易学、科学计算和数据处理能力强大、图形处理功能出色、丰富的工具箱和实用的程序接口。

1）编程环境简单友好

从 MATLAB 软件的菜单栏和工具栏，能清晰看出 MATLAB 软件中的工具包大多采用图形用户界面，且界面越来越精致，更加接近 Windows 系统的标准界面。编程环境的这种设计，使其更加符合人们对于操作系统的认知习惯，而且人机交互性更强，操作更简单。

简单的编程环境提供了比较完备的调试系统，程序不必经过编译就可以直接运行，而且能够及时地报告错误、分析错误的可能原因。

MATLAB 语句书写简单，表达式的书写如同在稿纸中演算一样，与人们的手工运算相一致，容易被人们接受。其操作和功能函数指令常用计算机和数学书上的一些简单英文单词进行表达，如 help、clear 等。

MATLAB 软件是一个开放的系统，用户可以开发自己的工具箱。

2）编程语言简单易学

编程语言的简单易学可以从如下两个方面来理解。

（1）MATLAB 语言是直译式的编程语言

MATLAB 语言是以矩阵计算为基础的程序设计语言，用户不用花太多的时间即可掌握其编程技巧。其指令格式与习惯用的数学表达式非常相近，语法规则也与一般的结构化高级编程语言类似，包括控制语句、函数、数据结构、输入/输出等内容和面向对象编程的特点。对于算法程序，用户可以在命令窗口中边输入程序边执行，也可以先编写好整个程序然后再整体运行。前者仅凸显其方便易用性，但从程序调试和程序代码复用的角度看，优先推荐后者。

（2）MATLAB 语言是短小高效的代码

由于 MATLAB 软件已将教学问题的具体算法编成了函数，因此用户只要熟悉算法的特点、使用场合、函数的调用格式和参数意义等，通过调用函数很快就可以解决问题。MATLAB 语句功能强大，一条语句往往相当于其他高级语言中的几十条语句甚至上百条语句，该特点为编程者节省了大量的时间。

3）科学计算和数据处理能力强大

从前述 MATLAB 学科性工具箱可知，MATLAB 软件是包含大量计算算法的集合，集成了上千个数学函数和工程计算函数，需要时可以直接调用而不需要另行编程，从而非常方便地实现用户所需的各种计算功能。由于该软件以强大的矩阵计算功能为基础，且拥有众多的工具箱，所以几乎能非常高效地解决大部分学科中的数学问题。

4）图形处理功能出色

MATLAB 软件具有丰富的图形处理功能和方便的数据可视化功能，便于将矢量和矩阵用图形以更加直观的形式表现出来，并且可以对图形进行标注和打印，可用于科学计算和工程绘图。MATLAB 软件能够按照数据产生高质量的一维线图、二维面图和三维立体图，还可以对图形设置颜色、光照、纹理、透明性等，以增强图形的表现效果。MATLAB 软件出色的图形处理功能，既为用户丰富了分析数据的视角，也增加了软件的友好性。

5）丰富的工具箱和实用的程序接口

MATLAB 应用程序接口（API）是 MATLAB 语言与 C 语言、FORTRAN 等其他高级编程语言进行交互的函数库。该库的函数通过调用动态链接库（DLL）实现与 MATLAB 文件的数据交换，其主要功能包括在 MATLAB 软件中调用 C 语言和 FORTRAN 程序，在 MATLAB 软件与其他应用程序间建立客户|服务器关系。

在前面已经介绍了 MATLAB 软件丰富的工具箱，这里重点讨论 MATLAB 软件丰富的应用程序接口（API）。MATLAB 开发环境提供了丰富的 API 函数库和多种编译命令，其中 API 函数库包括 MAT 函数库、MEX 函数库、MX 函数库、Engine 函数库，实现与其他工作环境的接口；编译命令如 MEX 命令、MCC 命令等将 M 文件编译成独立于 MATLAB 工作环境的动态链接库文件，C++语言直接调用的.cpp、.h 文件，以及可执行的.exe 文件等。通过组件对象模型（COM）实现将 MATLAB 工作环境的 M 文件和 MEX 文件封装为组件，在其他兼容 COM 组件的编译环境包括 Visual C++、Visual Basic、Java 等中直接进行调用。

MATLAB 软件的 API 从总体上可以划分为三种类型：外部程序调用接口、MAT 文件应用程序和计算引擎。

外部程序调用接口：以 MEX 文件形式实现。在编译 MEX 文件时，需要对 MATLAB 软件进行系统配置，以使 MATLAB 软件知道编译外部程序所使用的编译器类型与路径。

MAT 文件应用程序：实现 MATLAB 软件与外部环境数据的输入、输出，即数据交互。MAT 文件包括三部分内容，即文件头、数据变量名与数据变量。

计算引擎：用于两大类的应用，分别是外部程序调用 MATLAB 软件强大的计算函数库，以及以外部程序实现友好的操作界面，以 MATLAB 软件实现后台运算。

常见的 MATLAB API 包括 MATLAB 数据存储 API、MATLAB 图形 API、MATLAB 编译器 SDK、MATLAB Engine for Python、MATLAB 分布式计算 API 等。MATLAB 软件的 API 还提供了许多其他功能，如 MATLAB 数学库 API，用于在外部应用程序中使用 MATLAB 软件的数学函数和工具箱；MATLAB 支持包 API，用于管理 MATLAB 工具箱和功能的安装和升级；MATLAB 测试框架 API，用于编写和运行 MATLAB 单元测试。

无论是哪种 API，MATLAB 软件的 API 都提供了一种强大的方法，让开发人员将 MATLAB 软件的计算和可视化能力与它们的应用程序集成起来，从而加快开发过程并提高应用程序的功能性。

另外，MATLAB 软件可以在不同的硬件平台上运行，用户可以轻松地将其分析扩展到集群、GPU 和云中，只需进行少量的代码修改。

MATLAB 软件是目前世界上最流行的仿真计算软件之一，掌握了这一重要工具，可为今后的学习、科学研究、行业发展打下较好的基础。

接下来将从有效支持本书案例任务完成的角度，简要介绍 MATLAB 语言中的常用数据、矩阵基础、图形可视化、MATLAB 编程的相关知识。

附录 C　MATLAB 语言中的常用数据

一、常量、变量、常用符号

首先看一个给变量赋值的例子。

【例 C.1】在命令窗口的命令提示符“>>”后输入语句：

```
x = (5*2+1.3-0.8)*10^2/25
```

按回车键后，语句直接执行返回正确结果 x =43.2000，且没有出现错误提示。

从【例 C.1】可以看到，这是一个赋值操作，等号右端是一个表达式，在 MATLAB 软件中变量 x 未进行变量声明（Variable Declaration）就可以直接使用。所有这些都使得 MATLAB 软件易学易用，使用者可专心致力于程序的编写，而不必被软件的细节问题所干扰。现在的问题是，MATLAB 软件中的变量如何命名，支持的数据类型有哪些，运算符支持哪些，等等，下面将一一解答。

1．常量

在讨论变量前，首先看一下 MATLAB 软件中的常量。MATLAB 软件中有一类数据，系统内部已赋予了一定值，这类具有固定数据值的变量为常量。表 C.1 列出了 MATLAB 软件中的主要常量。

表 C.1　MATLAB 软件中的主要常量

常　量	含　义	常　量	含　义
pi	圆周率	NaN	表示不定值
eps	浮点运算的精度	realmax	最大的浮点数
inf	正无穷大	realmin	最小的浮点数

2．变量

1）变量命名

虽然 MATLAB 软件中的变量在使用前不需要声明指定数据类型，但仍需要遵守如下规定。

- 变量名必须以字母开头，和后续的字母、数字或下画线混合组成变量名。
- MATLAB 软件对于大小写是敏感的，变量名需区分大小写。
- 变量名的长度是任意的，但是 MATLAB 软件只能识别前 63 个字符。
- 变量名尽量不要与已有的函数名、常量名相同。
- 变量名不可以使用 MATLAB 软件中的关键词，如 break、case、catch、classdef、continue、else、elseif、end、for、function、global、if、otherwise、parfor、persistent、return、spmd、

switch、try、while 等。

【例 C.2】试判断下面这些变量哪些不符合变量的命名规则，并在命令窗口中通过给变量逐一赋值为 100 的方式，验证你的判断。

g56g　signal_noise　signal-noise　56gg　name@　_a2

2）全局变量和局部变量

在 MATLAB 软件中变量可分为局部变量与全局变量，其作用域不同。默认状况下的变量都是局部变量，只在当前的工作空间或者函数体中有效。如果一些变量需要在不同的函数体中同时使用，需要定义为全局变量。其定义格式为

global　变量名

global　变量名 1　变量名 2……

在使用全局变量时应注意，任意一处对于全局变量的改变都会导致其永久地改变。

3．常用符号

MATLAB 软件中的常用符号包括数学运算符、逻辑运算符和关系运算符，如表 C.2 所示。这些符号的具体使用方法在此不进行一一介绍，后续的例子会演示具体用法。

表 C.2　MATLAB 软件中的常用符号

<table>
<tr><th></th><th>运算符</th><th>含义</th><th></th><th>运算符</th><th>含义</th></tr>
<tr><td rowspan="11">数学运算符</td><td>+</td><td>加法</td><td rowspan="5">逻辑运算符</td><td>&</td><td>与</td></tr>
<tr><td>-</td><td>减法</td><td>|</td><td>或</td></tr>
<tr><td>*</td><td>乘法</td><td>~</td><td>非</td></tr>
<tr><td>.*</td><td>点乘</td><td>&&</td><td>逻辑与</td></tr>
<tr><td>/</td><td>左除</td><td>||</td><td>逻辑或</td></tr>
<tr><td>./</td><td>点左除</td><td rowspan="6">关系运算符</td><td>></td><td>大于符号</td></tr>
<tr><td>\</td><td>右除</td><td><</td><td>小于符号</td></tr>
<tr><td>.\</td><td>点右除</td><td>==</td><td>等于符号</td></tr>
<tr><td>^</td><td>幂次</td><td><=</td><td>小于等于符号</td></tr>
<tr><td>.^</td><td>点幂次</td><td>>=</td><td>大于等于符号</td></tr>
<tr><td>‘</td><td>转置</td><td>~=</td><td>不等于符号</td></tr>
</table>

表 C.3 所示为 MATLAB 软件中的标点符号及其功能。

表 C.3　MATLAB 软件中的标点符号及其功能

标点符号	功能	标点符号	功能
分号(;)	行数据的分隔；数据计算结果在命令窗口不显示	等于号(=)	赋值
逗号(,)	列数据的分隔；函数多个参数的分割	百分号(%)	注释
冒号(:)	数据的等间隔分割，生成等差数列	圆括号(())	数据的索引
句号(.)	结构体成员的访问，数据的小数点	方括号([])	创建矩阵
引号(‘’)	字符串的定义	大括号({})	创建元胞数组

二、MATLAB 数据类型

MATLAB 软件中的数据类型包括数值型、字符型、元胞数组或单元型、结构体型、逻辑

型、函数句柄型、Java 类型和用户类共 8 种，其中数值型又可以细分为 8 种。每种数据类型都是以矩阵或数组的形式出现的，矩阵或数组的维数最小为 0×0，没有上限。下面仅对前面的 5 种数据类型进行简要介绍。

1．常用基础数据类型

1）数值型

MATLAB 软件中的数值型包括有符号和无符号的整型、单精度和双精度浮点型。

（1）整型。

MATLAB 软件中的整型数据有 4 种有符号型和 4 种无符号型。对于整型数据，MATLAB 软件支持 1 字节、2 字节、4 字节和 8 字节的存储，分别对应 8 位、16 位、32 位、64 位整数类型。在数值范围允许的情况下，用位数较少的数据类型能节约程序的运行时间和存储空间。MATLAB 软件的整型数据如表 C.4 所示。

表 C.4　MATLAB 软件的整型数据

整型数据类型	数 值 范 围	生 成 函 数
有符号 8 位数据	$-2^{7}\sim 2^{7}-1$	int8(x)
有符号 16 位数据	$-2^{15}\sim 2^{15}-1$	int16(x)
有符号 32 位数据	$-2^{31}\sim 2^{31}-1$	int32(x)
有符号 64 位数据	$-2^{63}\sim 2^{63}-1$	int64(x)
无符号 8 位数据	$0\sim 2^{8}-1$	uint8(x)
无符号 16 位数据	$0\sim 2^{16}-1$	uint16(x)
无符号 32 位数据	$0\sim 2^{32}-1$	uint32(x)
无符号 64 位型数据	$0\sim 2^{64}-1$	uint64(x)

【例 C.3】在命令窗口中按所给格式逐条执行如下赋值语句，并通过返回结果体会数据类型定义和转换的含义。

```
>>x1=int8(11)
>>x2=int8(3/5)
>>x3=int8(130)
>>x4=uint8(130)
>>x5=uint64(-1)
```

可以看出，整型数据生成函数不仅限定数值的范围，而且也会将小数按照规则转换为对应的整数，即表 C.4 所示的生成函数，也是数据类型转换函数。可以通过函数 whos 查看各变量占用存储空间的大小。

（2）浮点型。

在 MATLAB 软件中，浮点型变量包括单精度和双精度两种，存储分别需要 32 位和 64 位。在默认状态下，MATLAB 软件中输入的数据均为双精度浮点型。函数 double（single）既是数据类型定义函数，又是数据类型转换函数。

【例 C.4】在命令窗口中按所给格式执行如下赋值语句，并注意观察返回结果。

```
>>x1=single(32)
>>x2=double(3/5)
```

与【例 C.3】中的 x2 对比，会有什么发现？

（3）复数。

复数由实部和虚部两部分组成。基本的虚数单位是−1 的平方根，在 MATLAB 软件中用 i 或 j 来表示。例如 x=2+3.14i，就是把实部为 2、虚部为 3.14 的复数赋值给变量 x。

2）字符型

MATLAB 软件中的字符串是指由字符组成的数组，字符在内部是以对应的数值形式存储的。指定字符型数据，要把字符用单引号括起来。

（1）字符串的创建。

字符串的创建可以通过直接赋值、已有字符串的连接、其他数据类型的转换三种方式实现，下面通过一维和二维字符串创建来具体说明。

① 一维字符串创建。

A．直接赋值。

【例 C.5】 在命令窗口中的命令提示符“>>”后输入语句：str='test'，观察返回结果。

按回车键后将返回执行结果 str =test。

调用 whos 命令，返回结果包括 str 的类型、字符数、所占的存储空间等信息：

```
Name    Size    Bytes   Class   Attributes
str     1x4         8   char
```

B．连接法。

通过 strcat 函数或“[]”命令，可以将字符或字符串串连起来形成新的字符串。

【例 C.6】 分别用如下两种方法实现较长字符串的生成，注意观察两者在实现方法和效果上的区别。

```
>>str='test ';
>>str1=strcat(str,'num')
>>str2=[str,'num']
```

两个返回结果分别为 str1 =testnum、str2 =test num。

从本例中可以看出，使用 strcat 函数连接字符串时会自动删除字符串后的空格。

② 二维字符串创建。

A．直接赋值。

要求每行字符串的长度相同，若每行字符串的长度不同，可在字符串后加空格（空格在 MATLAB 软件中也算是字符）补齐长度。

【例 C.7】 在命令窗口中按所给格式执行如下两条语句，并注意观察返回结果。

```
>>str1=['test';'ab']
>>str2=['test';'ab  ']
```

注意第二条语句中“ab”后是 2 个空格。

B．连接法。

可通过函数 char 和 strvcat 连接已有的字符串。在使用这两个函数时可以不考虑字符串的长度问题，函数会根据每行字符串的长度自动添加空格补齐。

【例 C.8】 在命令窗口中按所给格式执行如下两条语句，并注意观察返回结果。

```
>>str=strvcat('test','aa')
```

```
>>str=char('test','aa')
```

（2）字符串常用操作。

字符串类型的数据在编程中会经常使用。MATLAB 软件针对字符串提供了丰富的字符串操作函数，字符串常用操作函数如表 C.5 所示。

表 C.5　字符串常用操作函数

函 数 名	函数调用格式	功　能
ischar	ischar(s)	判断变量 s 是否为字符串数据类型，为真返回 1，为假返回 0
isletter	isletter(s)	判断变量 s 中的每个元素是否为字符，为真返回 1，为假返回 0
isspace	isspace(s)	判断变量 s 中的每个元素是否为空格，为真返回 1，为假返回 0
strfind	k=strfind(str,s)	在字符串 str 中查找字符串 s，如果存在则返回在字符串 str 中出现的下表，否则返回空阵
findstr	k=findstr(str,s)	与函数 strfind 相比较，函数查找与被查找的元素和其在函数中的顺序无关
strrep	str=strrep(str,s,s1)	在字符串 str 中查找 s 并将其替换成 s1
strmatch	i=strmatch(s,s1) i=strmatch(s,s1,'excat')	在字符串 s 中匹配查找与字符串 s1 起始一致的字符行，返回行号。在函数后加上'excat'代表需要查找与字符串 s1 完全一致的字符行
strcmp	k=strcmp(s,s1) k=strcmp(s,s1,n)	比较字符串 s 和 s1 是否相同，相同返回 1，否则返回 0；在函数后加上 n，代表比较两个字符串前 n 个字符是否相同，相同返回 1，否则返回 0
strcmpi	k=strcmpi(s,s1)	含义同函数 strcmp，但不区分字符串的大小写
lower	str=lower(s)	将字符串 s 中的大写字母全部转换为小写字母
upper	str=upper(s)	将字符串 s 中的小写字母全部转换为大写字母
strtok	str=strtok(s)	查找字符串第一个空格前的字符，返回到字符串 str 中
deblank	str=deblank(s)	去除字符串 s 末尾的空格，返回去除空格的字符串 str
strtrim	str=strtrim(s)	删除字符串 s 的前导和尾随空格，返回去除空格的字符串 str
blanks	blanks(n)	生成 n 个空格的字符串
eval	eval(expression)	用于在命令行执行 expression 中的字符串表达式

3）元胞数组（单元型）

元胞数组提供了一种用于种类各异数据的存储机制。元胞数组中可以包含类型各异、存储空间占用大小不同的元胞数，比如可以将一个 1×50 的字符数组构成的元胞、一个 7×13 的双精度数组构成的元胞、一个 1×1 的 unint32 数构成的元胞，存储在同一个元胞数组中。通过使用元胞数组，可以在同一变量中存储不同数据类型的数据，给代码的编写带来很大便利。

（1）元胞数组的创建。

① 赋值法。

通过给单个元胞进行数据赋值的方式，可以创建元胞数组。给元胞进行数据赋值有两种方式：一种是元胞索引赋值；另一种是内容索引赋值。前者是将元胞下标用“()”括起来，内容用“{}”括起来；后者是将元胞下标用“{}”括起来，内容进行 MATLAB 标准赋值。

【例 C.9】在命令窗口中按所给格式执行如下语句，并参照返回结果体会元胞数组的创建方法。

```
>>A1(1,1)={[1 4 3;0 5 8;7 2 9]};
>>A1(1,2)={ 'Anne Smith'};
>>A1(2,1)={3+7i};
>>A1(2,2)={-pi:pi/10:pi}
>>A2{1,1}=[1 4 3;0 5 8;7 2 9];
>>A2{1,2}= 'Anne Smith';
>>A2{2,1}=3+7i;
>>A2{2,2}=-pi:pi/10:pi
```

② 函数法。

使用函数 cell()可以预分配指定大小的空元胞数组，之后再进行具体赋值。

x=cell(m,n)：生成 m×n 的元胞数组，m 为行数，n 为列数。

（2）元胞数组的访问。

访问元胞数组有两种方式：一种是用内容索引的方式访问元胞内容；另一种是用元胞索引的方式访问元胞子集。

【例 C.10】在完成【例 C.9】的基础上，逐条执行如下语句，并注意观察返回结果。

```
>>x=A2{1,1}
>>x=x+1
>>x=A2{1,1}(2,2)
>>B=A2(:,1)
```

（3）元胞数组的删除。

元胞数组的删除包括对其中元胞的删除，以及对部分元胞数值的删除。

【例 C.11】在完成【例 C.9】的基础上，逐条执行如下语句，并注意观察返回结果。

```
>>B=[A2(:,1);A2(2,2)]
>>B{2,1}=[]
>>B{1,1}(2,:)=[]
```

4）结构体型

结构体型是带有域的矢量或数组，域是存储数据的地方，不同的域可以存储不同类型的数据。结构体型数据通过域操作，实现对结构体中的不同数据进行赋值、操作。

（1）结构体的创建。

① 直接赋值。

通过命令对结构体中不同的域进行赋值，结构体与域之间用点号“.”连接。这种方法每次只能完成对一个域的操作。

【例 C.12】在命令窗口中按所给格式逐条执行如下语句，并注意观察返回结果。

```
>>Stu.name='海青';
>>Stu.num=1
>>Stu.grade=[89 91 62]
>>Stu(2).name='青海';
>>Stu.num=2
>>Stu(2).grade=[98 99 91]
```

② 函数法。

用函数 struct 可以预先分配一个结构阵列，其基本形式为

s=struct('fied1',values1,'field2',values2,⋯)

输入参数为域名和对应的值。参数表内所有域的值要么同为单个数值，要么同为元胞数组。

【例 C.13】在命令窗口中按所给格式执行如下语句，并注意观察返回结果。

```
>>Stu=struct('name',{ '海青','海青'},'num',{1,2},'grade',{[89 91 62],[98 99 91]})
```

（2）结构体型的常用操作。

① 结构体型中元素的访问。

【例C.14】在命令窗口中按所给格式执行如下语句，实现对【例C.12】中结构体型Stu中不同域元素的访问。

```
>>Stu(1)
>>Stu(:,1)
>>Stu.name
```

② 结构体型数据域的增加。

给结构体型数组中一个结构体型数据增添域，就可以实现结构体型数组中每个结构体型数据的域添加。例如，执行赋值语句Stu(2).weight=63，就使每个结构体型数据都增加了体重这个域。

③ 结构体型域的删除。

使用函数rmfield可以删除结构体型数组中每个结构体型数据的同一个域，基本形式为

```
s=rmfield(ss,{'field1','field2',...})
```

关于结构体型的更多知识，请参考Help文件中Data Types内标题为Structures的相关文件。

5）逻辑型

MATLAB软件中的逻辑型数据，仅仅包括两个值“0”和“1”，分别代表逻辑“假”和“真”。某些MATLAB函数和运算符返回逻辑真与假，以表示某一条件是否满足。逻辑型主要用于关系和逻辑运算。在使用过程中通过查找、条件语句的逻辑判断，可以判断条件是否为真。例如(5*10)>40，返回的结果就是1。

2．数据类型间的转换

数据类型间的转换主要包括数值类型之间的转换、数值与字符（字符串）之间的相互类型转换和其他类型转换三大类，而其他类型转换通常是指转换的目标数据类型是结构体型、元胞数组或函数句柄等类型。

数值类型之间的相互转换通常通过调用函数完成，基本格式为

```
x1=class(x2)
```

x1为类型转换后的数据，x2为原始类型数据，class为转换的目标类型。表C.6所示为不同数据类型间转换的常用函数。

表C.6 不同数据类型间转换的常用函数

类别	命令	调用格式	功能
数值型与字符串型相互转换	num2str str2num	str=num2str(a) x=str2num('str')	实现字符串与数值型之间的相互转换
	int2str str2int	str=int2str(a) x=str2int('str')	实现字符串与整型之间的相互转换
	mat2str str2mat	str=mat2str(a) x=str2mat('str')	实现字符串与矩阵类型之间的相互转换
	abs char	abs('str') char(x)	实现ASCII码和字符之间的相互转换

续表

类　别	命　令	调用格式	功　能
不同进制间数据相互转换	dec2hex hex2dec	x=dec2hex(y) x=hex2dec(x)	实现十进制与十六进制之间的相互转换
	dec2bin bin2dec	x=dec2bin(y) x=bin2dec(x)	实现十进制与二进制之间的相互转换
	dec2base base2dec	x=dec2base(y,base) x=base2dec('y',base)	实现十进制与任意进制之间的相互转换
元胞与矩阵的相互转换	cell2mat mat2cell	m = cell2mat(c) c=mat2cell(x, m, n)	实现元胞与矩阵之间的相互转换
结构体型与元胞数组相互转换	cell2struct struct2cell	s=cell2struct(c,fields,dim) c = struct2cell(s)	实现元胞数组与结构体型之间的相互转换

附录D　矩阵基础

MATLAB 软件是一个基于矩阵的计算环境。不管用什么数据类型（数值型、字符型、逻辑型，甚至更为复杂的结构体型、元胞），输入 MATLAB 软件的所有数据都是以矩阵或多维数组的形式存储的，即使是一个简单的数值，如 100，也要存成一个 1×1 的矩阵。MATLAB 软件在处理大量数据时的高效性也主要依赖于其基于矩阵的运算机制，因此矩阵运算在 MATLAB 软件中是十分重要的。

一、矩阵的创建

创建矩阵常用直接赋值法、函数调用法和导入法三种，下面将分别举例说明。

1．直接赋值法

直接赋值即在中括号“[ ]”内依次输入数据，便完成矩阵创建。在 MATLAB 软件中，矩阵用中括号“[ ]”将数据括起来。矩阵中同一行、不同列的数据使用空格或者逗号分隔，矩阵中不同行的数据使用分号分隔。矩阵要求每一行的列数相同，每一列的行数相同。

【例 D.1】 在命令窗口中按所给格式逐条执行如下语句，参照返回结果比较两种创建方法的异同。

```
>>a1=[1,2,3;4,5,6;7,8,9]
>>a2=[1 2 3;4 5 6;7 8 9]
```

2．函数调用法

MATLAB 软件提供了部分矩阵生成函数，直接调用相应函数能快速生成一些有规律的特殊矩阵。常用的矩阵生成函数如表 D.1 所示，这里不进行详细讨论。

表 D.1　常用的矩阵生成函数

函　数	调用格式	功　能
zeros	zeros(m,n)	生成 m×n 大小的全零矩阵
ones	ones(m,n)	生成 m×n 大小的全 1 矩阵
eye	eye(m,n)	生成 m×n 大小的单位矩阵
rand	rand(m,n)	生成 m×n 大小的随机矩阵
randn	randn(m,n)	生成 m×n 大小的满足正态分布的随机矩阵
randperm	randperm(m,n)	生成 m×n 大小的满足 1：n 随机分布的随机矩阵
company	company(u)	生成多项式 u 的伴随矩阵
magic	magic(n)	生成 n×n 大小的幻方阵，只能生成方阵
diag	diag(x)	生成主对角线数据为矢量 x，其余元素为 0 的方阵
triu	triu(x)	生成矩阵 x 的上三角阵
tril	tril(x)	生成矩阵 x 的下三角阵

3．导入法

导入法主要针对以文件形式存储的数据创建矩阵，通过数据平台或者文件输入函数，把TXT、Excel、MAT 等文件格式中的数据导入 MATLAB 工作空间，并以矩阵的形式进行存储。常用的命令有 load、dlmread、xlsread、wavread、imread 等，相关函数的使用请参考相关 Help 文件。

二、矩阵元素的操作

矩阵元素的操作主要是通过元素的索引（矩阵中的每一个元素在矩阵中对应了一个二维的行号及列号或一维的标号）进行的。对于多维矩阵，在 MATLAB 软件内部不是以它们在命令窗口中显示的形式存储的，而是存储成单列的形式。

1．单个元素的操作

对单个元素的操作，可以通过它的索引号对其进行操作，格式为 a(m,n)，m 为元素在矩阵 a 中的行号，n 为所在列号。

【例 D.2】 在命令窗口中按所给格式逐条执行如下语句，并注意观察不同索引方式下返回结果的异同，体会矩阵在 MATLAB 软件内部以单列形式存储的含义。

```
>>a=[1 2 3;4 5 6;7 8 9]
>>a(1,2)
>>a(4)
>>a(1,2)=0
```

2．多个元素的操作

1）多个元素的索引

对多个元素的操作也是通过其索引号来进行的，格式为 a([i1,i2,…],[j1,j2,…])，其中[i1,i2,…]为矩阵 a 中的行号，[j1,j2,…]为矩阵 a 中的列号。

【例 D.3】 在完成【例 D.2】的基础上继续执行如下语句，注意体会标号的对应关系。

```
>>a([1,2],[2,3])
```

返回结果为

```
ans =
      2    3
      5    6
```

在对矩阵行、列的操作中，符号冒号有着很重要的作用，单个冒号可以代表所有的行或者列。

【例 D.4】 在完成【例 D.2】的基础上继续执行如下语句，体会冒号的作用。

```
>>a(1:2,2:3)
>> a(:,1)
>> a(1,:)
```

在对矩阵行、列的操作中，end 作为索引号时代表矩阵中的最后一行、最后一列、最后一个元素，可以通过与冒号的结合使用，实现对矩阵行、列的操作。

【例 D.5】在完成【例 D.2】的基础上继续执行如下语句，体会 end 在矩阵标号中的含义。

```
>> a(1:end,1)
>> a(1,1:end)
>>1:2:3
>> a(1,1:2:end)
```

矩阵还有其他的索引方式，详细内容见 Help 文件中名为 Matrix Indexing 的文件。

2）矩阵延拓

有时生成行或列都相同的矩阵是有用的，可以用 repmat 函数来实现。其调用格式为 repmat(a,[i,j])或者 repmat(a,i,j)。

【例 D.6】在命令窗口中按所给格式执行如下语句，并通过观察返回结果和 Help 相关文件学习 repmat 函数的用法。

```
>> a=[1 2 3]
```

返回结果为

```
a =
     1     2     3
>> repmat(a,[3,2])
```

返回结果为

```
ans =
     1     2     3     1     2     3
     1     2     3     1     2     3
     1     2     3     1     2     3
>> repmat(a,3,2)
```

返回结果为

```
ans =
     1     2     3     1     2     3
     1     2     3     1     2     3
     1     2     3     1     2     3
```

3）矩阵按行或列进行添加和删除

删除矩阵的整行或整列，只需要使用冒号选中某行或某列元素，将其赋值为空矩阵就可以实现，但不能删除单个元素。可以直接利用对具体行、列的赋值来增加矩阵的行、列。

【例 D.7】在命令窗口中按所给格式逐条执行如下语句，并通过观察返回结果学习矩阵行、列的删除方法。

```
>> a=[1 2 3;4 5 6;7 8 9]
```

返回结果为

```
a =
     1     2     3
     4     5     6
     7     8     9
```

```
>> a(:,1)=[]
```

返回结果为

```
a =
        2     3
        5     6
        8     9
>> a(1,:)=[]
```

返回结果为

```
a =
        5     6
        8     9
```

【例 D.8】在命令窗口中按所给格式逐条执行如下语句，并通过观察返回结果学习矩阵行、列的增添方法。

```
>> a=[1 2 3;4 5 6;7 8 9]
```

返回结果为

```
a =
        1     2     3
        4     5     6
        7     8     9
>> a(4,1)=1
```

返回结果为

```
a =
        1     2     3
        4     5     6
        7     8     9
        1     0     0
>> a(1,4)=1
```

返回结果为

```
a =
        1     2     3     1
        4     5     6     0
        7     8     9     0
        1     0     0     0
```

4）矩阵的连接

矩阵的连接包括水平方向的左右连接和垂直方向的上下连接，水平连接的矩阵需要具有相同的行数，垂直连接的矩阵需要具有相同的列数，其调用格式如下所述。

- [a;b]用于垂直方向连接具有相同列数的矩阵 a、b。
- [a b]或者[a,b]用于水平方向连接具有相同行数的矩阵 a、b。
- cat(dim,a,b)在指定维数上连接矩阵 a、b，dim 为 1 时表示垂直方向，dim 为 2 时表示水平方向。
- horzcat(a,b)同[a;b]。

- vertcat(a,b)同[a b]。

表 D.2 所示为矩阵的其他操作。

表 D.2 矩阵的其他操作

函 数	调 用 格 式	功 能
disp	disp(a)	用于显示矩阵 a
isempty	isempty(a)	判断矩阵 a 是否为空，若为空返回 1，否则为 0
isequal	isequal(a,b)	判断矩阵 a、b 的数值是否相等，相等返回 1，否则返回 0
isfloat	isfloat(a)	判断矩阵 a 的数据类型是否为浮点型，为真返回 1，否则返回 0
isinteger	isinteger(a)	判断矩阵 a 的数据类型是否为整数型，为真返回 1，否则返回 0
size	size(a)	获取矩阵 a 的行数和列数
length	length(a)	获取矩阵 a 的长度，取行数、列数中的较大值
numel	numel(a)	获取矩阵 a 的元素个数总和
ndims	ndims(a)	获取矩阵 a 的维数
fliplr	fliplr(a)	用于矩阵 a 的左右翻转，不适用于二维以上矩阵
flipud	flipud(a)	用于矩阵 a 的上下翻转，不适用于二维以上矩阵
rot90	rot90(a)	用于矩阵 a 逆时针 90°翻转
transpose	transpose(a)	对矩阵 a 进行转置

三、矩阵的运算

1．矩阵的算术运算

MATLAB 软件支持的矩阵运算包括加、减、乘、除、乘方、转置、关系运算，以及线性代数中涉及的矩阵特征值求解、三角化等内容，下面将分别进行介绍。

在介绍上述运算之前，需要说明一点，MATLAB 软件中有两类不同的算术运算，矩阵算术运算和矢量算术运算。矩阵算术运算是按照线性代数学科中的规则定义的。矢量算术运算是逐个元素实现的，因此能用于多维矢量的运算。句点“.”用于区分两种运算。由于对于加、减运算而言，矩阵运算和矢量运算相同，因此没有“.+”和“.-”。

1）加、减运算

矩阵的加、减运算一般要求参与加、减运算的矩阵具有相同的维数，即行数相同且列数相同。设 $\boldsymbol{A}$ 和 $\boldsymbol{B}$ 为维数相同的两个矩阵，两矩阵的加、减运算分别表示为

$$\boldsymbol{C}=\boldsymbol{A}+\boldsymbol{B}$$
$$\boldsymbol{C}=\boldsymbol{A}-\boldsymbol{B}$$

若 $\boldsymbol{A}$、$\boldsymbol{B}$ 中有一个为标量，不妨设 $\boldsymbol{B}$ 表示的为标量，此时 $\boldsymbol{A}$ 与 $\boldsymbol{B}$ 的加、减相当于对矩阵 $\boldsymbol{A}$ 中的每个元素都加或减 $\boldsymbol{B}$。

【例 D.9】在命令窗口中按格式逐条执行如下语句，并通过观察返回结果学习矩阵的加、减运算。

```
>> a=[1 2 3;4 5 6];
>> b=[4 5 6;1 2 3];
>> c=a+b
```

返回结果为

```
c =
      5     7     9
      5     7     9

>> a=[1 2 3;4 5 6];
>> b=[4 5 6;1 2 3];
>> c=a-b
```

返回结果为

```
c =
     -3    -3    -3
      3     3     3

>> a=[1 2 3;4 5 6];
>> b=[4 5 6;1 2 3];
>> c=a-1
```

返回结果为

```
c =
      0     1     2
      3     4     5
```

2）乘、除运算

在 MATLAB 软件中，矩阵或矢量的乘、除运算表示如下。

（1）乘法运算。

```
C=A*B
C=A.*B
```

（2）除法运算。

```
C=A\B
C=A/B
C=A.\B
C=A./B
```

矩阵乘法用*表示，求两矩阵的线性代数积，要求 A 矩阵的列数必须等于 B 矩阵的行数；矢量乘法用.*表示，求两矩阵中每个对应元素的乘积，要求 A 矩阵与 B 矩阵的维数必须相同，除非其中一个为标量。矩阵和矢量的除法与对应的乘法在维数上有相同的要求。

【例 D.10】在命令窗口中按所给格式逐条执行如下语句（严格按照格式输入，忽略返回的错误信息），并通过观察返回结果学习乘法在矩阵运算和矢量运算上的区别。

```
>> a=[1 2 3;4 5 6];
>> b=[1 2;3 4;5 6];
>> c=a*b
```

返回结果为

```
c =
```

```
      22    28
      49    64

>> a=[1 2 3;4 5 6];
>> b=[1 2;3 4;5 6];
>> d=a*a
```

返回信息提示为

```
??? Error using ==> mtimes
Inner matrix dimensions must agree.

>> a=[1 2 3;4 5 6];
>> b=[1 2;3 4;5 6];
>> e=a.*a
```

返回结果为

```
e =
       1     4     9
      16    25    36
```

符合 MATLAB 软件输入要求的直接给出了执行结果，不符合的给出了错误提示。提示的内容为错误使用了矩阵乘法，内部矩阵维度必须一致。

3）乘方运算

在乘方运算中，矩阵的乘方与矢量的乘方所代表的含义不相同，其具体用法如下所述。

C=A^B，其中 A 需为方阵，B 为标量，代表 B 个 A 相乘。

C=A.^B，若 A、B 均为数组时，要求 A、B 具有相同维数，代表对应索引号的乘方运算；若 B 为标量，代表对 A 中的每一个元素做 B 阶乘方运算。

【例 D.11】 在命令窗口中按所给格式逐条执行如下语句，并通过观察返回结果学习矩阵的乘方运算。

```
>> a=[1 2;3 4];
>> c=a^2
```

返回结果为

```
c =
       7    10
      15    22

>> a=[1 2;3 4];
>> a=[1 2;3 4];
>> c=a.^2
```

返回结果为

```
c =
      1     4
      9    16
```

4）转置运算

矩阵的转置运算，即将元素(m,n)变换为(n,m)上的元素，变换方法也存在按矩阵运算和按矢量运算的区别，两种不同的转置方法如下：

```
C=A'
C=A.'
```

【例 D.12】在命令窗口中按所给格式逐条执行如下语句，并通过观察返回结果学习矩阵两种转置运算的区别。

```
>> a=reshape(1:4,2,2)
```

返回结果为

```
a =
     1     3
     2     4
```

```
>> b=reshape(5:8,2,2)
```

返回结果为

```
b =
     5     7
     6     8
```

```
>> c=a+i*b
```

返回结果为

```
c =
   1.0000 + 5.0000i   3.0000 + 7.0000i
   2.0000 + 6.0000i   4.0000 + 8.0000i
```

```
>> c'
```

返回结果为

```
ans =
   1.0000 - 5.0000i   2.0000 - 6.0000i
   3.0000 - 7.0000i   4.0000 - 8.0000i
```

```
>> c.'
```

返回结果为

```
ans =
   1.0000 + 5.0000i   2.0000 + 6.0000i
   3.0000 + 7.0000i   4.0000 + 8.0000i
```

5）矩阵的特殊运算

行列式运算：det(x)，要求矩阵 x 为方阵。

秩运算：rank(x)。

逆运算：inv(x)，要求矩阵 x 存在逆阵。

特征值运算：e=eig(x)。

2．矩阵的关系运算、逻辑运算

MATLAB 软件中的关系运算及逻辑运算，主要用于判断矩阵大小、逻辑关系。若二者皆为矩阵，则表示对应位置上的运算，这就要求矩阵具有相同维数；若有一者为标量，则表示该标量与矩阵中的每一个元素进行运算。矩阵间主要的关系运算和逻辑运算如表 D.3 所示。

表 D.3　矩阵间主要的关系运算和逻辑运算

<table>
<tr><th colspan="2">运算符</th><th>用法</th><th>功能</th></tr>
<tr><td rowspan="6">关系运算</td><td>></td><td>C=A>B
C=gt(A,B)</td><td>判断 A、B 中对应位置上数据的大小关系，1 代表成立，0 代表不成立，并将结果返回 C</td></tr>
<tr><td>>=</td><td>C=A>=B
C=ge(A,B)</td><td>判断 A、B 中对应位置上数据的大小关系，1 代表成立，0 代表不成立，并将结果返回 C</td></tr>
<tr><td><</td><td>C=A<B
C=lt(A,B)</td><td>判断 A、B 中对应位置上数据的大小关系，1 代表成立，0 代表不成立，并将结果返回 C</td></tr>
<tr><td><=</td><td>C=A<=B
C=le(A,B)</td><td>判断 A、B 中对应位置上数据的大小关系，1 代表成立，0 代表不成立，并将结果返回 C</td></tr>
<tr><td>==</td><td>C=A==B
C=eq(A,B)</td><td>判断 A、B 中对应位置上数据的大小关系，1 代表成立，0 代表不成立，并将结果返回 C</td></tr>
<tr><td>～=</td><td>C=A～=B
C=ne(A,B)</td><td>判断 A、B 中对应位置上数据的大小关系，1 代表成立，0 代表不成立，并将结果返回 C</td></tr>
<tr><td rowspan="6">逻辑运算</td><td>&</td><td>C=A&B</td><td>当矩阵 A、B 相应位置上的元素都为非零元素时，返回 1，否则返回 0</td></tr>
<tr><td>&&</td><td>C=A&&B</td><td>当矩阵 A、B 相应位置上的元素都为非零元素时，返回 1，否则返回 0。若 A 位置已发现为 0，则不去判断 B，直接返回结果 0</td></tr>
<tr><td>|</td><td>C=A|B</td><td>当矩阵 A、B 相应位置上的元素至少有一个非零元素时，返回 1，否则返回 0</td></tr>
<tr><td>||</td><td>C=A||B</td><td>当矩阵 A、B 相应位置上的元素至少有一个非零元素时，返回 1，否则返回 0。若 A 位置已发现为非零元素，则不去判断 B，直接返回结果 1</td></tr>
<tr><td>～</td><td>C=～A</td><td>当矩阵 A 相应位置上的元素都为非零元素时，返回 0，否则返回 1</td></tr>
<tr><td>xor</td><td>C=xor(A,B)</td><td>当矩阵 A、B 相应位置上的元素一个为非零元素，另一个为零元素时，返回 1，否则返回 0</td></tr>
</table>

附录 E 图形可视化

MATLAB 软件不但擅长矩阵相关的数值运算、符号运算，其图形可视化功能也非常突出，能实现从基本线图到面图和动画的绘图功能。这里将介绍 MATLAB 软件基本的绘图方法和图形修饰方法。

一、绘图函数总览

MATLAB 软件提供了丰富的绘图函数，有基本线图函数、数据分布图函数、离散数据图函数、极坐标图函数、等高线图函数、矢量场图函数、表面图函数、多边形图函数和动画图函数等。

基本线图函数包括能画线性线图、对数线图、误差样条图等的画图函数，如表 E.1 表示。

表 E.1 基本线图函数

类　型	函 数 名	功 能 描 述
线性线图函数	line	创建直线对象
	plot	画二维线图
	plotyy	画左右两侧均带 y 轴的二维线图
	plot3	画三维线图
对数线图函数	loglog	画横坐标轴、纵坐标轴都是对数比例的二维线图
	semilogx	画 x 轴为对数比例的二维线图
	semilogy	画 y 轴为对数比例的二维线图
误差样条图函数	errorbar	沿曲线画误差样条图
函数画图函数	ezplot	易用的函数画图函数
	ezplot3	易用的三维参数画图函数
	fplot	在指定范围内画函数图

数据分布图函数包括饼图函数、样条图函数、直方图函数，如表 E.2 所示。

表 E.2 数据分布图函数

类　型	函 数 名	功 能 描 述
样条图函数	bar	画垂直样条图
	bar3	画三维垂直样条图
	barh	画水平样条图
	bar3h	画三维水平样条图
直方图函数	hist	画直方图
	histc	直方图计数
	rose	画角度直方图
	pareto	画 Pareto 图

续表

类　　型	函　数　名	功 能 描 述
饼图函数	pie	画饼图
	pie3	画三维饼图
	area	画二维填充图

离散数据图函数能画离散线图、阶梯图和散点图，如表E.3所示。

表E.3　离散数据图函数

类　　型	函　数　名	功 能 描 述
离散线图函数	stem	画离散序列图
	stem3	画三维离散序列图
阶梯图函数	stairs	画台阶图
散点图函数	scatter	画散点图
	scatter3	画三维散点图
	spy	画稀疏图
	plotmatrix	画矩阵形散点图

极坐标图函数能实现极坐标图的画图功能，如表E.4所示。

表E.4　极坐标图函数

函　数　名	功 能 描 述	函　数　名	功 能 描 述
polar	画极坐标图	compass	画从原点开始的箭头图
rose	画角度直方图	ezpolar	易用的极坐标画图函数

等高线图函数能画二维和三维的等高线图，如表E.5所示。

表E.5　等高线图函数

函　数　名	功 能 描 述	函　数　名	功 能 描 述
contour	画等高线图	contourslice	画切片等高线图
contourf	画填充的二维等高线图	ezcontour	易用的等高线画图函数
contourc	等高线图计数	ezcontourf	易用的填充等高线画图函数
contour3	画三维等高线图		

矢量场图函数提供了画速度矢量图、流线图的绘图功能，如表E.6所示。

表E.6　矢量场图函数

函　数　名	功 能 描 述	函　数　名	功 能 描 述
feather	画速度矢量图	quiver3	画三维速度矢量图
quiver	画速度矢量图	streamslice	在片层上绘制流线图
compass	画从原点开始的箭头图	streamline	画二维或三维数据的流线图

MATlAB软件在*x*-*y*平面基础上引入*z*坐标，用直线连接这些相邻的点便得到了表面图，表面图函数和多边形图函数如表E.7所示。

表 E.7　表面图函数和多边形图函数

函　数　名	功 能 描 述	函　数　名	功 能 描 述
surf	画三维阴影外观图	peaks	画高斯分布图
surfc	画外观和等高线组合图	cylinder	画圆柱体图
surface	创建外观图对象	ellipsoid	画椭球体图
surfl	画带光照的三维阴影外观图	sphere	画球体图
surfnorm	计算并显示三维外观图法线	pcolor	画棋盘式图
mesh	画带参考平面的三维网格图	surf2patch	将外观数据转换为分块数据
meshc	画三维网格和等高线组合图	ezsurf	易用的三维带彩色外观画图函数
meshz	画带围帘的网格图	ezsurfc	易用的外观和等高线组合画图函数
waterfall	画瀑布图	ezmesh	易用的三维网格画图函数
ribbon	画色带图	ezmeshc	易用的网格和等高线组合画图函数
contour3	画三维等高线图	fill	填充二维多边形

MATLAB 软件还提供了能产生电影和动画效果的绘图函数，动画图函数如表 E.8 所示。

表 E.8　动画图函数

函　数　名	功 能 描 述	函　数　名	功 能 描 述
movie	播放电影帧	getframe	捕获电影帧
noanimate	将所有对象的 EraseMode 改为正常	im2frame	将图像转换为电影帧
drawnow	清除事件队列并更新图形窗口	comet	画二维轨迹图
refreshdata	刷新图形中的数据	comet3	画三维轨迹图
frame2im	将电影帧转换为索引图像		

表 E.1～表 E.8 基本上按类对 MATLAB 软件的绘图函数进行了汇总，目的是方便读者根据功能进行查询。下面仅演示少部分函数的调用方法和绘图效果，各函数的详细调用方法请查阅 Help 相关文件。

二、绘图函数应用举例

1．line 函数

line 函数用于绘制二维曲线图形，数据点之间用直线连接。

【例 E.1】在命令窗口中执行如下语句，并通过画图效果（图 E.1）和相关 Help 文件学习 line 函数的用法。

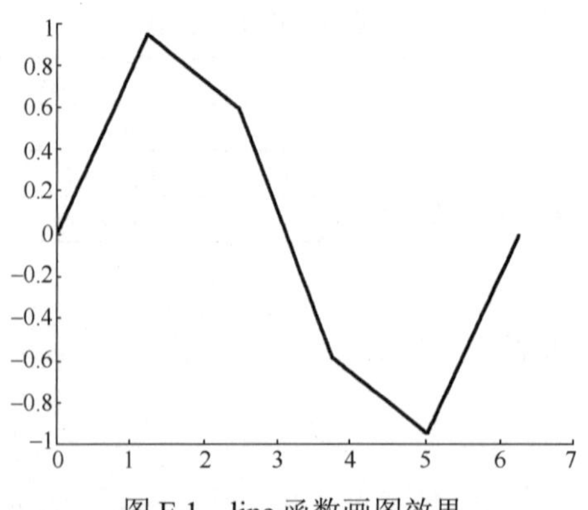

图 E.1　line 函数画图效果

```
x=0:0.4*pi:2*pi;
y=sin(x);
line(x,y)
```

2．plot 函数

plot 函数是绘制二维曲线图形主要的函数，与 line 函数不同的是该函数在绘制线图时数据点之间用平滑的曲线连接，且有多种调用格式，曲线的样式、颜色可灵活控制。表 E.9 列出了线条样式、数据点样式、颜色属性和对应的控制符。

表 E.9　线型控制符

线型控制符		点型控制符		颜色控制符	
线条样式	控制符	数据点样式	控制符	颜色属性	控制符
实线	-	点号	.	红色	R
点线	:	十字符	+	粉红	M
虚线	--	*号	*	绿色	G
点画线	-.	空心圆	O	青色	C
		正方形	S	蓝色	B
		五角星	P	白色	W
		菱形	D	黄色	Y
		六角星	H	黑色	K
		上三角	^		
		下三角	v		
		左三角	<		
		右三角	>		

表 E.10 所示为常用附加属性。

表 E.10　常用附加属性

属　性　名	描　　述	属　性　名	描　　述
LineWidth	设置线的宽度	MarkerEdgeColor	设置标记点的边缘颜色
MarkerSize	设置标记点的大小	MarkerFaceColor	设置标记点的填充颜色

【例 E.2】如代码和图 E.2 所示，演示了用 plot 函数绘制曲线并指定线型、线的粗细和颜色的方法与效果。

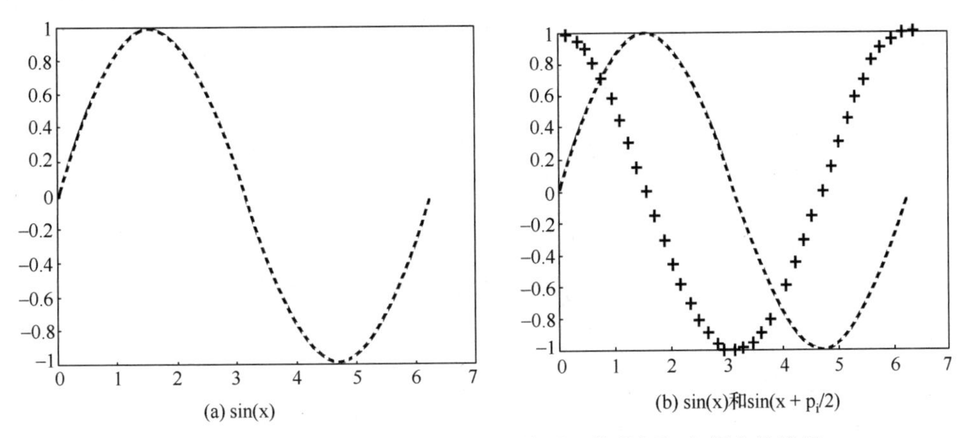

(a) sin(x)　　(b) sin(x)和sin(x + p_i/2)

图 E.2　用 plot 函数绘制曲线并指定线型、线的粗细和颜色的效果

```
x=0:pi/20:2*pi;
y1=sin(x);
figure(1)
plot(x,y1,'r-.','linewidth',5)
y2=sin(x+pi/2);
figure(2)
plot(x,y1,'r:',x,y2,'+')
```

3．stem 函数

stem 函数常用于绘制离散序列图，其常用格式与相应的 plot 函数的绘图规则相同，只是用 stem 命令绘制的是离散序列图。

【例 E.3】如代码和图 E.3 所示，演示了用 stem 函数绘制离散序列图并指定线型、颜色和线条粗细的方法与效果。

```
x=0:pi/20:2*pi;
y1=sin(x);
stem(x,y1,'.')
```

4．staris 函数

staris 函数特别适合显示离散数据的时间历史图，下面是一个简单的应用举例。

【例 E.4】如代码和图 E.4 所示，演示了用 stairs 函数绘制阶梯图的方法与效果。

```
x=linspace(0,10,50);
y=sin(x).*exp(-x/3);
stairs(x,y);
```

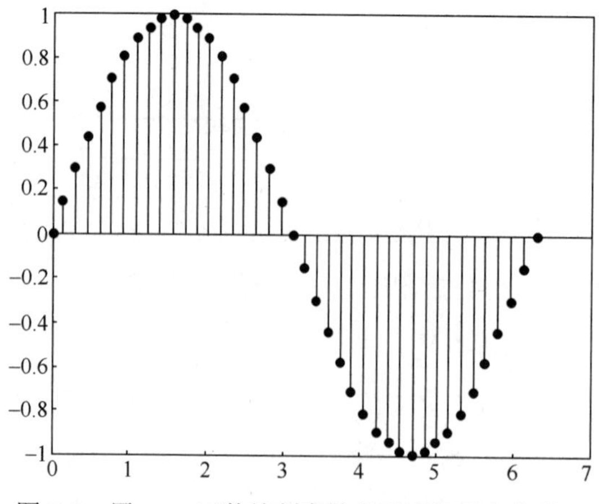

图 E.3 用 stem 函数绘制离散序列图并指定线型、颜色和线条粗细的效果

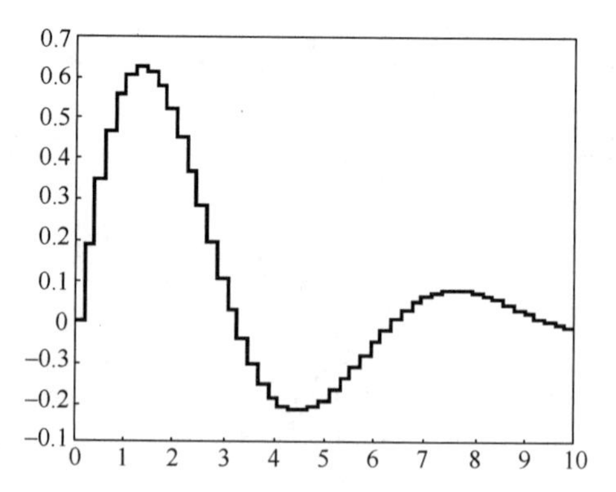

图 E.4 用 stairs 函数绘制阶梯图的效果

5．errorbar 函数

errorbar 函数绘制的图形常用来显示数据偏离曲线的程度或数据的置信度。

【例 E.5】如代码和图 E.5 所示，演示了用 errorbar 函数绘制数据误差量图的方法与效果。

```
x = linspace(0,2*pi,30);
y = sin(x);
e = std(y)*ones(size(x));
```

```
errorbar(x,y,e)
```

6．polar 函数

polar 函数用于绘制极坐标图形。

【例 E.6】如代码和图 E.6 所示，演示了用 polar 函数绘制极坐标图形的方法与效果。

```
theta=linspace(0, 2*pi);
r=cos(4*theta);
polar(theta, r);
```

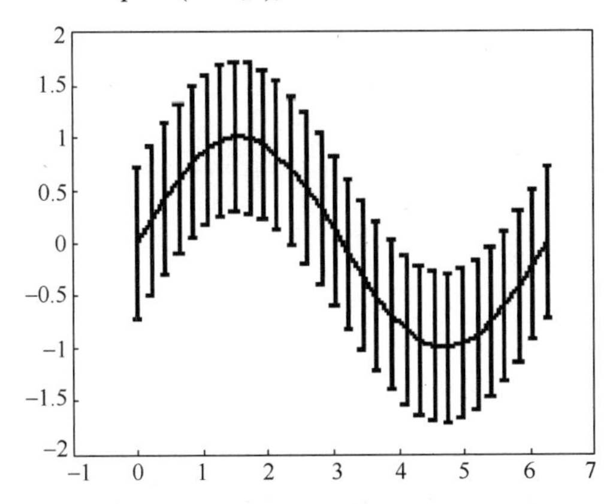

图 E.5　用 errorbar 函数绘制数据误差量图的效果

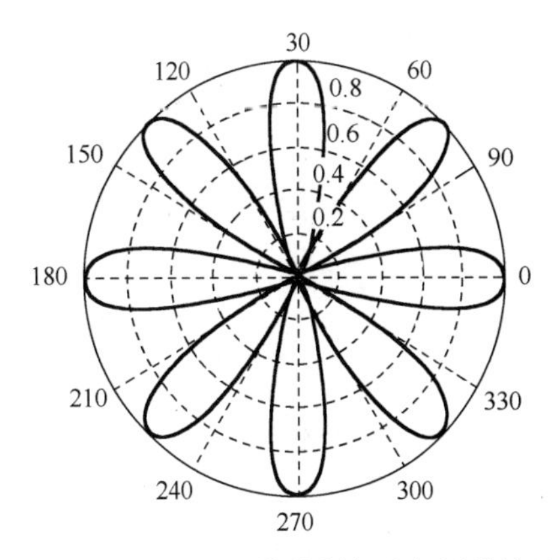

图 E.6　用 polar 函数绘制极坐标图的效果

7．fill 函数

fill 函数常用于绘制填充颜色的多边形。

【例 E.7】如代码和图 E.7 所示，演示了用 fill 函数绘制实心图的方法与效果。

```
x=linspace(0,10,50);
y=sin(x).*exp(-x/3);
fill(x,y,'b'); % 'b'为蓝色
```

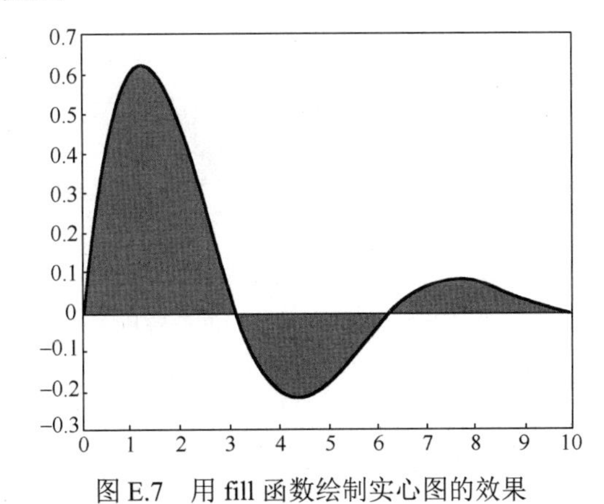

图 E.7　用 fill 函数绘制实心图的效果

8．fplot 函数

fplot 函数用于在指定范围内绘制函数的图形，由于采用了自适应的步进控制，因此在数据量较少时，用该方法绘制出的图形效果要优于其他方法。

【例 E.8】如代码和图 E.8 所示，演示了用 fplot 函数在限定范围内绘制函数图的方法与效果。

```
fplot('sin(1/x)', [0.02 0.2]); % [0.02 0.2]是绘图范围
```

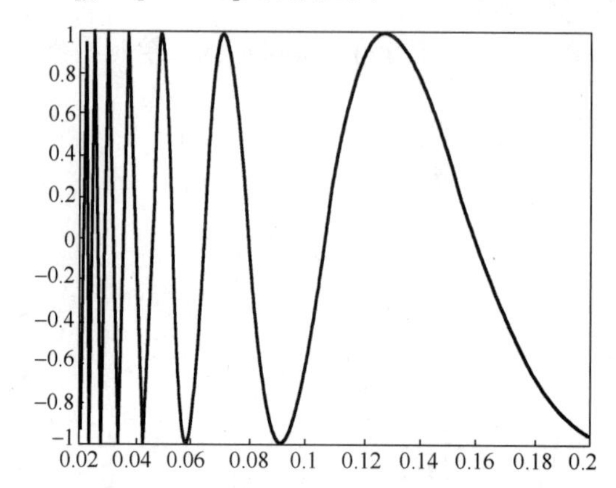

图 E.8 用 fplot 函数在限定范围内绘制函数图的效果

9．plot3 函数

plot3 函数用于绘制数据点的三维图。

【例 E.9】如代码和图 E.9 所示，演示了用 plot3 函数绘制空间曲线的方法与效果。

```
x=0:0.1:2*pi;
[x,y]=meshgrid(x);
z=sin(y).*cos(x);
plot3(x,y,z);
```

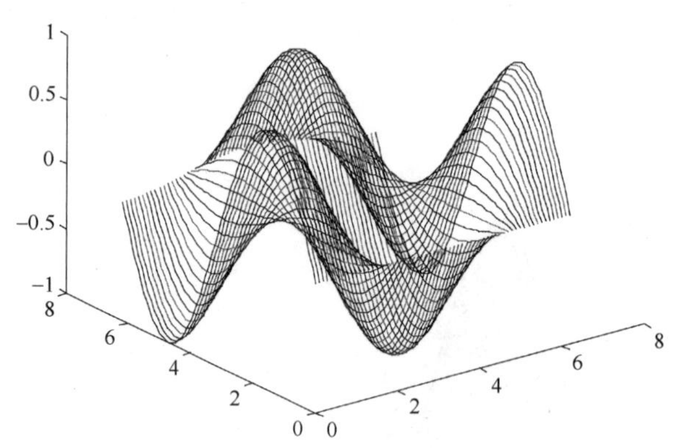

图 E.9 用 plot3 函数绘制空间曲线的效果

10．三维曲面绘图函数

MATLAB 软件提供了 mesh 函数和 surf 函数来绘制三维曲面图。mesh 函数用来绘制三维网格图，而 surf 函数用来绘制三维曲面图，各线条之间的补面用颜色填充。其调用格式分别为 mesh(x,y,z,c)和 surf(x,y,z,c)。

一般情况下，x、y、z 是维数相同的矩阵，x、y 是网格坐标矩阵，z 是网格点上的高度矩阵，c 用于指定在不同高度下的颜色范围。网格坐标利用 meshgrid 函数生成。

【例 E.10】如代码和图 E.10 所示，演示了绘制三维曲面图的方法与效果。

```
x=0:0.1:2*pi;
[x,y]=meshgrid(x);
z=sin(y).*cos(x);
figure(1)
mesh(x,y,z);
figure(2)
surf(x,y,z);
```

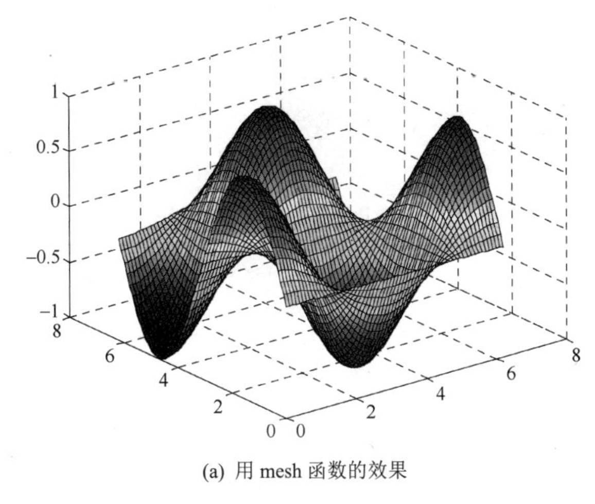

(a) 用 mesh 函数的效果

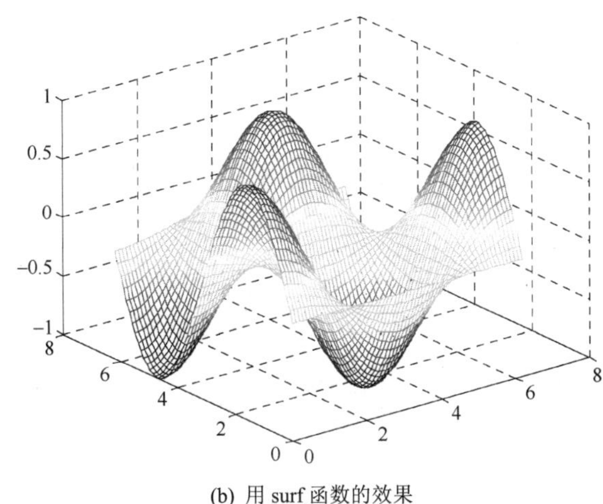

(b) 用 surf 函数的效果

图 E.10　绘制三维曲面图的效果

从线条颜色、线条间有无填充、填充颜色等几个方面对比【例 E.9】和【例 E.10】的结果，并借助 MATLAB 软件中的 Help 文件仔细体会 plot3、mesh、surf 三个函数的区别。

11．旋转体绘图函数

为了一些专业用户可以更方便地绘制出三维旋转体，MATLAB 软件专门提供了两个函数：柱体函数 cylinder 和球体函数 sphere。下面通过示例演示这两个函数的使用方法与效果。

【例 E.11】如代码和图 E.11 所示，演示了用 cylinder 函数绘制旋转柱面的方法与效果。

```
r=abs(exp(-0.25*t).*sin(t));
t=0:pi/12:3*pi;
r=abs(exp(-0.25*t).*sin(t));
[X,Y,Z]=cylinder(r,30);
mesh(X,Y,Z)
colormap([1 0 0])
```

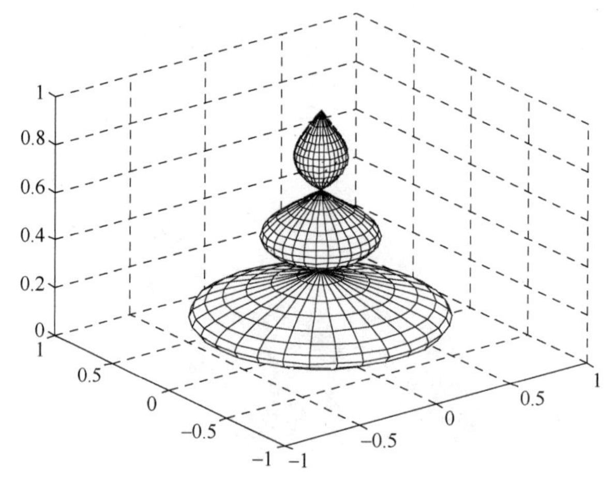

图 E.11　用 cylinder 函数绘制旋转柱面的效果

【例 E.12】 如代码和图 E.12 所示，演示了用 sphere 函数绘制地球表面的气温分布示意图的方法与效果。

```
[a,b,c]=sphere(40);
t=abs(c);
surf(a,b,c,t);
axis('equal')        %此两句控制坐标轴的大小相同
axis('square')
colormap('hot')
```

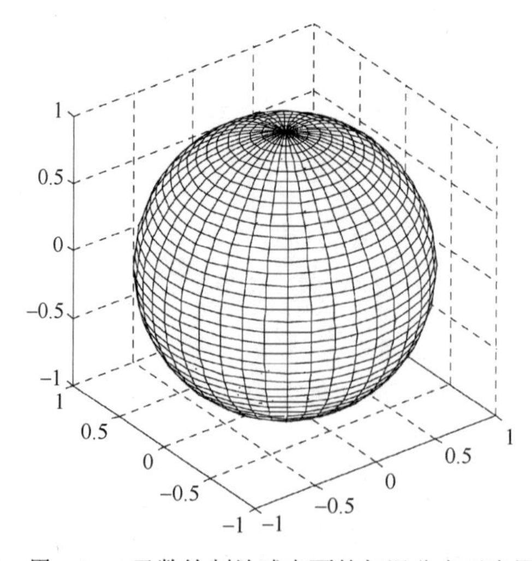

图 E.12　用 sphere 函数绘制地球表面的气温分布示意图的效果

三、图形标注及窗口控制

为提高图形的可读性和窗口的可控性，MATLAB 软件还提供了专门的图形标注函数、图形坐标相关函数、窗口控制函数等。

1. 图形标注函数

常用的图形标注函数包括图题标注函数 title、坐标轴标注函数 xlabel/ylabel/zlabel、图形窗口内文本加注函数 text、图形注解函数 legend。

1）图题标注函数 title

title 函数用于给图形添加标题，其调用格式如下所述。

title('string')：设置当前绘图区的标题为字符串 string 的值。

title(…,'propertyname',propertyvalue)：可以在添加或设置标题的同时，设置标题的属性，如文字颜色、旋转角度、字体、加粗等。

2）坐标轴标注函数 xlabel、ylabel 与 zlabel

xlabel、ylabel 与 zlabel 函数分别用于给横坐标轴、纵坐标轴、竖坐标轴添加标签，三个函数的调用格式相同，这里以 xlabel 函数为例。

xlabel('string')：设置横坐标轴标签为字符串值，string 代表的是字符串。

xlabel(…,'propertyname',propertyvalue)：在设置横坐标轴标签值的同时设置其相关属性，如文字颜色、旋转角度、字体、加粗等。

3）图形窗口内文本加注函数 text

text 函数可以用来在图形窗口中的指定位置添加文字说明，调用格式如下所述。

text(x，y，'图形说明')，其中 x 和 y 表示添加文本的位置坐标。

4）图形注解函数 legend

当在同一图形窗口中同时存在多条曲线时，用 legend 函数可以很好地进行每条曲线的注解，便于图形阅读，legend 函数调用格式如下：

legend('图例 1'，'图例 2'，…)

【例 E.13】如代码和图 E.13 所示，演示了图形标注函数的应用方法（逐条执行其中的图形标注语句更容易理解每个函数的作用）与效果。

```
x=[1997:2006];
y=[1.45 0.91 2.3 0.86 1.46 0.95 1.0 0.96 1.21 0.74];
xin=1997:0.2:2006;
yin=spline(x,y,xin)
plot(x,y,'ob',xin,yin,'-.r')
title('1997 年到 2006 年北京年平均降水量图（单位：cm）')
xlabel('年份','fontsize',15)
ylabel('每年降雨量（cm）','fontsize',8)
text(2000,2,'More rain less dust')
legend('图例 1')
```

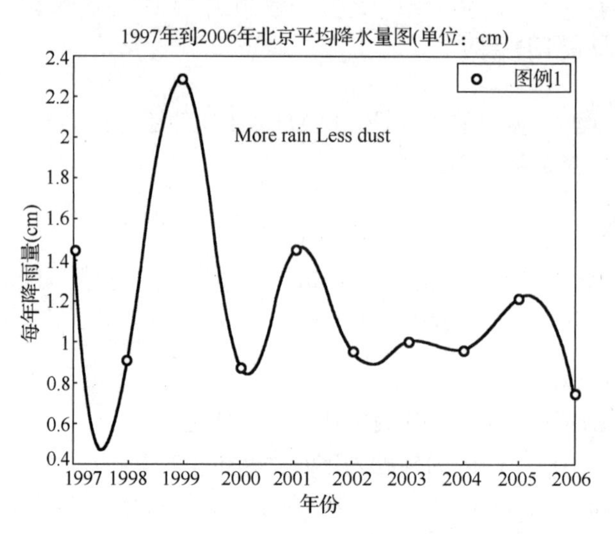

图 E.13　图形标注函数的效果

2．图形坐标相关函数

图形坐标相关函数有很多，如设置和查询 *x* 轴范围的函数（xlim）（*y* 轴、*z* 轴有对应函数）、设置轴边界的函数 box、显示和消隐栅格线的函数 grid、控制轴比例和外观的函数 axis、添加新图时仍保留当前图的函数 hold、获取当前轴句柄的函数 gca、设置句柄图属性的函数 set，等等。下面仅用示例演示 axis、grid、set 和 gca 函数的一种用法，各函数的详细使用方法请参考 MATLAB 软件中的 Help 文件。

【例 E.14】如代码和图 E.14 所示，演示了图形坐标相关函数的应用方法（逐条执行其中 plot 以后的语句更容易理解每个函数的作用）与效果。

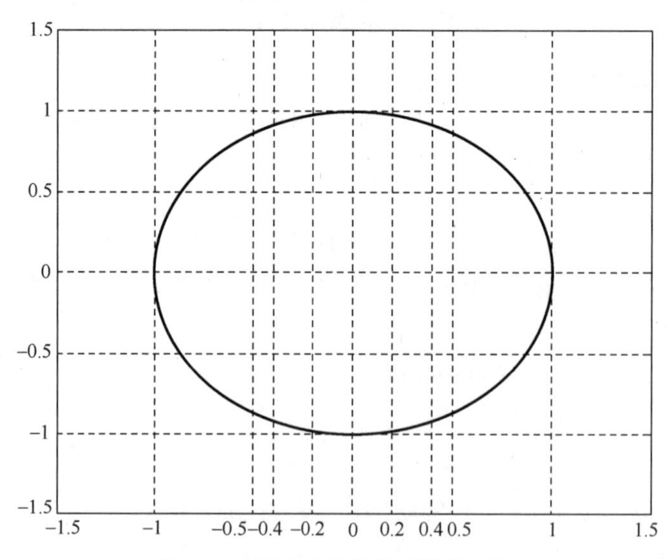

图 E.14　图形坐标相关函数的效果

```
alpha=0:0.01:2*pi;
x=sin(alpha);
y=cos(alpha);
plot(x,y)
```

```
axis([-1.5 1.5 -1.5 1.5])
grid on
set(gca,'xtick',[-1.5:0.5:-0.5 -0.4:0.2:0.4 0.5:0.5:1.5])
```

3．窗口控制函数

有时需要在多个窗口中显示结果，对此 MATLAB 软件提供了两个函数，分别是 figure 和 subplot 函数。

figure 函数有两种用法，只用一句 figure 命令，会创建一个新的图形窗口，并返回一个整数型的窗口编号。figure(n)表示将第 n 号图形窗口作为当前的图形窗口，并将其显示在所有窗口的最前面；如果该图形窗口不存在，则新建一个窗口，并赋以编号 n。

subplot 函数将图形窗口分成栅格，并创建轴目标。subplot(m,n,i)是图形显示时分割窗口命令，把一个图形窗口分为 m 行、n 列、m×n 个小窗口，并指定第 i 个小窗口为当前窗口。

【例 E.15】如代码和图 E.15 所示，演示了二维绘图函数、图形修饰函数综合应用的方法与效果。

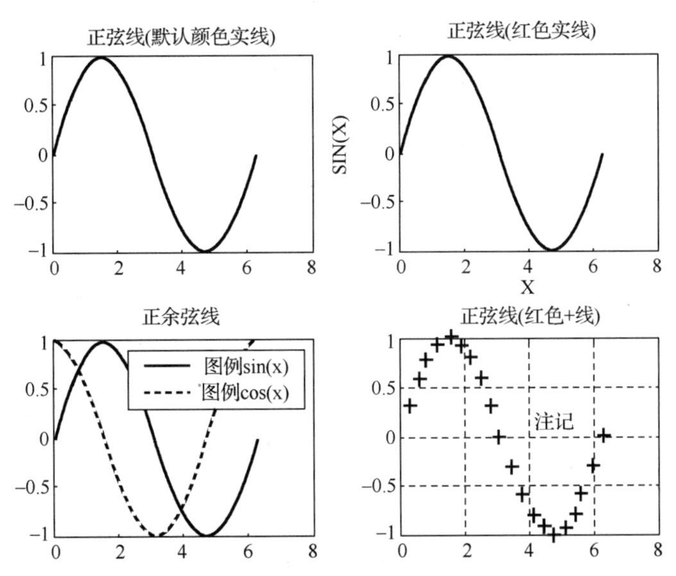

图 E.15　二维绘图函数、图形修饰函数综合应用的效果

```
x=0:0.1*pi:2*pi;                  %定义 x 矢量
y=sin(x);
figure(1);                        %创建一个新的图形窗口，编号为 1
subplot(2,2,1);                   %将窗口划分为 2 行、2 列，在第 1 个窗口中作图
plot(x,y);                        %以默认形式画正弦曲线图
title('正弦线(默认颜色实线)');       %给图形加标题
subplot(222);                     %在第 2 个窗口中作图
plot(x,y,'r');                    %画正弦波图，线的颜色为红色
xlabel('X');                      %给 x 轴加说明
ylabel('SIN(X)');                 %给 y 轴加说明
title('正弦线(红色实线)');           %给图形加标题
subplot(2,2,3);                   %在第 3 个窗口中作图
plot(x,y,'--');                   %画正弦波图，线型为虚线
title('正余弦线');                  %给图形加标题
```

```
hold on
plot(x,cos(x),'-.');            %画余弦波图，线型为点画线
legend('图例 sin(x)', '图例 cos(x)')
subplot(224);                   %在第 4 个窗口中作图
plot(x,sin(x),'r+');            %画正弦波图，线型为+线，线颜色为红色
grid
text(4,0,'注记');               %在指定位置添加文本
title('正弦线(红色+线)');       %给图形加标题
```

附录F　MATLAB 编程

前面例子多是使用多条语句实现的，且是顺次执行的。若要重复实现，当然不希望每次都输入一遍，这时我们可以像其他计算机语言一样，将这些指令存入一个文件，从而得到程序文件，MATLAB 软件中的程序通常是.m 文件，即文件名的后缀为.m。程序中的语句也不都是顺次执行的，有的需要重复执行，有的需要条件执行，这就要用到程序控制。MATLAB 软件中的程序控制语句包括 4 类：条件控制、循环控制、错误控制和程序终止控制。

下面就从循环、条件控制、交互命令开始研究 MATLAB 的编程，最后讨论.m 文件。

一、循环

利用循环控制语句，MATLAB 能像其他语言一样重复执行代码块。MATLAB 软件中的循环有两种实现方式：for 循环与 while 循环，前者用于执行指定次数的循环，后者的循环次数取决于执行条件的真假。continue 和 break 命令的使用使得在退出循环的方式上有更多的选择。

1．for 构成的循环

for 构成循环语句时，需要指定循环起止点及步进，即循环次数是预知的。for 循环的构成格式为

```
for index = startind：stepsize：stopind
  循环体语句
end
```

步进 stepsize 默认为 1，但是可以设置为任意值，包括负数。当步进 stepsize 为正数时，循环变量值超过 stopind 时循环终止；步进为负数时，循环变量值小于 stopind 时，循环体终止执行。循环体一般由多条语句构成。

【例 F.1】用 for 循环创建矩阵，在命令窗口中按格式逐条执行如下语句，根据返回结果体会 for 循环的应用。

```
for i=1:3
    for j=1:3
        [i,j]
        a(i,j)=i+j
    end
end
disp(a)
```

多重循环体写成锯齿形是为了增加可读性；通常循环体执行期间建议不要显示结果，即语句要以“;”结尾，这样可以加快循环速度。这两点对于 while 构成的循环同样适用。

2．while 构成的循环

利用 while 构成循环时，无须指定循环的具体次数，非常适合循环次数不能预知的情况，但是要设置循环终止条件，否则就是死循环了。while 循环的构成格式为

while expression
　循环体
end

表达式 expression 为循环的判断条件，一旦条件不满足即表达式结果为“假”，终止循环。如果判断条件是矢量或矩阵，可能需要 all 或 any 函数作为判断条件。

【例 F.2】 用 while 循环计算 1 到 10 的累加，在命令窗口中按格式执行如下语句，通过返回结果体会 while 循环的工作机理。

```
s=10;
sum=0;
while s>0
    sum=sum+s;
    s=s-1
end
sum
```

3．循环操作的提前终止

1）continue 命令

当 for 循环或 while 循环的循环体内包含 continue 命令且执行到该命令时，循环体内 continue 所在行以后的语句均被跳过，而直接进入下次循环。

【例 F.3】 下面的语句用于实现对矩阵 a 内的每个元素求倒数，结果存入矩阵 b 中，当 a 内的元素为 0 时，b 内对应位置上的值记为 0。按照格式执行如下语句，对照返回的 i 值体会 continue 命令的作用。

```
a=[1 2 3 0 3 2 1];
for i=1:7
    if a(i)==0
        b(i)=0;
        continue
    end
    i
    b(i)=1./a(i);
end
```

2）break 命令

若循环体内包含 break 命令，当程序执行到该命令时，直接结束循环，而后从该 for 循环或 while 循环 end 之后的下一句开始继续执行。对于嵌套循环，break 和 continue 命令的作用范围均限于包含它们的最内层的循环。

【例 F.4】 下面的语句用于将 1 到 10 中最小的不是 5 的倍数的数赋给矩阵 n，结合示例语句和返回结果，体会循环中 break 命令的用法。

```
for i=1:10
```

```
    if mod(i,5)==0
        break
    end
    n(i)=i;
end
i
disp(n)
```

3）return 命令

return 命令属于程序终止命令，为了清晰地比较几种提前退出控制，特在这里进行讨论。continue 命令能提前结束此次循环，进入下一次循环；break 命令能使程序的运行直接跳出包含它的循环体。接下来讨论的 return 命令会终止当前被调用的程序，而直接返回调用它的程序或返回键盘。

【例 F.5】 这是 MATLAB 软件中的 Help 文件中的一个例子。计算矩阵行列式的功能交由函数 det 完成，而且其中设置了条件判断，当被计算矩阵为空时，触发执行 return 命令，致使函数 det 直接退出，返回到调用它的程序。

```
function d = det(A)
%DET det(A) is the determinant of A.
if isempty(A)
    d = 1;
    return
else
    ...
end
```

二、条件控制

条件控制语句能在程序运行时选择执行哪段代码，使得程序有更强的适应性。条件控制有两种常见形式：基于条件真假进行选择时用 if 语句；根据表达式的值从一定数量的选项中进行选择时用 switch 语句，下面将分别进行介绍。

1. if 条件控制语句

1）单分支形式

单分支形式条件控制格式为

```
if logical_expression
  语句组
end
```

当逻辑表达式 logical_expression 为真时，执行其中的语句组。

【例 F.6】 x 为一魔方矩阵，输出矩阵中大于 3 的元素的行、列标号。参照下面的程序和返回结果，体会 if 单分支形式条件控制语句的用法。

```
x=magic(3)
for i=1:3
    for j=1:3
```

```
            if x(i,j)>3
                [i,j]
            end
        end
    end
```

2）双分支形式

双分支形式条件控制格式为

```
if logical_expression
  语句组 1
else
  语句组 2
end
```

当 logical_expression 为真时执行语句组 1，为假时执行语句组 2。

【例 F.7】在完成【例 F.6】的功能的基础上增加了统计魔方矩阵中不超过 3 的元素个数的功能，参照下面的程序和返回结果，体会 if 双分支形式条件控制语句的用法。

```
x=magic(3);
n=0
for i=1:3
    for j=1:3
        if x(i,j)>3
            [i,j]
        else
            n=n+1;
        end
    end
end
```

3）多分支形式

多分支形式条件控制格式为

```
if logical_expression 1
  语句组 1
elseif logical_expression 2
  语句组 2
…
elseif logical_expression m
  语句组 m
else
  语句组 m+1
end
```

哪个 logical_expression 结果为真，就执行哪个 logical_expression 下的语句组；所有 logical_expression 都是假，就执行语句组 m+1。

【例 F.8】下面的语句实现对输入数字极性的判断功能，参照下面的程序和返回结果，体会 if 多分支形式条件控制语句的用法。其中 input 为键盘交互指令。

```
x= input('你给个数呗')
if x>0
    disp('正数')
elseif x==0
    disp('零')
else
    disp('负数')
end
```

2．switch 条件控制语句

如前所述，switch 语句根据表达式的值从一定数量的选项中进行选择，配合其使用的还有 case 命令，有时也会有 otherwise 命令，格式为

```
switch expression (scalar or string)
  case value1
    语句组 1
  case value2
    语句组 2
    …
  case valuem
    语句组 m
  otherwise
    语句组 m+1
end
```

switch 根据 expression 的值等于哪个 value，就执行哪个语句组；当 expression 的值与任何一个给定的 value 都不相符时，执行语句组 m+1。用于判断的表达式必须为一个标量或者字符串。

【例 F.9】下面的语句用于对成绩进行归类，参照下面的程序和返回结果，体会 switch 条件控制语句的用法。

```
grade=[96,43,71,50,88,79,90];
rg=length(grade);
for k=1:rg
  switch round(grade(k)/10)
      case {9,10}
          disp('优')
      case {8,7}
          disp('良')
      case {6}
          disp('及格')
      otherwise
          disp('不及格')
  end
end
```

```
grade
```

3．try/catch 构成的分支跳转语句

try 和 catch 命令用于程序的错误控制，当程序出现错误时，这些语句为用户采取某些措施提供了一种方式。test 命令用来测试代码中的某些命令是否发生错误。一旦 try 程序块中发生错误，MATLAB 软件将立即跳转到相应的 catch 块。catch 块需要以某种方式对发生的错误进行响应。

【例 F.10】下面的代码实现了矩阵维数不满足加法规则时的错误检测，并进行错误告警的响应，参照下面的程序和返回结果，体会 try/catch 命令的用法。

```
x=ones(2);
y=magic(3);
try
    z=x+y;
    disp(z)
catch
    error('无法相加')
end
```

三、交互命令

交互命令使得程序在执行期间能接受交互输入，以便在中途更好地对程序进行控制，常用的指令有 input 和 keyboard 命令等，下面将逐一进行介绍，另外还会简单介绍 pause 命令。

1．input 命令

使用 input 命令，可以提醒用户输入内容，并读入响应内容。当执行到该命令时，input 会使程序显示提示内容，在输入时暂停程序执行，按回车键后程序恢复执行。输入的变量可以为数值或字符串，其格式为

x=input('prompt')

x=input('prompt','s')

命令窗口显示提示字符串'prompt'，等待键盘输入，两条命令可以接受任意 MATLAB 表达式。前者返回数值，后者返回字符串。

【例 F.11】按照格式执行如下语句，参照所给代码和返回结果体会 input 命令的用法。

```
x=input('输入方阵的阶数=')
y=ones(x);
disp(y)
x=input('输入的姓名','s')
y=['你的名字是',x];
disp(y)
```

2．keyboard 命令

keyboard 命令是指从键盘输入。当.m 文件中包含 keyboard 命令且程序执行到该命令时，程序会停止执行并将控制权交给键盘，命令窗口出现提示符“K>>”，等待用户键盘操作。用

户可查看已计算过的变量，也可增加代码，输入的所有 MATLAB 命令都是有效的，因此 keyboard 命令对于程序调试非常有帮助。要结束键盘模式，输入 return 命令并按下回车键，程序继续运行。

【例 F.12】 按格式执行如下代码，并在执行完 keyboard 命令后，将 a 的值改为 a=1:10（别忘了 return 命令），参照所给代码和返回结果体会 keyboard 命令的用法。

```
a=rand(1,10)
keyboard
b=a-1;
disp(b)
```

3．pause 命令

pause 命令能使当前运行的程序暂停，然后按任意键后继续运行，合理利用该命令，可以方便用户在进行过程中观察程序运行情况，或者程序演示，其调用格式如下所述。

- pause：暂停运行中的程序，用户按任意键后程序继续执行。
- pause(n)：暂停运行中的程序，n 秒之后程序继续执行。
- pause on：使程序后面的暂停命令予以执行。
- pause off：使程序后面的暂停命令不予以执行。

四、.m 文件

前面的相关操作均是在命令窗口完成的，但一些语句希望以程序的形式保存下来，以便后续重复使用，针对这种情况，MATLAB 软件提供了.m 文件编辑器（见图 F.1），称为 MATLAB 编辑调试器（Editor/Debugger）。该编辑调试器方便用户进行程序的编写、调试、保存，其文件以.m 格式保存，称为.m 文件。

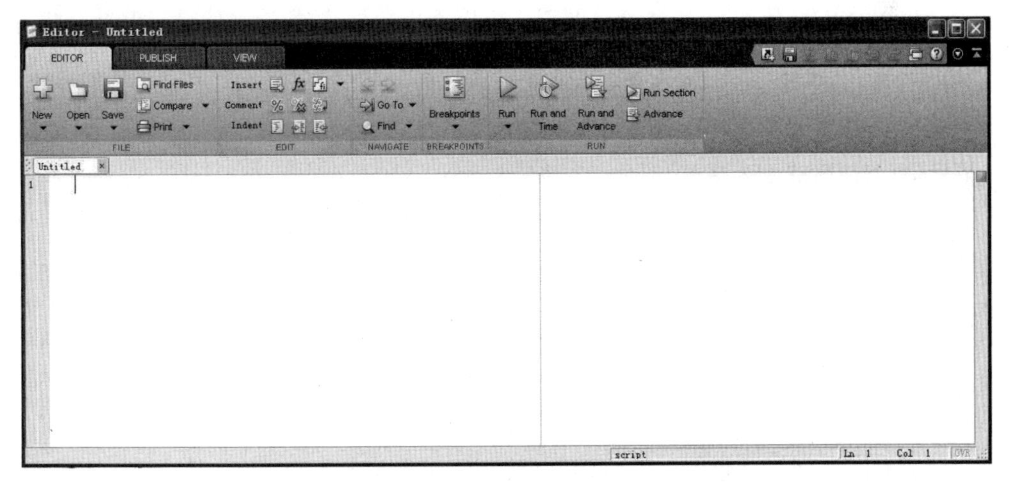

图 F.1　MATLAB2012 版本中的.m 文件编辑器

其实可以用任意的文本编辑器创建.m 文件，用文本编辑器创建.m 文件时，只需将.m 文件当成普通的文本进行处理即可。若用 MATLAB 软件中的 Editor/Debugger 创建.m 文件，在命令窗口顶部的“File”菜单中选择“New”→“M-File”选项，便可打开编辑器。启动 MATLAB

编辑调试器还有另外一种方法，在命令窗口中输入 edit 后按回车键，编辑调试器就会启动并等待开工了。

提醒一点，建议把创建的.m 文件保存到 MATLAB 软件的安装目录之外，否则当安装新版本的 MATLAB 软件或重新安装时，这些文件可能被覆盖。

.m 文件有两种形式：脚本文件和函数文件。脚本文件没有输入/输出参数，只是一些函数和命令的组合。函数文件一般都需要输入参数，并返回输出参数。这两种形式的.m 文件，无论是脚本文件，还是函数文件，都是普通的 ASCII 文本文件，可选择编辑或字处理文件来建立，最好用.m 文件编辑器编辑，较新版本的 MATLAB 都会给出编辑提示，便于及时更正书写错误。

1．MATLAB 脚本文件的创建

如前所述，脚本文件没有输入/输出参数，只是一些函数和命令的组合，只需在.m 文件编辑器中输入所需函数和命令，并保存为.m 文件即可执行和调用。这里仅通过一个例子进行演示，不进行过多讨论。

【例 F.13】 在.m 文件编辑器中创建一个用于计算 Fibonnaci 数列的脚本文件，文件名为 fibo.m。

```
% An M-file to calculate Fibonnaci numbers
f=[1, 1 ]; i = 1;
while f(i)+f(i+1)<1000
f(i+2)=f(i)+f(i+1);
i=i+1;
end
plot(f)
```

保存后，在 MATLAB 软件的命令窗口中输入 fibo 命令，并按回车键执行程序，将计算出所有小于 1000 的 Fibonnaci 数，并绘出图形。可以看出，创建的.m 文件一旦保存，就可以像使用 MATLAB 软件提供的其他命令、程序和函数一样，执行自己的.m 文件了。

2．MATLAB 函数的创建

1）MATLAB 函数基本框架

MATLAB 软件中提供的函数通常由以下五个部分组成。

（1）函数定义行。以 function 开头，函数名（必须与文件名相同）及函数输入/输出参数在此定义。该行是函数的第一个可执行行。

（2）H1 行。第一注释行，供 lookfor 和 Help 在线帮助使用。

（3）函数帮助文件。其通常包括函数输入/输出参数的含义、调用格式说明。

（4）函数体。它包括进行运算和赋值的所有 MATLAB 程序代码。函数体中可以包括流程控制、输入/输出、计算、赋值、注释以及函数调用和脚本文件调用等。在函数体中完成对输出参数的计算。

（5）注释。

在命令空间或脚本文件中定义函数都是无效的，因此定义函数时必须创建新的文件。上述五个部分中最重要的是函数定义行和函数体。函数定义行是一个 MATLAB 函数所必需的，其他各部分的内容可以没有，这种函数称为空函数。如果五个部分齐全，那么说明用户是一

个有很高程序编写素养的人，这样编写既有利于自己日后阅读，也有利于与别人进行交流。

【例 F.14】 在.m 文件编辑器中创建一个用于求矢量的（或矩阵按列的）平均值的函数文件 mymean.m。

```
function    y=mymean(x)
% MEAN Average or mean value，For Vectors,
% MEAN (x) returns the mean value
% For matrix MEAN (x) is a row vector
% containing the mean value of each column
[m,n]=size(x);
if m==1
m=n;
end
y=sum(x)/m;
```

示例中定义的新函数称为 mymean 函数，它能与 MATLAB 软件自带函数一样使用。例如，定义 z 为从 1 到 99 的实数矢量：

```
z=1:99;
```

调用自定义函数 mymean 计算 z 的平均值：

```
mean(z)
```

返回结果 ans=50。

mymean.m 函数文件的说明如下。

（1）第一行的内容：函数名、输入变量、输出变量，没有这行这个文件就是命令文件，而不是函数文件。

（2）%：表明%右边的行是说明性的内容注释。前一小部分行用来确定.m 文件的注释，并在输入 Help mymean 后显示出来。显示内容为连续的若干个%右边的文字。

（3）变量 m、n 和 y 是 mymean 函数的局部变量，在 mymean 函数运行结束后，它们将不在工作空间 z 中存在。如果在调用函数之前有同名变量，先前存在的变量及其当前值将不会改变。

（4）保存 mymean 函数时，文件名是自动给出的，切勿修改，直接单击“保存”按钮即可。

由于调试好的函数文件可以和 MATLAB 软件提供的函数一样使用，所以对扩展 MATLAB 函数非常有用。

2）基于子函数的函数编写

MATLAB 软件的函数文件也可以由多个子函数构成。当一个函数文件由多个函数组成时，出现在函数文件最前面的函数为主函数，之后的函数均为子函数。一个函数文件中只能包括一个主函数，但是子函数可以包含多个。函数文件同主函数同名，保存时一定不要修改文件名对话框内的内容。函数文件中的各个子函数是并列的，只有调用的前后关系，且只能被该函数文件的主函数和子函数调用。各函数的定义均需遵循前述的函数定义，即必须以 function 开头。

【例 F.15】 主函数和子函数实现。

```
function y=compute(x)
y=fun1(x)+fun2(x);
function z=fun1(x)
z=x*10-x^2;
end
function z=fun2(x)
    z=x^4;
end
end
```

示例中，compute 为主函数，而 fun1 和 fun2 均为子函数，被主函数调用。

3）匿名函数

匿名函数是 MATLAB 软件中最简单的函数形式，简单到连函数名都不需要。匿名函数既可以在 MATLAB 命令行中创建，也可以在.m 文件函数或脚本中创建。匿名函数仅需要通过函数句柄即可方便地调用，其格式为

f=@(变量列表)函数表达式

其中，f 为句柄；@为 MATLAB 创建函数句柄的运算符；变量列表列出了要传给函数的所有输入参数，用逗号隔开；函数表达式为函数体，用于执行函数的主要任务，可以是任何有效的 MATLAB 表达式。

【例 F.16】匿名函数示例。

```
f=@(x,y)x+y;            %定义匿名函数，等价于原函数 z=fun1(x,y)   z=x+y;
f(2,3)
ans = 5
```

3．脚本文件和函数文件的区别

脚本文件没有输入/输出参数，只是一些函数和命令的组合。它可以在 MATLAB 环境下直接执行，也可以访问存在于整个工作空间内的数据。由脚本建立的变量在脚本执行完后仍将保留在工作空间中，可以继续对其进行操作，直到使用 clear 命令对其清除为止。

函数文件接收输入参数，返回输出参数，但只能访问该函数本身工作空间中的变量，从命令窗或其他函数中不能对其工作空间的变量进行访问。

下面的例子演示了脚本文件和函数文件的区别。

首先在.m 文件编辑器中创建一个用于计算三角形面积的脚本文件 triarea.m。

```
b = 5;
h = 3;
a = 0.5*(b.* h)
```

文件保存后就可以在.m 文件编辑器中执行，或者在命令窗口中的命令行调用执行该脚本文件。比如在命令窗口中的命令提示符后输入 triarea 并按回车键，就会见到如下结果：

```
triarea
a =
     7.5000
```

要用这一个脚本文件计算其他三角形的面积，需要先对 triarea.m 文件内的 b 和 h 进行重新赋值，而后重新运行。每次运行后，脚本均把结果存储在工作空间中的变量 a 中。

在.m 文件编辑器中创建一个用于计算三角形面积的函数文件 triarea.m。

```
function a = triarea(b,h)
a = 0.5*(b.* h)
```

保存后即可用不同的底和高值调用三角形面积计算函数 triarea，而无须修改其中的脚本，如

```
a1 = triarea(1,5)
a2 = triarea(2,10)
a3 = triarea(3,6)
a1 =
    2.5000
a2 =
    10
a3 =
    9
```

函数有自身的工作空间，与基本的工作空间是分离的。因此对于 triarea 函数的调用都不会覆盖基本工作空间中的 a 值。

MATLAB 既是一门高级语言，又是一个强大的工作平台，有诸多的优点和强大的功能，如支持混合编程、有与其他计算语言丰富的接口、支持实时非线性仿真（Simulink)、拥有强大的符号运算功能等。因篇幅限制等因素，这里仅以附录的形式介绍了 MATLAB 软件中最基础的一部分知识，以使本书的情境任务顺利实现。有兴趣的话，读者可以充分利用 MATLAB 软件中的 Help 文件进行深入、广泛的学习。

参 考 文 献

[1] MITRA S K. 数字信号处理：基于计算机的方法.3 版. 北京：清华大学出版社，2006.

[2] OPPENHEIM A V，WILLSKY S，NAWAB W S H. 信号与系统. 2 版. 刘树棠，译. 西安：西安交通大学出版社，2001.

[3] 段艳丽. 数字信号处理. 北京：电子工业出版社，2015.

[4] 高西全，丁玉美，阔永红.数字信号处理：原理、实现及应用. 北京：电子工业出版社，2010.

[5] 高西全，丁玉美. 数字信号处理. 3 版. 西安：西安电子科技大学出版社，2008.

[6] 陈怀琛. 数字信号处理教程：MATLAB 释义与实现. 北京：电子工业出版社，2004.

[7] A. V. 奥本海姆，R.W.谢弗，J.R.巴克. 离散时间信号处理. 2 版. 刘树棠，黄建国，译. 西安：西安交通大学出版社，2001.

[8] 达新宇，陈述新，付晓. 通信原理教程. 北京：北京邮电大学出版社，2009.

[9] 李永忠. 现代通信原理与技术. 北京：国防工业出版社，2010.

[10] 王彬. MATLAB 数字信号处理. 北京：机械工业出版社，2010.

[11] 周品，李晓东. MATLAB 数字图像处理. 北京：清华大学出版社，2012.

[12] 张德丰，丁伟雄，雷晓平. MATLAB 程序设计与综合应用. 北京：清华大学出版社，2012.

[13] 孙蓬. MATLAB 基础教程. 北京：清华大学出版社，2011.

[14] 万永革. 数字信号处理的 MATLAB 实现. 2 版. 北京：科学出版社，2012.

[15] 张德丰. MATLAB 通信工程仿真. 北京：机械工业出版社，2010.

[16] 林川. MATLAB 与数字信号处理实验. 武汉：武汉大学出版社，2011.

[17] 宋宇飞. 数字信号处理与学习指导. 北京：清华大学出版社，2012.

[18] 李莉. 数字信号处理实验教程. 北京：清华大学出版社，2011.

[19] 刘卫国. MATLAB 程序设计与应用. 2 版. 北京：高等教育出版社，2006.

[20] 阿里・马奥尔.音乐是怎样算成的.张玲，译.北京：北京联合出版公司，2021.

[21] HARTLEY R V L.Transmission of Information. Bell System Technical Journal，1928，7(3)：535-563.

[22] SHANNON C E.A Mathematical Theory of Communication. Bell System Technical Journal，1948，27（3）：379-423.

[23] 钟义信.信息科学原理. 北京：北京邮电大学出版社，1996.

[24] 王录，金生龙.量化信噪比的定义和计算. 数字视频，2000，（5）：13-14.

[25] 樊昌信.通信原理.北京：国防工业出版社，1987.

[26] Walt Kester. 揭开一个公式(SNR=6.02N+1.76dB)的神秘面纱，以及为什么我们要予以关注.（2009-10-08）[2020-08-19]. https://www.analog.com/media/cn/training-seminars/tutorials/mt-001_cn.pdf.

[27] O'CONNOR J J ， ROBERTSON E F. Claude Elwood Shannon.（2003-10-30）[2020-08-19]. https://mathshistory.st-andrews.ac.uk/Biographies/Shannon/.